Excel 2019

办公应用入门与提高

职场无忧工作室◎编著

清华大学出版社

北京

内 容 简 介

全书分为 12 章，全面、详细地介绍 Excel 2019 的特点、功能、使用方法和技巧。具体内容有：Microsoft Excel 2019 概述、初识 Excel 2019、工作簿和工作表、输入数据、格式化工作表、使用图形对象、数据计算、使用图表、数据排序与筛选、分类汇总数据、使用数据透视表分析数据、打印和输出等内容。

本书实例丰富，内容翔实，操作方法简单易学，不仅适合对电子表格感兴趣的初、中级读者学习使用，也可供从事相关工作的专业人士参考。

本书附有二维码，内容为书中所有实例源文件以及实例操作过程录屏动画，供读者在学习中使用。

图书在版编目（CIP）数据

Excel 2019 办公应用入门与提高 / 职场无忧工作室编著 . — 北京：清华大学出版社，2020.4
（常用办公软件快速入门与提高）
ISBN 978 - 7 - 302 - 53514 - 0

Ⅰ . ① E… 　Ⅱ . ①职… 　Ⅲ . ①表处理软件 　Ⅳ . ① TP391.13

中国版本图书馆 CIP 数据核字（2019）第 180088 号

责任编辑：秦　娜　赵从棉
封面设计：李召霞
责任校对：赵丽敏
责任印制：丛怀宇

出版发行：清华大学出版社
　　　　网　　　址：http://www.tup.com.cn，http://www.wpbook.com
　　　　地　　　址：北京清华大学学研大厦 A 座　　　　　邮　　编：100084
　　　　社 总 机：010-62770175　　　　　　　　　　　邮　　购：010-62786544
　　　　投稿与读者服务：010-62776969，c-service@tup.tsinghua.edu.cn
　　　　质量反馈：010-62772015，zhiliang@tup.tsinghua.edu.cn
印 装 者：三河市铭诚印务有限公司
经　　销：全国新华书店
开　　本：210mm×285mm　　　印　　张：21.25　　　字　　数：656 千字
版　　次：2020 年 5 月第 1 版　　　　　　　　　　印　　次：2020 年 5 月第 1 次印刷
定　　价：79.80 元

产品编号：074422-01

Excel 2019 是 Microsoft 公司 2018 年推出的 Office 2019 办公软件家族中非常重要的一员。其强大的表格、图表制作能力以及数据分析能力，使其风靡全球，被广泛应用于行政管理、财务会计、金融统计等行业领域。熟练使用乃至精通 Excel 的办公操作成为不少职场人士必须具备的基本能力。

本书以由浅入深、循序渐进的方式展开讲解，从基础的 Excel 2019 安装知识到实际办公运用，以合理的结构和经典的范例对最基本和实用的功能进行了详细的介绍，具有极高的实用价值。通过本书的学习，读者不仅可以掌握 Excel 2019 的基本知识和应用技巧，而且可以掌握一些 Excel 2019 在办公应用方面的应用，提高日常工作效率。

一、本书特点

☑ 实用性强

本书的编者都是高校从事计算机辅助设计教学研究多年的一线人员，具有丰富的教学实践经验与教材编写经验，有一些执笔者是国内 Excel 图书出版界知名的作者，前期出版的一些相关书籍经过市场检验很受读者欢迎。多年的教学工作使他们能够准确地把握学生的心理与实际需求。本书是作者总结多年的设计经验以及教学的心得体会，历时多年的精心准备，力求全面、细致地展现 Excel 软件在办公应用领域的各种功能和使用方法。

☑ 实例丰富

本书的实例不管是数量还是种类，都非常丰富。从数量上说，本书结合大量的办公应用实例，详细讲解 Excel 的知识要点，让读者在学习案例的过程中潜移默化地掌握 Excel 软件的操作技巧。

☑ 突出提升技能

本书从全面提升 Excel 2019 实际应用能力的角度出发，结合大量的案例来讲解如何利用 Excel 2019 进行日常办公，使读者了解 Excel 2019，并能够独立地完成各种办公应用。

本书中有很多实例本身就是办公应用案例，经过作者精心提炼和改编，不仅保证读者能够学好知识点，更重要的是能够帮助读者掌握实际的操作技能，同时培养办公应用的实践能力。

二、本书内容

全书分为 12 章，全面、详细地介绍 Excel 2019 的特点、功能、使用方法和技巧。具体内容有：Microsoft Excel 2019 概述、初识 Excel 2019、工作簿和工作表、输入数据、格式化工作表、使用图形对象、数据计算、使用图表、数据排序与筛选、分类汇总数据、使用数据透视表分析数据、打印和输出等内容。

三、本书服务

☑ 本书的技术问题或有关本书信息的发布

读者如果遇到有关本书的技术问题，可以登录网站 www.sjzswsw.com 或将问题发送到邮箱 win760520@126.com，我们将及时回复。也欢迎加入图书学习交流群（QQ 群：361890823）交流探讨。

☑ 安装软件的获取

按照本书上的实例进行操作练习，以及使用 Excel 2019 时，需要事先在计算机上安装相应的软件。读者可从网络中下载相应软件，或者从软件经销商处购买。QQ 交流群也会提供下载地址和安装方法的教学视频，需要的读者可以关注。

☑ 手机在线学习

本书通过二维码提供了极为丰富的学习配套资源，包括所有实例源文件及相关资源以及实例操作过程录屏动画，供读者在学习中使用。

0-1　源文件

四、关于作者

本书主要由职场无忧工作室编写，具体参与编写的人员有胡仁喜、刘昌丽、康士廷、王敏、闫聪聪、杨雪静、李亚莉、李兵、甘勤涛、王培合、王艳池、王玮、孟培、张亭、解江坤、井晓翠等。本书的编写和出版得到很多朋友的大力支持，值此图书出版发行之际，向他们表示衷心的感谢。同时，也深深感谢支持和关心本书出版的所有朋友。

书中主要内容来自于编者几年来使用 Excel 的经验总结，也有部分内容取自于国内外有关文献资料。虽然笔者几易其稿，但由于时间仓促，加之水平有限，书中纰漏与失误在所难免，恳请广大读者批评指正。

编　者

2020 年 2 月

目 录

第 5 章 格式化工作表 082

二维码目录

第 1 章

Microsoft Excel 2019概述

本章导读

Microsoft Excel 是微软办公套装软件的一个重要组成部分，是一种用于现代理财、数据分析的流行软件。它能够集文字、数据、图形、图表以及其他多媒体对象于一体，以电子表格的形式完成各种计算、分析和管理性工作,常被称为电子表格软件。广泛地应用于管理、统计、财经、金融等众多领域。

本章将着重介绍 Excel 2019 的主要用途、安装、启动与退出操作，以及如何获得操作帮助，使读者对 Excel 2019 有一个初步的了解。

学习要点

- ❖ 了解 Office 2019 安装的注意事项
- ❖ 掌握安装、卸载 Office 2019 的方法
- ❖ 掌握启动、退出 Excel 的操作
- ❖ 学会使用 Excel 帮助

1.1　Excel 的功用

Excel 的作用与电子分类账有些类似，它由许多行和列组成，可以在里面输入各种数据，不必进行编程就能对工作表中的数据进行检索、分类、排序、筛选等操作。利用系统提供的公式和函数，可以对数据进行复杂的运算、统计分析和辅助决策操作。不仅如此，Excel 还可以用各种图表直观明了地表示数据；利用超级链接功能快速打开局域网或 Internet 上的文件，与世界上任何位置的互联网用户共享工作簿文件。

Excel 2019 是微软公司最新推出的电子表格处理软件，作为享誉世界的 Excel 家族的新成员，它在继承和改进 Excel 2016 功能的基础上新增了以下几个更人性化的功能：

❖ "帮助"菜单选项卡：Excel 2019 菜单功能区新增"帮助"菜单选项卡，如图 1-1 所示，可更方便地查找相关操作说明。

图 1-1　"帮助"菜单选项卡

❖ 2 种图表类型：Excel 2019 新增了地图图表和漏斗图（如图 1-2 所示）。利用地图图表可以在地图上以深浅不同的颜色比较跨地理区域的数据；使用漏斗图可以显示流程中多个阶段的值，帮助用户创建可读性高、一目了然的图表。

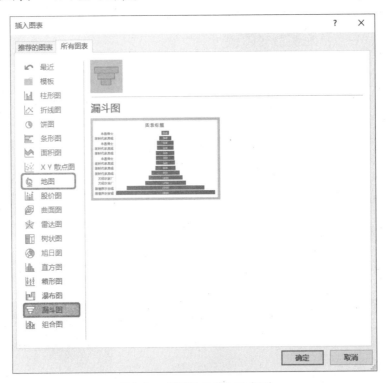

图 1-2　新增的 2 种图表类型

❖ 在线 SVG 图标库：Excel 2019 新增可缩放的矢量图形库，如图 1-3 所示。不仅种类繁多，新奇有趣，而且保留了矢量特性，可随意缩放的同时保持清晰度，并可根据用户的设计需要自定义填充和描边，以及转换为形状后，分项更改颜色和纹理。

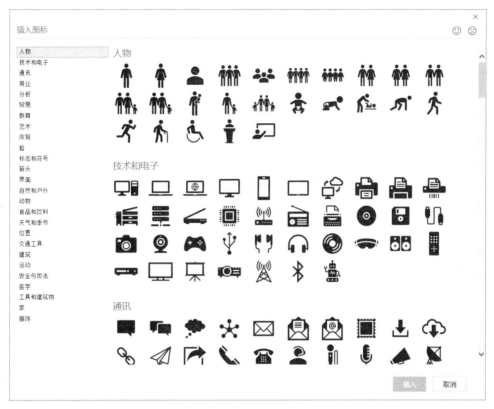

图 1-3　在线图标库

❖ 3D 模型：Excel 2019 支持在工作表中插入标准的 3D 模型（图 1-4），并可调整大小和视角，以多角度观察模型，增强工作簿的可视感和创意感。

图 1-4　插入 3D 模型

❖ 新增函数：Excel 2019 新增了一些功能强大、简单易用的函数。例如支持区域引用的 CONCAT 函数、组合多区域文本的 TEXTJOIN 函数、根据值列表按顺序计算表达式的 SWITCH 函数、返回区域内满足一个或多个条件的最大值或最小值的 MAXIFS 函数和 MINIFS 函数，以及摒弃了复杂输入和多层嵌套的多条件判断函数 IFS。

1.2　安装 Excel 2019

Excel 2019 是 Microsoft Office 2019 的组件之一，因此可以随着 Office 2019 一起安装。

1.2.1 安装 Office 2019 的注意事项

相比于 Office 2016 及之前的版本，Office 2019 的安装条件和方法有了一些变化，简要介绍如下：

❖ 只能在 Windows 10 上安装，不支持 Windows 7 或 Windows 8.1。
❖ 不再提供 Windows Installer（MSI）的安装方法，使用从 Microsoft 下载中心免费下载的 Office 部署工具（ODT）执行配置和安装。
❖ 使用 Office 部署工具直接从 Office 内容交付网络（CDN）下载安装文件。
❖ 默认安装 Office 2019 的所有应用程序。
❖ 默认安装在系统盘，且不能更改安装位置。

1.2.2 计算机配置要求

在 Windows 10 上安装 Office 2019 所需的计算机配置如下：

❖ 操作系统：Windows 10 SAC 或 Windows 10 LTSC 2019。
❖ 处理器：1.6 GHz 或更快的 x86 或 x64 位处理器，2 核。
❖ 内存：2 GB RAM（32 位）；4 GB RAM（64 位）。
❖ 硬盘：4.0 GB 可用磁盘空间。
❖ 显示器：图形硬件加速需要 DirectX 9 或更高版本，且具有 WDDM 2.0 或更高版本，1280 × 768 屏幕分辨率。
❖ 浏览器：Microsoft Edge；Microsoft Internet Explorer 11；Win 10 版 Mozilla Firefox、Apple Safari 或 Google Chrome。
❖ .NET 版本：部分功能可能要求安装 .NET 3.5、4.6 或更高版本。
❖ 多点触控：需要支持触摸的设备才能使用多点触控功能。但始终可以通过键盘、鼠标或其他标准输入设备或可访问的输入设备使用所有功能。
❖ 其他要求和注意事项：某些功能因系统配置而异，某些功能可能需要其他硬件或高级硬件，或者需要连接服务器。

1.2.3 安装 Microsoft Office 2019

本节简要介绍在 Windows 10 操作系统中安装 Microsoft Office 专业增强版 2019 的操作步骤。
（1）进入 Microsoft 下载中心免费下载 Office 部署工具（ODT），这是一个 EXE 可执行文件。
（2）双击下载的 EXE 可执行文件，弹出如图 1-5 所示的许可协议对话框。

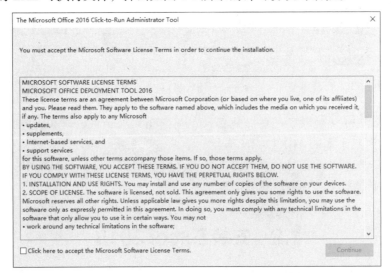

图 1-5　许可协议对话框

（3）选中对话框底部的复选框，然后单击右下角的"Continue"按钮，弹出"浏览文件夹"对话框，用于解压文件，如图 1-6 所示。

（4）选中存放解压文件的文件夹，建议新建一个文件夹用于放置 ODT 的解压文件。单击"确定"按钮开始解压文件。完成后，弹出如图 1-7 所示的提示对话框。单击"确定"按钮关闭对话框。

图 1-6 "浏览文件夹"对话框

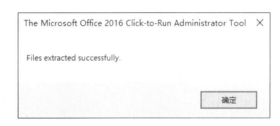

图 1-7 提示对话框

下载的 .exe 可执行文件是一个自解压的压缩文件，运行后解压出一个 setup.exe 文件和 3 个 .xml 示例配置文件，如图 1-8 所示。

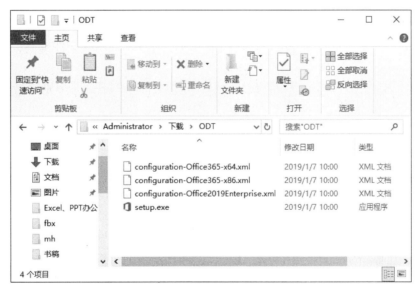

图 1-8 解压的文件列表

其中，setup.exe 文件是 ODT，并且支持下载和安装 Office 2019 命令行工具。3 个 .xml 配置文件是部署 Office 的示例文件，可以使用任何文本编辑器进行编辑。

接下来修改 .xml 文件，配置 ODT 下载或安装 64 位 Office 专业增强版 2019 时使用的设置。

（5）使用记事本打开一个适用于 Office 2019 的 .xml 文件，如图 1-9 所示。

图 1-9　打开 .xml 文件

> **提示：** 在安装批量许可版本的 Office 2019 之前，建议卸载所有早期版本的 Office。配置文件中的 Remove MSI 可用于卸载使用 Windows Installer（MSI）安装的 2010 版、2013 版或 2016 版的 Office、Visio 或 Project 的安装。Office 2019 专业增强版涵盖了 Office 的大部分组件，但是不包括 Visio 2019 和 Project 2019，这两个组件要单独安装。如果不希望安装 2019 版的 Visio 和 Project，可将相应的代码删除。

（6）将语言版本"en-us"修改为"zh-cn"，即修改为简体中文，然后将文件重命名为方便记忆的名称（例如 configuration.xml）。

接下来可以启用命令行窗口执行下载和安装命令。一个更简单的方法是分别创建下载和安装的批处理文件，双击即可运行相应的命令。

（7）新建一个文本文件，输入命令 setup.exe /download configuration.xml，如图 1-10 所示，然后保存为批处理文件 download.bat。该文件用于下载安装文件。

（8）新建一个文本文件，输入命令 setup.exe /configure configuration.xml，如图 1-11 所示，然后保存为批处理文件 install.bat。该文件用于安装下载的程序。

图 1-10　创建批处理文件

图 1-11　创建批处理文件

（9）双击批处理文件 download.bat，打开命令行窗口执行相应的命令，如图 1-12 所示。此时开始下载安装文件。

图 1-12　输入命令

下载完成后，命令行窗口自动关闭。此时，在指定的文件夹中可以看到新增了一个名为 Office 的文件夹。

（10）双击批处理文件 install.bat，打开命令行窗口执行相应的命令，即开始安装程序。

（11）安装完成后，启动 Excel 2019。单击"文件"菜单选项卡中的"账户"命令，输入产品密钥进行激活，如图 1-13 所示。

图 1-13　激活产品

1.2.4　卸载 Microsoft Office 2019

（1）双击桌面上的"控制面板"快捷方式，打开"控制面板"，如图 1-14 所示。

（2）在控制面板中单击"程序"图标右侧的"卸载程序"，弹出"程序和功能"对话框。

（3）在对话框右侧的程序列表中选择"Microsoft Office 专业增强版 2019"，然后单击鼠标右键，在弹出的快捷菜单中单击"卸载"命令，如图 1-15 所示。

图 1-14　控制面板

图 1-15　卸载 Office 2019

1.3　启动与退出 Excel 2019

1. 启动

安装 Excel 2019 之后，就可以在操作系统中启动 Excel 2019 了。在 Windows 10 中启动 Excel 2019 有以下几种方法：

❖ 单击桌面左下角的"开始"按钮，在"开始"菜单的程序列表中单击"Excel"，如图 1-16 所示。

图1-16　启动 Excel 2019

> **提示：**　在"开始"菜单的程序列表中定位到"Excel"，单击鼠标右键，在弹出的快捷菜单中选择"固定到'开始'屏幕"命令，即可在"开始"屏幕中显示 Excel 的快捷方式。单击快捷方式即可启动 Excel 应用程序。

❖ 在"资源管理器"中找到并双击 Excel 文件（扩展名为".xlsx"）的图标，即可启动 Excel 2019 并打开表格文件。

Excel 2019 启动完成后的开始界面如图 1-17 所示。

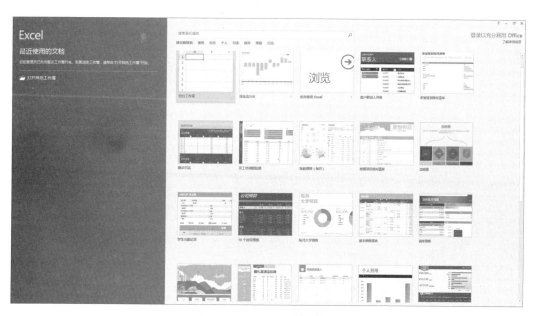

图1-17　Excel 2019 的开始界面

2. 退出

完成工作后，应正确退出 Excel 2019。可以采取以下方式之一退出：

❖ 按 Alt+F4 键。

❖ 单击 Excel 窗口右上角的"关闭"按钮⊠。

1.4 使 用 帮 助

帮助系统是以查询为驱动的，Excel 2019 提供了强大、便捷的帮助系统，可帮助用户快速了解 Excel 的各项功能和操作方式。

1.4.1 寻找帮助主题

Excel 2019 新增"帮助"菜单选项卡，如图 1-18 所示，可以帮助用户快速获取关于 Excel 2019 操作使用的帮助，并查看在线培训和学习内容。

单击"帮助"菜单选项卡中的"帮助"按钮，或按 F1 键，可以打开"帮助"面板，如图 1-19 所示。用户可以在搜索框中输入要查询的内容，或选择常用的帮助主题。

图 1-18 "帮助"菜单选项卡　　　　　　　　　　图 1-19 寻找帮助主题

1.4.2 使用操作说明搜索框

操作说明搜索框位于 Excel 2019 菜单选项卡右侧，如图 1-20 所示。

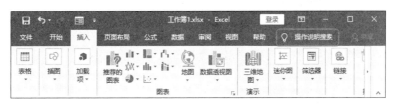

图 1-20　操作说明搜索框

在操作说明搜索框中输入与要执行的操作相关的字词或短语，可快速检索要使用的功能或要执行的操作，还可以获取与要查找的内容相关的帮助。

例如，输入"分类汇总"，下拉菜单中会出现相关的命令、功能解释，以及获取相关的帮助主题和智能查找，如图 1-21 所示。

单击"获取有关'分类汇总'的帮助"，在级联菜单中可以看到常用的操作说明，如图 1-22 所示。

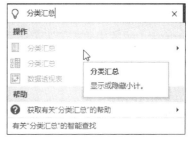

图 1-21　操作说明搜索

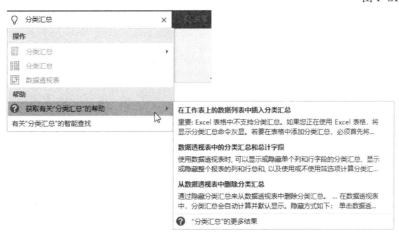

图 1-22　常用的帮助主题

单击级联菜单中的"更多结果"，可打开"帮助"面板，显示更多相关的帮助主题，如图 1-23 所示。

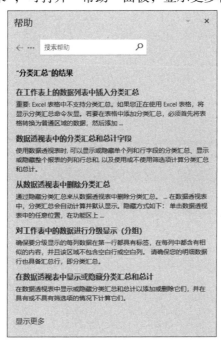

图 1-23　"分类汇总"的帮助主题

答 疑 解 惑

1. 计算机上已安装了 Office 2016，能直接再安装 Office 2019 吗？

答：不可以。在安装 Office 2019 之前，应先卸载 Office 2016，同时清除 Office 2016 的所有信息，包括证书、密钥。

2. 如何显示或隐藏屏幕提示？

答：在"文件"菜单选项卡中单击"Excel 选项"按钮，打开"Excel 选项"对话框。单击"常规"分类，在"用户界面选项"区域的"屏幕提示样式"下拉列表框中，选择所需的选项。

学习效果自测

一、选择题

1. Excel 是一种主要用于（　　）的工具。

    A. 画图   B. 上网   C. 放幻灯片   D. 绘制表格

2. 下列（　　）方法可以启动 Excel。

    A. 单击程序列表中的 Excel 图标   B. 单击"开始"屏幕上的 Excel 快捷方式

    C. 双击文件"用户资料 .xlsx"   D. 单击快速启动栏上的 Excel 图标

3. 下列（　　）方法不能退出 Excel。

    A. 在标题栏上单击鼠标右键，在弹出的快捷菜单中选择"关闭"命令

    B. 单击 Excel 窗口右上角的"关闭"按钮

    C. 在"文件"菜单选项卡中单击"关闭"按钮

    D. 按 Alt+F4 快捷键

二、操作题

1. 在"开始"屏幕中创建 Excel 的快捷方式。

2. 在任务栏上创建 Excel 2019 的快捷方式。

3. 正确退出 Excel 2019。

第 2 章

初识Excel 2019

本章导读

　　学习使用一个应用程序，应首先认识它的工作界面。本章将介绍 Excel 2019 的工作环境，以及 Excel 中的基本文件操作。掌握 Excel 2019 工作窗口中各种项目栏的使用方法，可为将来更好地运用 Excel 2019 完成复杂的任务打下坚实的基础。

学习要点

　　❖ 了解 Excel 2019 的界面
　　❖ 熟悉基本文件操作

2.1　Excel 2019 的工作界面

启动 Excel 2019 后，在开始界面单击"空白工作簿"图标，如图 2-1 所示，即可创建一个空白的工作簿，如图 2-2 所示。

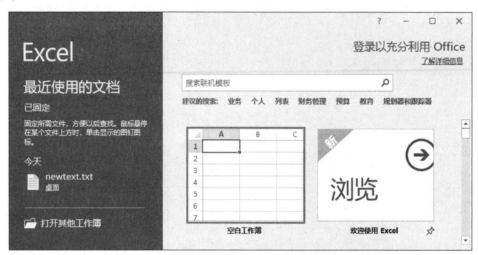

图 2-1　开始界面

图 2-2　Excel 2019 工作窗口

从图 2-2 可以看出，Excel 2019 的工作界面由标题栏、快速访问工具栏、菜单功能区、编辑栏、工作区、工作表标签、状态栏等组成。

2.1.1　标题栏

标题栏位于工作窗口的顶端（图 2-3），显示应用程序名 Excel 以及当前打开的工作簿名称（工作簿 1 ）。标题栏最右端有三个按钮，分别是"最小化"按钮、"最大化 / 向下还原"按钮和"关闭"按钮。

图 2-3　标题栏

"登录"按钮用于登录 Excel 账户管理应用，包括安装、付款、续订以及订阅服务。

"功能区显示选项"按钮⬚用于切换功能区选项卡和命令的可见性。

2.1.2　快速访问工具栏

快速访问工具栏位于标题栏左侧。在默认情况下包含"保存""撤销""恢复"和"自定义快速访问工具栏"按钮，如图 2-4 所示。

用户可以根据需要添加操作按钮。单击"自定义快速访问工具栏"按钮 ⬇，在弹出的下拉菜单中选择需要的命令，如图 2-5 所示，即可将对应的命令按钮添加到快速访问工具栏上。

如果要添加的命令不在下拉菜单中，则在如图 2-5 所示的下拉菜单中选择"其他命令"选项，弹出如图 2-6 所示的"Excel 选项"对话框。在对话框左侧的命令列表中选择需要添加的命令，然后单击"添加"按钮。

图 2-4　快速访问工具栏　　　　　图 2-5　自定义快速访问工具栏

图 2-6　"Excel 选项"对话框

2.1.3 菜单功能区

菜单功能区位于标题栏的下方,包括菜单选项卡和相关的命令,如图 2-7 所示。使用菜单栏中的命令可以执行 Excel 的所有命令。

图 2-7　菜单功能区

用户还可以根据需要显示或隐藏菜单功能区。在标题栏上单击"功能区显示选项"按钮，弹出如图 2-8 所示的下拉菜单。

❖ 自动隐藏功能区:隐藏整个功能区(包括标题栏和菜单功能区),并全屏显示。此时只显示编辑栏和工作区,如图 2-9 所示。

单击窗口右上角的"功能区显示选项"按钮，在如图 2-8 所示的下拉菜单中选择"显示选项卡和命令",即可恢复窗口。

在窗口顶部单击也可恢复显示功能区,但编辑栏可能会隐藏。

❖ 显示选项卡:仅显示菜单选项卡,隐藏菜单命令,如图 2-10 所示。单击选项卡显示相关的命令。

图 2-8　功能区显示选项

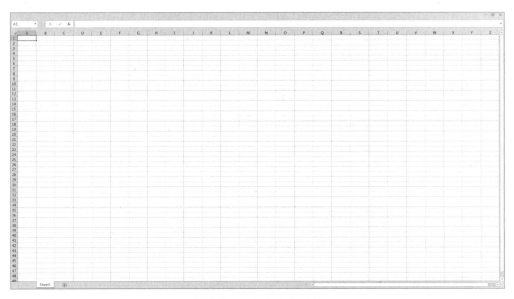

图 2-9　自动隐藏功能区

图 2-10　显示选项卡

❖ 显示选项卡和命令:该项为默认选项,始终显示功能区选项卡和命令。

2.1.4　编辑栏

默认情况下，编辑栏显示在菜单选项卡下方，用来显示活动单元格的数据或使用的公式，如图 2-11 所示。

图 2-11　编辑栏

名称框用于定义单元格或单元格区域的名称，还可以根据名称查找单元格或区域。如果单元格没有定义名称，在名称框中显示活动单元格的地址名称（例如 A1）。如果选中的是单元格区域，则名称框显示单元格区域左上角的地址名称。

编辑区用于显示活动单元格的内容或使用的公式。在单元格中输入内容时，输入的内容不仅在单元格中显示，在编辑区中也显示。单元格的宽度不能显示单元格的全部内容时，通常在编辑区中编辑内容。

2.1.5　工作区

工作区是用户编辑表格、输入数据、设置格式的主要工作区域，占据了 Excel 2019 窗口的绝大部分区域，如图 2-12 所示。

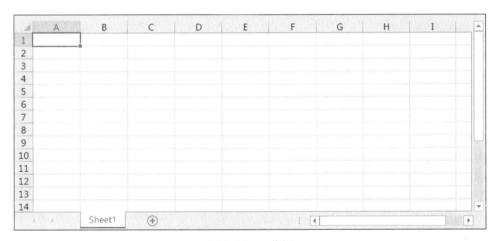

图 2-12　工作区

工作区的左侧为行编号，顶部为列编号，绿框为活动单元格或等待输入数据的单元格，底部为工作表标签，用来标记工作表的名称，如 Sheet1。白底绿字的标签为当前活动工作表的标签。

2.1.6　状态栏

状态栏位于应用程序窗口底部，用于显示与当前操作有关的状态信息。例如，准备输入单元格内容时，状态栏左侧会显示"就绪"的字样，如图 2-13 所示。状态栏右侧为视图方式、"显示比例"滑块及"缩放级别"按钮。

视图方式有 3 种：普通囲、页面布局囵和分页预览凹。拖动"显示比例"滑块，可以设置单元格的显示比例；单击"缩放级别"按钮，弹出如图 2-14 所示的"显示比例"对话框，可以自定义显示比例。

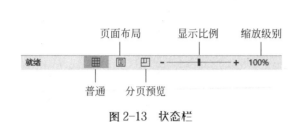

图 2-13　状态栏　　　　　　　　　　　　　图 2-14　"显示比例"对话框

2.2　文　件　操　作

在 Excel 2019 中，对文件的基本操作包括打开文件、保存文件及关闭文件。

2.2.1　打开 Excel 文件

打开一个已经存在的 Excel 文件的常用步骤如下：

（1）单击"文件"菜单选项卡中的"打开"命令，或按快捷键 Ctrl+O，切换到如图 2-15 所示的界面。

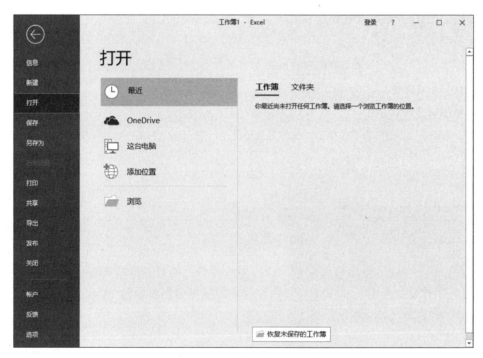

图 2-15　"打开"界面

（2）在位置列表中单击文件所在的位置，弹出如图 2-16 所示的"打开"对话框。

（3）浏览到文件所在路径，单击文件名称，然后单击"打开"按钮，即可在 Excel 中打开指定的文件。

图 2-16 "打开"对话框

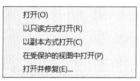

图 2-17 打开方式

如果要一次打开多个工作簿，可在"打开"对话框中单击一个文件名，按住 Ctrl 键后单击要打开的其他文件。如果这些文件是相邻的，可以按住 Shift 键后单击最后一个文件。

在这里需要提请读者注意的是，在"打开"对话框中，单击"打开"按钮右端的下拉箭头，可以选择打开文件的方式，如图 2-17 所示。

其中，"打开并修复"命令可以帮助用户对损坏的工作簿执行检测，并尝试修复检测到的任何故障。如果 Excel 无法修复，还可以选择提取其中的数据，包括公式和值。

打开文本文件

使用 Excel 进行数据分析时，数据来源可能是一个文本文件。Excel 2019 可以读取文本文件，操作步骤如下：

（1）执行"文件"→"打开"命令，或按快捷键 Ctrl+O，切换到"打开"任务窗格。

（2）在位置列表中单击文件所在的位置，弹出"打开"对话框，找到要打开的文件所在的文件夹。

（3）在"文件类型"下拉列表框中选择要打开文件的文件类型。

（4）定位到要打开的文件，然后单击"打开"按钮，即可进入"文本导入向导"的第 1 步，如图 2-18 所示。

（5）单击"下一步"按钮进入"文本导入向导"的第 2 步，选择分列数据包含的分隔符号，并预览效果，如图 2-19 所示。

（6）单击"下一步"按钮进入"文本导入向导"第 3 步，对列数据进行格式化，如图 2-20 所示。

（7）定制完所有格式后，单击"完成"按钮，即可在 Excel 中看到打开的文本文件，如图 2-21 所示。

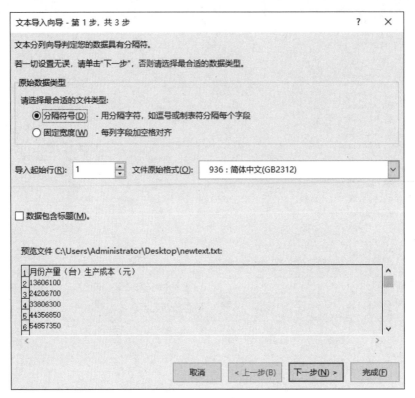

图 2-18 "文本导入向导"第 1 步

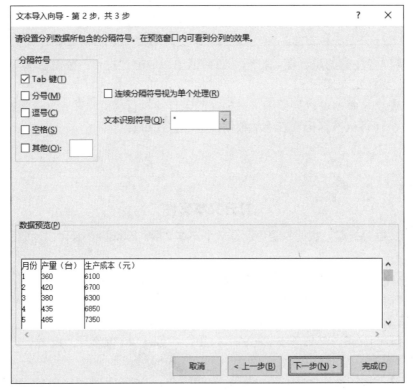

图 2-19 "文本导入向导"第 2 步

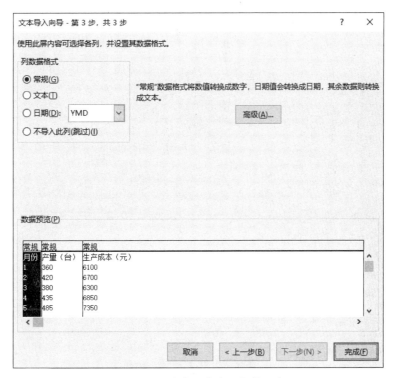

图 2-20 “文本导入向导”第 3 步

	A	B	C	D
1	月份	产量（台）	生产成本（元）	
2	1	360	6100	
3	2	420	6700	
4	3	380	6300	
5	4	435	6850	
6	5	485	7350	
7	6	490	7400	
8	7	395	6450	
9	8	460	7100	
10	9	440	6900	
11	10	490	7400	
12	11	510	7600	
13	12	470	7200	
14				

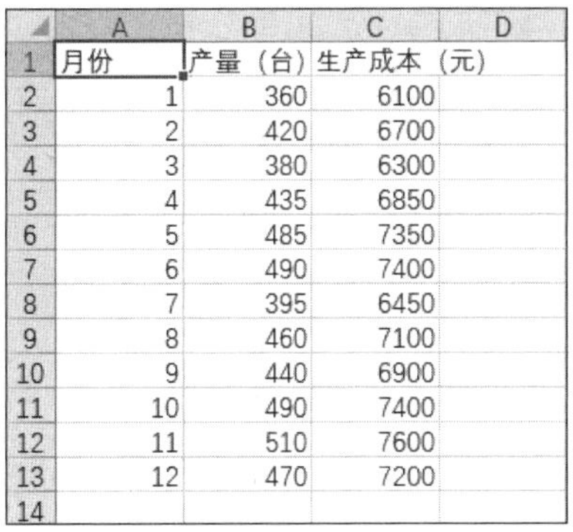

图 2-21 打开的文本文件

2.2.2 关闭文件

如果不再需要某个打开的文件，应将其关闭，这样既可节约一部分内存，也可以防止数据丢失。关闭文件常用的方法有以下 2 种：

❖ 单击“文件”菜单选项卡中的“关闭”命令。
❖ 按快捷键 Ctrl+F4。

2.2.3 保存文件

在处理 Excel 文件时，应时常保存文件，以防因为意外事故造成的数据丢失。Excel 提供了 3 种保存文件的常用方法：

❖ 单击快速访问工具栏上的“保存”按钮。
❖ 按 Ctrl+S 键。
❖ 单击“文件”菜单选项卡中的“保存”命令。

在保存文件时，如果文件已经保存过，Excel 将用新的文件内容覆盖原有的内容；如果新建的文件还未命名，则弹出如图 2-22 所示的"另存为"任务窗格，单击要保存的位置，打开"另存为"对话框指定文件的保存路径和名称。

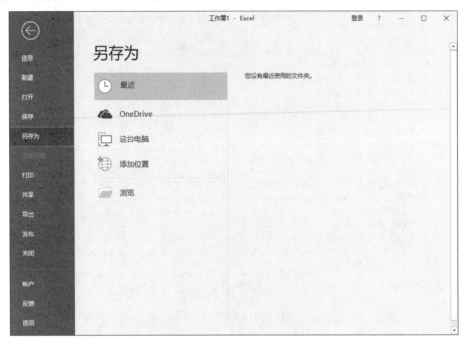

图 2-22　"另存为"任务窗格

注意　　对于重要的文件，在保存时可以将原版本保存为备份文件，或者在保存时设置文件打开权限密码和修改权限密码。相关操作请参见 **3.2.3** 节的介绍。

答　疑　解　惑

1. 如何快速最大化 Excel 窗口？

答：双击 Excel 窗口的标题栏，即可快速地最大化 Excel 窗口。

2. 如何更改文件保存的默认格式？

答：打开"Excel 选项"对话框，单击"保存"选项，在"保存工作簿"选项组中的"将文件保存为此格式"下拉列表框中选择要保存的格式。

3. 如何修改 Excel 的主题颜色？

答：打开"Excel 选项"对话框，在"常规"选项的"对 Microsoft Office 进行个性化设置"选项组中，单击"Office 主题"右侧的下拉按钮，在弹出的下拉列表框中可以选择 Excel 的主题颜色。

4. 如何设置在早期版本的 Excel 中可以查看的颜色？

答：打开"Excel 选项"对话框，单击"保存"选项，在"保留工作簿的外观"选项组中单击"颜色"按钮，在弹出的"颜色"对话框中，即可设置在早期版本的 Excel 中可以查看的颜色。

5. 如何将工作簿文件以副本的形式打开？

答：在"打开"对话框中，选择需要以副本形式打开的文件，单击"打开"按钮右侧的下拉按钮，在弹出的下拉列表框中单击"以副本方式打开"命令即可。

6. 工作表中的垂直滚动条和水平滚动条不见了，该如何处理？

答：打开"Excel 选项"对话框，单击"高级"选项，在"此工作簿的显示选项"区域选中"显示水平滑动条"和"显示垂直滚动条"复选框。

　　7. 如何快速调整 Excel 页面的显示比例？

　　答： 在 Excel 工作表中按下 Ctrl 键不放，滚动鼠标中键即可放大或者缩小显示工作表。

学习效果自测

一、选择题

1. 在工作区某个单元格上双击鼠标后，此时 Excel 的状态栏显示为（　　　）。
　　A. 就绪　　　　　　　　B. 编辑　　　　　　　　C. 输入　　　　　　　　D. 计算

2. 下列不能隐藏功能区的操作是（　　　）。
　　A. 单击菜单选项卡
　　B. 双击菜单选项卡
　　C. 在功能区单击鼠标右键，在弹出的快捷菜单中选择"折叠功能区"命令
　　D. 在标题栏上单击"功能区显示选项"，在弹出的下拉菜单中选择"自动隐藏功能区"命令

3. 在编辑栏中显示的是（　　　）。
　　A. 删除的数据　　　　B. 当前单元格的数据　　C. 被复制的数据　　　　D. 没有显示

4. 在"文件"菜单选项卡中选择"打开"命令，（　　　）。
　　A. 可以同时打开多个 Excel 文件
　　B. 只能一次打开一个 Excel 文件
　　C. 打开的是 Excel 工作表
　　D. 打开的是 Excel 图表

5. 一个 Excel 工作簿中既有工作表又有图表，在快速访问工具栏上单击"保存"按钮，则（　　　）。
　　A. 只保存其中的工作表　　　　　　　　B. 工作表和图表分别保存到两个文件中
　　C. 只保存其中的图表　　　　　　　　　D. 将工作表和图表保存到一个文件中

二、操作题

熟悉 Excel 2019 的工作界面。

第 3 章

工作簿和工作表

本章导读

工作簿是 Excel 储存数据的文件，每一个工作簿可以包含多张工作表或图表，可以在一个文件中管理各种类型的数据。工作表是 Excel 存储和处理数据的最主要的文档，其中包含排列成行和列的单元格，它是工作簿的一部分，也称作电子表格。

本章将详细介绍工作簿的创建、保存等基本操作，并系统地介绍管理工作表的方法。

学习要点

❖ 了解创建工作簿和打开已有工作簿的方法
❖ 熟悉创建、删除、隐藏工作表的方法
❖ 掌握复制和移动工作表的操作
❖ 掌握单元格的各种操作

3.1　基　本　术　语

在介绍工作簿和工作表的各项操作之前，有必要先讲解一下 Excel 中的一些基本术语，这些概念是学习使用 Excel 的基础。

- ❖ 工作簿：由一个或多个工作表组成，是处理和存储资料的文件。一个工作簿中最多可以包含255张工作表。
- ❖ 工作表：Excel 中用于存储和管理数据的二维表格，主要用于录入原始资料、存储统计信息、图表等，也被称作电子表格。工作表属于工作簿，存在于工作簿之中。
- ❖ 工作表标签：用于显示工作表的名称，位于工作簿窗口底部。单击工作表标签，可以在工作表之间进行切换。
- ❖ 单元格：工作表中长方形的"存储单元"，是组成工作表的基本元素。每个工作表最多包含65536 行，256 列，共 65536×256 个单元格。
- ❖ 单元地址：单元格固定的地址，比如"A3"，就代表了 A 列第 3 行的单元格。
- ❖ 活动单元格：正在使用的单元格，四周显示一个绿色的方框。

3.2　工作簿的基本操作

Excel 文件称为工作簿，是用来计算和存储数据的文件，每个工作簿都可以包含多张工作表，因此可在单个文件中管理各种类型的相关信息。掌握工作簿的基本操作是进行各种数据管理操作的基础。

3.2.1　新建工作簿

在 Excel 2019 中新建工作簿主要有以下两种方式。

1. 通过"新建"菜单命令创建

在 Excel 2019 中创建一个新工作簿最简便的方法，是在"新建"任务窗格中选择一种适当的方式。

在菜单功能区单击"文件"选项卡，然后在弹出的界面左侧单击"新建",弹出如图 3-1 所示的"新建"任务窗格。

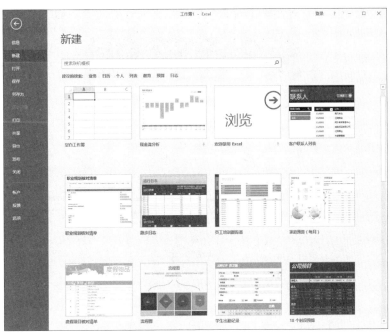

图 3-1　"新建"任务窗格

Excel 2019 提供了一些应用模板，这些模板是已经设置好格式的工作簿，打开这些应用模板便可直接使用模板中设置的各种格式。如果要创建一个空白工作簿，在"新建"任务窗格中单击"空白工作簿"即可。

新建的空白工作簿如图 3-2 所示，标题栏上的"工作簿 1"为新建工作簿的名称，A1 单元格为活动单元格，Sheet1 为工作表名称。

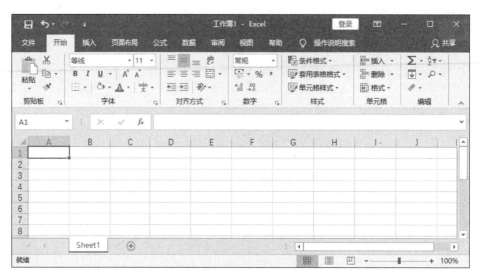

图 3-2　新建的空白工作簿

提示：

如果需要更多的模板，可以在"新建"任务窗格顶部搜索联机模板。

2. 利用快速访问工具栏上的"新建"按钮

单击快速访问工具栏上的"新建"按钮，系统会自动创建一个空白工作簿。

默认情况下，快速访问工具栏上不显示"新建"按钮。用户可以单击快速访问工具栏右侧的"自定义快速访问工具栏"按钮 ，在弹出的下拉菜单中单击"新建"命令，如图 3-3 所示。

图 3-3　添加"新建"命令到快速访问工具栏

3.2.2　设置自动保存

　　Excel 2019 默认启动"自动保存"的加载宏，用户可以指定自动保存的时间间隔和保存路径。步骤如下：

　　（1）执行"文件"→"选项"命令，在弹出的对话框左侧分类列表中单击"保存"，打开"Excel 选项"对话框，如图 3-4 所示。

　　（2）在"将文件保存为此格式"右侧的下拉列表框中指定 Excel 文件自动保存的格式。

　　（3）保留"保存自动恢复信息时间间隔"复选框的选中状态，然后指定自动保存的时间间隔。

　　（4）保留"如果我没保存就关闭，请保留上次自动保留的版本"复选框的选中状态。

　　（5）在"自动恢复文件位置"右侧的文本框中指定自动恢复文件保存的位置。

提示：　　设置自动保存时，建议读者新建一个专门存储此类文档的专用文件夹，这样以后在查找文件时会很方便快捷。不建议保存在系统安装盘。

　　（6）单击"确定"按钮，关闭对话框。

图 3-4　"Excel 选项"对话框

3.2.3　保护工作簿

　　如果工作簿包含重要的表格资料或数据，为防止数据泄露或被恶意修改，通常需要进行保护。不同的情况需要不同的保护形式，最简单直接的是设置密码，或将文档设置成只读。如果需要，还可以为 Excel 表格添加数字签名实现版权保护。

　　（1）打开需要保护的工作簿，执行"文件"→"信息"命令，打开如图 3-5 所示的"信息"任务窗格。

　　（2）单击"保护工作簿"按钮，弹出如图 3-6 所示的保护类型下拉菜单。

　　始终以只读方式打开：设置为这种保护类型以后，"信息"任务窗格中的"保护工作簿"按钮变为黄底高亮显示，如图 3-7 所示。再次打开该文档时，弹出如图 3-8 所示的对话框，单击"是"按钮，打开文件后，标题栏上文件名右侧显示"只读"，不能保存对文件的更改，除非以新文件名保存，或保存在其他位置。

图 3-5 "信息"任务窗格

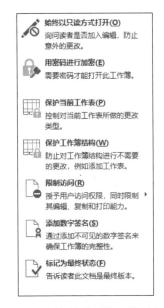

图 3-6 "保护类型"下拉菜单

图 3-7 以只读方式打开工作簿

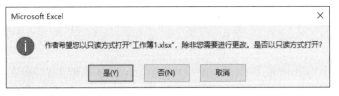

图 3-8 提示对话框

 注意　　这种保护形式并不能阻止他人修改工作表。单击图 3-8 所示的对话框中的"否"按钮，即可对文档进行修改并保存。

用密码进行加密：需要输入密码才能打开此工作簿。选中该项，弹出如图 3-9 所示的"加密文档"对话框。在"密码"文本框中输入密码，单击"确定"按钮，弹出"确认密码"对话框，再次输入密码。

单击"确定"按钮，完成操作。

注意　　Excel 中的密码最多可以由 255 个字母、数字、空格和符号组成，且区分大小写。一定要牢记设置的密码，否则不能打开有密码保护的工作簿。

保护当前工作表：控制对当前工作表所做的更改类型。选中该项，将弹出"保护工作表"对话框，用户可以对工作表需要保护的部分进行非常详尽的设置。具体操作请参见 3.3.8 节的讲解。

保护工作簿结构：防止对工作簿结构进行更改，例如添加工作表。选中该项，弹出如图 3-10 所示的"保护结构和窗口"对话框。在"密码"文本框中设置保护密码，然后在弹出的"确认密码"对话框再次输入密码。

图 3-9　"加密文档"对话框　　　　　图 3-10　"保护结构和窗口"对话框

在"审阅"菜单选项卡的"更改"区域单击"保护工作簿"按钮，也可以打开"保护结构和窗口"对话框。设置密码后，再次单击"保护工作簿"按钮，可以打开"撤销工作簿保护"对话框，输入设置的密码，即可解除保护。

限制访问：授予用户访问权限，同时限制其编辑、复制和打印功能。这种方式需要设置权限管理服务器，适用于企业用户。

添加数字签名：通过添加不可见的数字签名以确保工作簿的完整性。这种保护形式主要是基于版本保护方面的考虑，其他人即使修改了 Excel 表格内容，但数字签名依然是原作者的，以防劳动成果被他人窃取据为己有。

标记为最终状态：将当前工作簿标记为最终版本，并将其设为只读，禁用输入、编辑命令和校对标记。此时，在标题栏上显示"只读"字样，编辑栏上方显示一条提示信息，状态栏上可以看到"标记为最终状态"图标，如图 3-11 所示。

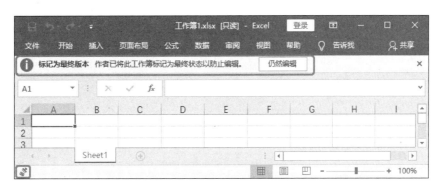

图 3-11　标记为最终状态的文档

注意 这种保护形式并不能阻止他人修改工作表。单击提示信息右侧的"仍然编辑"按钮，即可对文档进行修改，此时状态栏上的"标记为最终状态"图标消失。

3.3 工作表的基本操作

工作表通常也被称为电子表格，是工作簿的一部分。工作表由若干排列成行和列的单元格组成，使用工作表可以对数据进行组织和分析。

3.3.1 插入工作表

在默认情况下，每个 Excel 2019 工作簿中只包含 1 个工作表"Sheet1"，如图 3-12 所示。

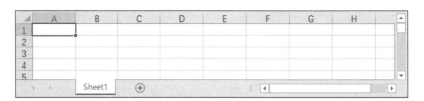

图 3-12　工作表

提示： 每张工作表由 256 列和 65536 行组成，行和列交叉处组成单元格。单元格在屏幕上显示不大，但每一个单元格可容纳 32000 个字符。

根据需要，用户可以在一个工作簿中插入多张工作表，常用的方法有以下几种：

1. 利用"新工作表"按钮

单击工作表标签右侧的"新工作表"按钮⊕，即可在当前活动工作表右侧插入一个新的工作表。新工作表的名称依据活动工作簿中工作表的数量自动命名，如图 3-13 所示。

图 3-13　单击"新工作表"按钮插入工作表

2. 利用鼠标右键快捷菜单

在工作表标签上单击鼠标右键，在弹出的快捷菜单上选择"插入"命令（图 3-14），弹出如图 3-15 所示的"插入"对话框。选中"工作表"图标，然后单击"确定"按钮，即可插入一个新的工作表。

图 3-14　选择"插入"命令

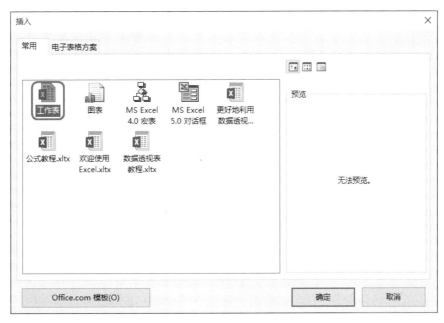

图 3-15 "插入"对话框

如果希望每次新建的工作簿中都包含多个工作表，可以执行以下操作：

（1）执行"文件"→"选项"命令，在弹出的"Excel 选项"对话框中，切换到"常规"选项卡。

（2）在"包含的工作表数"右侧的文本框中输入数字，指定新建的工作簿初始包含的工作表数目（系统默认的值为 1），如图 3-16 所示。

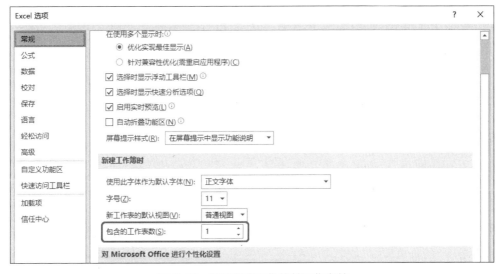

图 3-16 配置新建工作簿的工作表数

（3）单击"确定"按钮关闭对话框。

创建新的工作簿时，新建的工作簿将包含指定数目的工作表。

3.3.2 选择工作表

在实际应用中,一个工作簿通常包含多张工作表,用户可能要在多张工作表中编辑数据,或对不同工作表的数据进行汇总计算,这就要在不同的工作表之间进行切换。

单击工作表的名称标签,即可进入对应的工作表。工作表的名称标签位于状态栏上方,如图 3-17 所示,其中高亮显示的工作表为活动工作表。

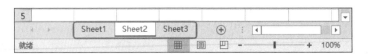

图 3-17　工作表名称标签

如果要选择多个连续的工作表,可以选中一个工作表之后,按下 Shift 键单击最后一个要选中的工作表。

如果要选择不连续的工作表,可以选中一个工作表之后,按下 Ctrl 键单击其他要选中的工作表。

如果要选中当前工作簿中所有的工作表,可以在工作表标签上单击鼠标右键,然后在弹出的快捷菜单中选择"选定全部工作表"命令。

提示:

用鼠标单击任何一个工作表标签,即可取消选中多个工作表。

3.3.3 重命名工作表

如果一个工作簿中包含多张工作表,给每个工作表指定一个具有代表意义的名称是很有必要的。重命名工作表有以下几种常用方法:

双击要重命名的工作表名称标签,输入新的名称后按 Enter 键。

在要重命名的工作表名称标签上单击鼠标右键,在弹出的快捷菜单中选择"重命名"命令,输入新名称后按 Enter 键。

重命名之后的效果如图 3-18 所示。

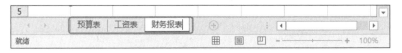

图 3-18　重命名工作表

3.3.4 更改工作表标签颜色

为便于用户快速识别或组织工作表,Excel 2019 提供了一项非常有用的功能,可以给不同工作表标签指定不同的颜色。

(1)选中要添加颜色的工作表名称标签。

(2)单击鼠标右键,在弹出的快捷菜单中选择"工作表标签颜色"命令,弹出颜色色板,如图 3-19 所示。

(3)在色板中选择需要的颜色,即可改变工作表标签的颜色,效果如图 3-20 所示。

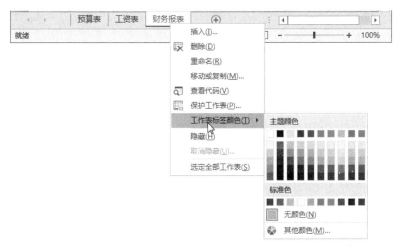

图 3-19 设置工作表标签颜色　　　　　　　　　　图 3-20 设置标签颜色效果图

3.3.5 移动和复制工作表

在实际应用中，可能需要在同一个工作簿中制作两个相似的工作表，或者将一个工作簿中的工作表移动或拷贝到另一个工作簿中。

将工作表移动或复制到工作簿中指定的位置，可以利用以下 3 种方式。

1. 用鼠标拖放

（1）移动工作表

用鼠标选中要移动的工作表标签(例如"预算表"),按住鼠标左键不放,则鼠标所在位置会出现一个"白板"图标□，且在该工作表标签的左上方出现一个黑色倒三角标志，如图 3-21 所示。

按住鼠标左键不放，在工作表标签之间移动鼠标，"白板"和黑色倒三角会随鼠标移动，如图 3-22 所示。

图 3-21 按住鼠标左键选取工作表标签

图 3-22 移动工作表标签

将鼠标移到目标位置（例如"财务报表"之前），释放鼠标左键，工作表即可移动到指定的位置，如图 3-23 所示。

（2）复制工作表

按住 Ctrl 键的同时，在要复制的工作表标签（例如"预算表"）上按住鼠标左键不放，此时鼠标所在位置显示一个带"＋"号的"白板"图标⊞和一个黑色倒三角。

在工作表标签之间移动鼠标，带"＋"号的"白板"和黑色倒三角也随之移动。

移动到目标位置（例如"财务报表"之后），松开 Ctrl 键及鼠标左键，即可在指定位置生成一个工作表副本（例如"预算表（2）"），如图 3-24 所示。

图 3-23 移动后的效果

图 3-24 复制工作表的效果

2. 利用"移动或复制工作表"对话框

（1）在要移动或复制的工作表名称标签上单击鼠标右键，从弹出的快捷菜单中选择"移动或复制"命令，打开如图 3-25 所示的对话框。

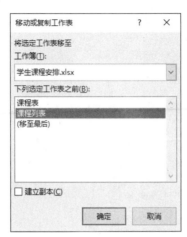

图 3-25 "移动或复制工作表"对话框

（2）在"下列选定工作表之前"下拉列表框中选择要移到的目标位置。如果要复制工作表，还要选中"建立副本"复选框。

（3）单击"确定"按钮。

3. 在不同工作簿之间移动或复制工作表

（1）打开源工作簿和目标工作簿。

（2）在要移动或复制的工作表名称标签上单击鼠标右键，从弹出的快捷菜单中选择"移动或复制"命令，打开"移动或复制工作表"对话框。

（3）在"工作簿"下拉列表框中选择目标工作簿，如图 3-26 所示。

图 3-26 在不同的工作簿之间移动工作表

（4）在"下列选定工作表之前"列表框中，单击将在其前面插入移动或复制工作表的工作表。

（5）选中"建立副本"复选框可以复制工作表，否则将只移动工作表，然后单击"确定"按钮关闭对话框。

注意 　如果将一个工作表移动到有同名工作表的工作簿中，Excel 将自动更改工作表名称，使之成为唯一的命名。例如"工资表"变为"工资表（2）"。

3.3.6　删除工作表

如果不再使用某个工作表，可以将其删除。在要删除的工作表标签上单击鼠标右键，在弹出的快捷菜单中选择"删除"命令。

　注意　　删除工作表是永久性的，不能通过"撤销"命令恢复。

删除多个工作表的方法与此类似，不同的是在选定工作表时要按住 Ctrl 键或 Shift 键以选择多个工作表。

3.3.7　隐藏工作表

隐藏工作表可以避免对重要的数据和机密数据的误操作。

（1）选中要隐藏的工作表。

（2）右击工作表名称标签，在弹出的快捷菜单中选择"隐藏"命令，如图 3-27 所示。

工作表隐藏之后，其名称标签也随之隐藏，如图 3-28 所示。

图 3-27　选择"隐藏"命令

图 3-28　隐藏工作表之后的效果

　注意　　并非任何情况下都可以隐藏工作表。如果工作簿的结构处于保护状态，就不能隐藏其中的工作表。此外，隐藏的工作表仍然处于打开状态，其他文档仍然可以利用其中的数据。

如果要取消隐藏，可以执行以下操作：

（1）右击工作表名称标签，在弹出的快捷菜单中选择"取消隐藏"命令，打开"取消隐藏"对话框。

（2）选择要显示的工作表，如图 3-29 所示。

（3）单击"确定"按钮关闭对话框。

图 3-29　"取消隐藏"对话框

3.3.8 保护工作表

尽管隐藏工作表可以在一定程度上保护工作表，但其他文档仍然可以引用其中的数据信息。为了保护工作表中的数据不被随意篡改，可以对工作表或工作表的部分区域设置保护。

（1）执行"审阅"→"保护工作表"命令，或者右击需要设置保护的工作表名称标签，在弹出的快捷菜单中选择"保护工作表"命令，即可打开"保护工作表"对话框，如图 3-30 所示。

从图 3-30 中可以看出，除了可以设置密码保护，还可以非常详尽地限制可对工作表进行的操作。

（2）在"取消工作表保护时使用的密码"文本框中输入密码。

（3）在"允许此工作表的所有用户进行"列表中指定可对保护中的工作表进行的操作。

（4）单击"确定"按钮，弹出"确认密码"对话框，再次输入密码，然后单击"确定"按钮关闭对话框。

至此，工作表已经设置保护。如果修改工作表中的数据，将弹出如图 3-31 所示的警告对话框。

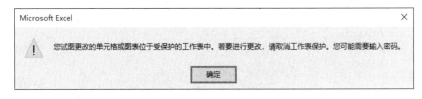

图 3-30　"保护工作表"对话框　　　　　　　图 3-31　警告对话框

如果要取消对工作表的保护，可以单击"审阅"菜单选项卡中的"撤销工作表保护"命令，然后在弹出的"撤销工作表保护"对话框中输入设置的保护密码，单击"确定"按钮取消保护。

3.3.9 拆分和冻结工作表

当工作表中的数据很多时，尽管可以来回滚动窗口底部或右侧的滚动条查看数据，也经常会出现能看见前面的内容却看不见后面的内容，能看见左边的内容却看不见右边的内容的情况。使用拆分和冻结工作表功能，可以轻松地解决这个问题。

1. 拆分窗口

拆分窗口是将 Excel 工作表拆分成 4 个窗口显示，在不隐藏行或列的情况下，可以将相隔很远的行或列移动到邻近的地方，以便更准确地编辑或查看数据。

（1）在要拆分的工作表中选中一个单元格，如 B7。

（2）单击"视图"菜单选项卡"窗口"区域的"拆分"按钮🔲，如图 3-32 所示。

此时，B7 单元格左上角显示两条灰色的垂直交叉线，将工作表拆分为 4 个可以单独滚动的窗格，如图 3-33 所示。

如果要取消对工作表的拆分，再次单击"视图"选项卡"窗口"区域的"拆分"按钮🔲；或者将鼠标指针移到拆分框线上，当指针变为双向箭头⇳或⇔时，双击拆分框线，取消对工作表的拆分。

图 3-32　选择"拆分"命令

图 3-33　拆分成 4 个窗格

2. 冻结窗口

冻结窗口可以在滚动工作表时，始终保持某些行或列在可视区域，以便对照或操作。被冻结的部分通常是标题行或列，也就是表头部分。

（1）选中要冻结的行和列交叉的单元格的右下方单元格，例如，要冻结第 1 行至第 3 行，则选中单元格 A4，如图 3-34 所示。

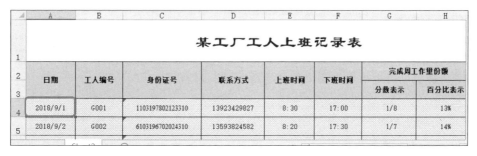

图 3-34　选中单元格 A4

（2）单击"视图"菜单选项卡"窗口"区域的"拆分"按钮▦，选中的单元格上方显示一条灰色的拆分线，将窗口拆分为两部分，如图3-35所示。

	某工厂工人上班记录表						
日期	工人编号	身份证号	联系方式	上班时间	下班时间	完成周工作量份额	
						分数表示	百分比表示
2018/9/1	G001	1103197802123310	13923429827	8：30	17：00	1/8	13%
2018/9/2	G002	6103196702024310	13593824582	8：20	17：30	1/7	14%

图 3-35 拆分后的窗口

（3）单击"视图"菜单选项卡"窗口"区域的"冻结窗格"按钮，在弹出的下拉菜单中选择"冻结窗格"命令，如图3-36所示。

此时，表格的前3行冻结在当前窗口中，无论如何拖动滚动条，前3行都会固定显示在窗口中，如图3-37所示。

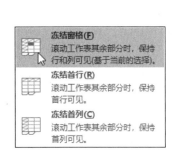

图 3-36 选择"冻结窗格"命令

图 3-37 冻结窗口效果

如果只要冻结工作表的首行或首列，不需要拆分窗格，可以直接在如图3-36所示的冻结窗格下拉列表框中选择"冻结首行"或"冻结首列"命令。

如果要撤销被冻结的窗口，在"冻结窗格"下拉菜单中选择"取消冻结窗格"命令。

3.4 认识单元格

工作表是一个二维表格，由行和列构成，行和列相交形成的方格称为单元格。单元格中可以填写数据，是存储数据的基本单位，也是Excel用来存储信息的最小单位。每一个单元格的名字由该单元格所处的工作表的行和列决定，例如：A列的第2行的单元格为A2。

3.4.1 选定单元格区域

在输入和编辑单元格内容之前，必须使单元格处于活动状态。所谓活动单元格，是指可以进行数据输入的选定单元格，特征是被绿色粗边框围绕的单元格，例如图3-38中的C3单元格。

通过键盘和鼠标选定单元格区域的操作如表3-1所示。

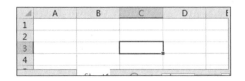

图 3-38 活动单元格

表 3-1 选定单元格、区域、行或列

选 定 内 容	操 作
单个单元格	单击相应的单元格，或用方向键移动到相应的单元格
连续单元格区域	单击选定该区域的第一个单元格，然后按下鼠标左键拖动，直至选定最后一个单元格。值得注意的是：拖动鼠标前鼠标指针应呈空心十字形✚
工作表中所有单元格	单击工作表左上角的"全选"按钮◢
不相邻的单元格或单元格区域	先选定一个单元格或区域，然后按住 Ctrl 键选定其他的单元格或区域
较大的单元格区域	先选定该区域的第一个单元格，然后按住 Shift 键单击区域中的最后一个单元格
整行	单击行号
整列	单击列号
相邻的行或列	沿行号或列号拖动鼠标
不相邻的行或列	先选中第一行或列，然后按住 Ctrl 键选定其他的行或列
增加或减少活动区域中的单元格	按住 Shift 键并单击新选定区域中最后一个单元格，在活动单元格和所单击的单元格之间的矩形区域将成为新的选定区域
取消单元格选定区域	单击工作表中其他任意一个单元格

选择单元格区域时，在名称框中可以查看选中的行数和列数，如图 3-39 所示。

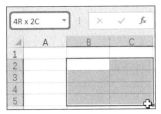

图 3-39 选中单元格区域

3.4.2 移动或复制单元格

移动是指把某个单元格（或区域）的内容从当前的位置删除，放到另外一个位置；而复制是指当前内容不变，在另外一个位置生成一个副本。

用鼠标拖动的方法可以方便地移动或复制单元格。

（1）选定要移动或复制的单元格。

（2）将鼠标指向选定区域的边框，此时鼠标的指针变为，如图 3-40 所示。

（3）按下鼠标左键拖动到目的位置，如图 3-41 所示，释放鼠标，即可将选中的区域移到指定位置，效果如图 3-42 所示。

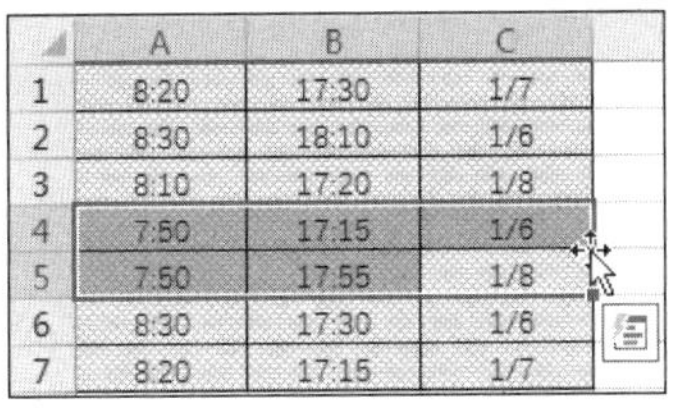

图 3-40 选中区域

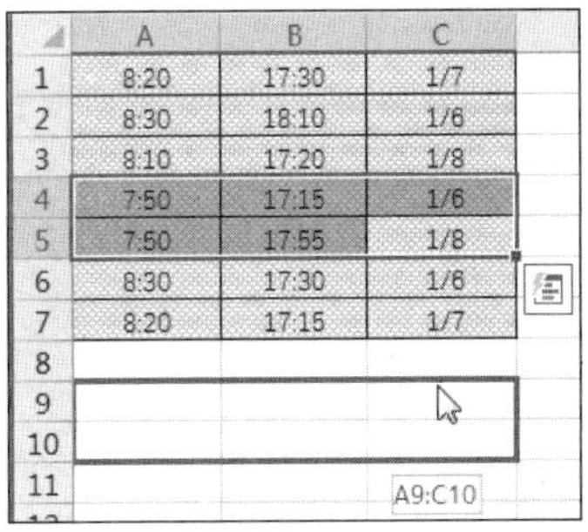

图 3-41 移到目的位置

（4）如果要复制单元格，则在拖动鼠标的同时按住 Ctrl 键，效果如图 3-43 所示。

	A	B	C
1	8:20	17:30	1/7
2	8:30	18:10	1/6
3	8:10	17:20	1/8
4			
5			
6	8:30	17:30	1/6
7	8:20	17:15	1/7
8			
9	7:50	7:50	7:50
10	7:50	7:50	7:50
11			

图 3-42　移动单元格区域的效果

	A	B	C
1	8:20	17:30	1/7
2	8:30	18:10	1/6
3	8:10	17:20	1/8
4	7:50	17:15	1/6
5	7:50	17:55	1/8
6	8:30	17:30	1/6
7	8:20	17:15	1/7
8			
9	7:50	17:15	1/6
10	7:50	17:55	1/8

图 3-43　复制单元格区域的效果

如果要将选定区域拖动或复制到其他工作表上，可以选定区域后单击"剪切"按钮✄或"复制"按钮🗐，然后打开要复制到的工作表，在要粘贴单元格区域的位置单击"粘贴"按钮🗋。

选择粘贴区域可以只选择区域中的第一个单元格，也可以选择与剪切区域完全相同的区域。否则会出现"剪切区域与粘贴的形状不同"的提示。

3.4.3　插入单元格区域

利用"开始"菜单选项卡"单元格"区域的"插入"命令（图 3-44）可以插入单元格、行、列或工作表，这样可以避免覆盖原有的内容。

（1）在需要插入单元格的位置选定相应的单元格区域。

 注意　　选定的单元格数量应与待插入的空单元格数目相同。

（2）单击"开始"菜单选项卡"单元格"区域的"插入"命令，在弹出的下拉菜单中选择"插入单元格"命令，弹出如图 3-45 所示的"插入"对话框。

图 3-44　"插入"下拉菜单

图 3-45　"插入"对话框

- ❖ "活动单元格右移"或"活动单元格下移"：将新单元格插入活动单元格左侧或上方。
- ❖ "整行"：在活动单元格上方插入一个空行。
- ❖ "整列"：在活动单元格左侧插入一个空列。

3.4.4　清除或删除单元格

清除单元格只是删除单元格中的内容、格式或批注，单元格仍然保留在工作表中；删除单元格则是从工作表中移除这些单元格，并调整周围的单元格，填补删除后的空缺。

1. 清除单元格内容

选中要清除的单元格区域，按 Delete 键即可清除指定单元格区域的内容。

2. 清除单元格中的格式和批注

（1）选中要清除的单元格、行或列。

（2）单击"开始"菜单选项卡"编辑"区域的"清除"命令，弹出如图 3-46 所示的下拉菜单。

（3）根据要清除的内容在"清除"子菜单中选择相应的命令。

3. 删除单元格

（1）选中要删除的单元格、行或列。

（2）在"开始"菜单选项卡的"单元格"区域单击"删除"命令，弹出如图 3-47 所示的下拉菜单。

❖ "删除单元格"：选择该命令弹出如图 3-48 所示的"删除"对话框，可以选择删除活动单元格之后，其他单元格的排列方式。

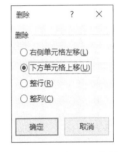

图 3-46　"清除"下拉菜单　　　图 3-47　"删除"下拉菜单　　　图 3-48　"删除"对话框

❖ "删除工作表行"：删除活动单元格所在行。

❖ "删除工作表列"：删除活动单元格所在列。

3.5　实例精讲——设计员工档案资料

随着公司的发展，公司的员工越来越多，员工的档案资料也在不断地增多。要对资料进行方便、快捷地存储管理，最简单、实用的方法就是使用 Excel 建立一个员工档案资料工作簿，将其存入计算机统一管理。

3-1　实例精讲——设计员工档案资料

　　本节练习设计一个员工档案表，通过对操作步骤的详细讲解，读者可进一步掌握创建工作簿、复制和移动工作表、查看工作簿、显示和隐藏工作表元素等知识点，以及相关的操作方法。

　　首先创建两个工作簿，分别存放新老员工的资料信息，然后将新员工档案工作表移动到老员工资料工作簿中，最后隐藏指定员工的资料信息。

操作步骤

3.5.1　创建两个工作簿

设计员工档案资料之前，首先需要创建员工档案资料工作簿，本例创建两个工作簿，一个用来记录以前的员工档案资料，另一个用来记录新员工资料。

（1）新建一个空白工作簿，将工作表 Sheet1 重命名为"员工档案"并输入数据，如图 3-49 所示。

（2）在快速访问工具栏上单击"保存"按钮，弹出"另存为"对话框，选择保存位置，"文件名"为"员工资料 .xlsx"，然后单击"保存"按钮，保存工作簿。

（3）执行"文件"→"新建"命令，在"新建"任务窗格中选择"空白工作簿"，新建一个工作簿。将 Sheet1 工作表重命名为"新员工档案"，并输入数据，如图 3-50 所示。

图 3-49　新建"员工档案"工作表

图 3-50　新建"新员工档案"工作表

（4）在快速访问工具栏上单击"保存"按钮，弹出"另存为"对话框，选择保存位置，"文件名"为"新员工资料 .xlsx"，然后单击"保存"按钮，保存工作簿。

3.5.2　复制"员工档案"工作表

Excel 2019 提供了复制工作表的功能，例如要为工作表"员工档案"建立一个副本，并把复制出来的工作表放在"员工档案"工作表的后面。

（1）打开工作表，将鼠标指针移到"员工档案"工作表标签上，按下 Ctrl 键的同时，按下鼠标左键，此时光标变为⊞。

（2）移动鼠标，当黑色三角形移到"员工档案"工作表标签右侧时，释放鼠标和 Ctrl 键，即可在"员工档案"工作表的后面得到"员工档案（2）"工作表，如图 3-51 所示。

（3）右击"员工档案（2）"的工作表标签，在弹出的快捷菜单中选择"重命名"命令，然后输入新名称"员工档案副本"，如图 3-52 所示。

图 3-51　得到工作表"员工档案（2）"

图 3-52　重命名工作表

（4）按照与上面同样的方法，在"新员工资料"工作簿中复制工作表"新员工档案"，并重命名为"员工资料补充"。

3.5.3 移动"新员工档案"工作表

在 Excel 2019 中,可以将工作表从一个工作簿移动到另一个工作簿中。例如,将工作簿"新员工资料"中的工作表"员工资料补充",移动到工作簿"员工资料"中的工作表"员工档案"之后。

(1)打开"新员工资料"工作簿,在"员工资料补充"工作表标签上单击鼠标右键,从弹出的快捷菜单中选择"移动或复制"命令,如图 3-53 所示,弹出"移动或复制工作表"对话框。

(2)在"将选定工作表移至工作簿"列表框中选择"员工资料.xlsx"工作簿,在"下列选定工作表之前"列表框中选择"员工档案副本"工作表,如图 3-54 所示。

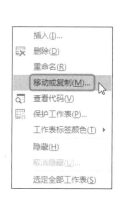

图 3-53 选择"移动或复制"命令

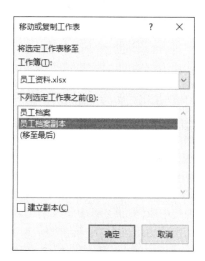

图 3-54 选择要移动的目的位置

(3)单击"确定"按钮,即可将"员工资料补充"工作表移动到"员工资料"工作簿中,如图 3-55 所示。

	A	B	C	D	E	F	G
1		职员编号	职工姓名	性 别	入职日期	部门	职工等级
2		S033	张冰	女	2017/7/1	财务部	06
3		S034	王如一	男	2017/7/1	销售部	06
4		S035	赵琳	女	2017/7/1	经营部	06
5		S036	李春梅	女	2017/7/1	质量部	06
6		S037	黄如金	男	2017/7/1	销售部	06
7							

员工档案 员工资料补充 员工档案副本 ⊕

图 3-55 "员工资料"工作簿

此时,"新员工资料"工作簿中的"员工资料补充"工作表消失。

3.5.4 查看工作簿

Excel 2019 提供了多种显示工作表的方法,查看工作表变得更加简单方便。

1. 调整工作簿显示比例

(1)打开"员工资料"工作簿,在"视图"菜单选项卡的"显示比例"区域,单击"显示比例"命令按钮,弹出"显示比例"对话框,如图 3-56 所示。

(2)选中预置的显示比例,则工作簿以指定的比例显示。例如,选中"75%"单选按钮,则工作簿以 75% 的比例显示,如图 3-57 所示。用户也可以直接选中"自定义"单选按钮,输入需要的显示比例。

图 3-56 "显示比例"对话框

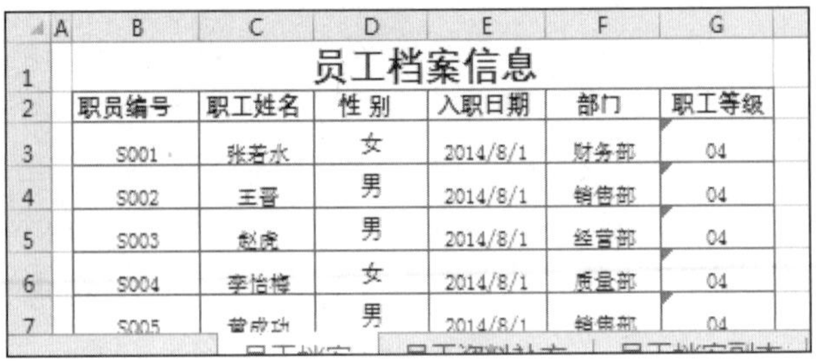

图 3-57 75% 显示比例的效果

 注意 指定的显示比例只对当前的活动工作表有效，当前工作簿中的其他工作表的显示比例不受影响。

（3）用户还可以在当前窗口中显示指定区域。选中"员工档案"工作表中的 B7 到 G10 单元格区域，如图 3-58 所示。

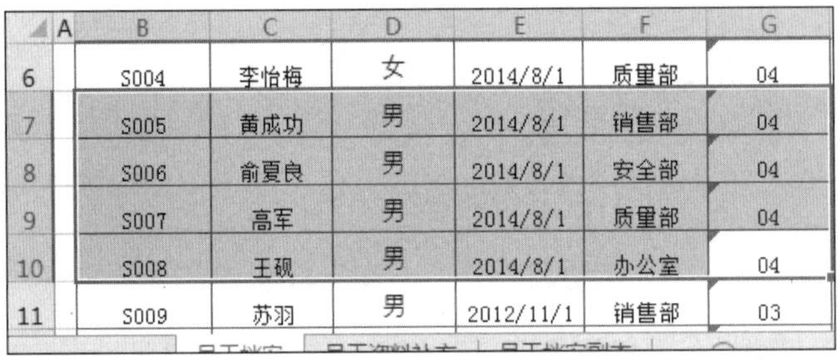

图 3-58 选定显示区域

（4）在"视图"菜单选项卡的"显示比例"区域单击"缩放到选定区域"命令按钮，将在当前窗口中最大限度地完全显示指定的区域，如图 3-59 所示。

图 3-59 缩放到选定区域的显示效果

2. 多窗口查看工作簿

（1）在"视图"菜单选项卡的"窗口"区域单击"新建窗口"按钮，将创建一个新的窗口显示当前工作簿。两个窗口内容相同，只是名字不同而已，如图 3-60 所示。

（2）关闭一个窗口后，另一个窗口的名称自动还原为原始名称。

图 3-60　新建一个相同的窗口

3.5.5　隐藏工作簿元素

对于某些暂时不需要使用的信息，可以将其隐藏，使它们不可见，防止由于某些疏忽或其他原因造成错误操作。在 Excel 2019 中可以设置隐藏 / 显示的元素包括工作簿、工作表、行、列、单元格，以及工作表的网格线、标题和编辑栏等。

1. 隐藏工作簿

选中"员工资料"工作簿，单击"视图"菜单选项卡"窗口"区域的"隐藏"按钮，如图 3-61 所示，即可隐藏当前工作簿。

2. 隐藏行和列

（1）单击"新员工档案"工作表标签，使其处于活动状态，然后选中要隐藏的行或列中的任意一个单元格。

（2）单击"开始"菜单选项卡"单元格"区域的"格式"按钮，在弹出的下拉菜单中选择"隐藏和取消隐藏"命令下的"隐藏行"命令，如图 3-62 所示，即可隐藏指定的行。

如果选择"隐藏列"命令，即可隐藏选中单元格所在的列。

图 3-61　选择"隐藏"窗口按钮

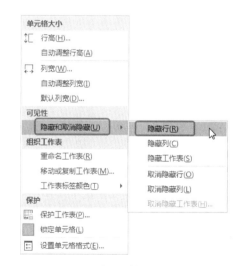

图 3-62　选择"隐藏行"命令

3. 隐藏单元格

（1）单击要隐藏的单元格，例如"新员工档案"工作表中的 B3 单元格。

（2）单击"开始"菜单选项卡"单元格"区域的"格式"按钮，在弹出的下拉菜单中选择"设置单元格格式"命令，弹出"设置单元格格式"对话框，如图 3-63 所示。

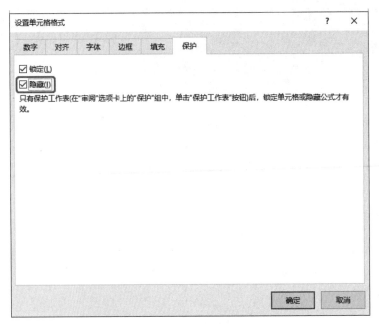

图 3-63 "设置单元格格式"对话框

（3）切换到"保护"选项卡，选中"隐藏"复选框，然后单击"确定"按钮关闭对话框。

（4）单击"开始"菜单选项卡"单元格"区域的"格式"按钮，在弹出的下拉菜单中选择"保护工作表"命令，弹出"保护工作表"对话框。

（5）按照图 3-64 所示设置对话框，然后单击"确定"按钮关闭对话框。

此时，在工作表中选中 B3 单元格，编辑栏中不显示该单元格的内容，如图 3-65 所示。

图 3-64 "保护工作表"对话框

图 3-65 设置结果

3.5.6 显示工作簿元素

如果要编辑隐藏的数据，应先重新显示数据所在的工作簿元素。

1. 显示工作簿

（1）在"视图"菜单选项卡的"窗口"区域，单击"取消隐藏"按钮，弹出"取消隐藏"对话框，如图 3-66 所示。

（2）选中要取消隐藏的工作簿，单击"确定"按钮，即可重新显示指定的工作簿。

2. 显示单元格

（1）单击选中要显示的单元格，例如"新员工档案"工作表中的 B3 单元格。

（2）单击"开始"菜单选项卡"单元格"区域的"格式"按钮，在弹出的下拉菜单中选择"撤销工作表保护"命令。

（3）单击"开始"菜单选项卡"单元格"区域的"格式"按钮，在弹出的下拉菜单中选择"设置单元格格式"命令，弹出"设置单元格格式"对话框。

（4）在"保护"选项卡中取消选中"隐藏"复选框，单击"确定"按钮。此时，在工作表中选中 B3 单元格时，该单元格的内容将显示在编辑栏中，如图 3-67 所示。

图 3-66 "取消隐藏"对话框

图 3-67 设置结果

答 疑 解 惑

1. 工作簿和工作表之间是什么关系？

答：Excel 中的文档就是工作簿，一个工作簿由一个或多个工作表组成。工作表是 Excel 中用于存储和管理数据的主要文档，属于工作簿，存在于工作簿之中。

2. 如何一次选择工作簿中的所有工作表？

答：在工作表标签上单击鼠标右键，在弹出的快捷菜单中单击"选定全部工作表"命令。

3. 在不取消原有选定区域的条件下，如何增加或减少选定的单元格？

答：按下 Shift 键的同时单击需要包含在新选定区域的最后一个单元格。

4. 如何取消显示工作表标签？

答：打开"Excel 选项"对话框，单击"高级"分类，在"此工作簿的显示选项"区域取消选中"显示工作表标签"复选框。

5. 在工作表中不显示行和列标题，该如何处理？

答：打开"Excel 选项"对话框，单击"高级"分类，在"此工作表的显示选项"区域选中"显示行和列标题"复选框。

6. 拆分与冻结窗口有什么区别？

答：拆分窗口可以在不隐藏行或列的情况下，将相隔很远的行或列移动到邻近的地方，以便更准确地输入数据。通常用于编辑列数或者行数特别多的表格。

冻结窗口是为了在移动工作表可视区域的时候，始终保持某些行或列在可视区域，以便对照或操作。被冻结的部分往往是标题行或列，也就是表头部分。

7. 怎样复制单元格的格式？

答：通常有以下两种方式。

（1）选中需要复制的源单元格后，单击"开始"菜单选项卡中的"格式刷"按钮，然后用带有格式刷的光标选择目标单元格。

（2）复制源单元格后，选中目标单元格，然后在"开始"菜单选项卡中单击"选择性粘贴"命令，在如图 3-68 所示的"选择性粘贴"对话框中，选中要复制的项目。

8. 在任何情况下都可以隐藏工作表吗？

答：并不是在任何情况下都可以隐藏工作表。如果在"审阅"菜单选项卡的"更改"区域单击"保护工作簿"按钮，在弹出的"保护结构和窗口"对话框中选中了"结构"复选框，就不能隐藏工作表。

9. 在同一工作簿中可以同时移动多个工作表吗？

答：选定多个工作表之后，采用移动单个工作表的方法，可以同时移动多个选中的工作表到其他位置。如果移动之前这些工作表是不相邻的，移动后它们将被放在一起。

10. 如何在工作簿中一次性插入多个工作表？

答：按下 Shift 键的同时，选定与需要添加的工作表数目相同的多个工作表标签，即需要一次性添加两个工作表，则选定两个工作表标签。然后切换到"开始"菜单选项卡，在"单元格"区域单击"插入"按钮，在弹出的下拉菜单中选择"插入工作表"命令，即可同时插入两个工作表。

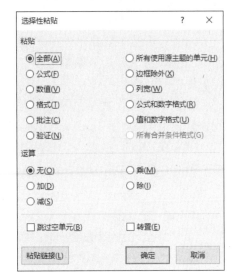

图 3-68 "选择性粘贴"对话框

学习效果自测

一、选择题

1. 在 Excel 中，如果要保存工作簿，可按（　　　）键。
   A. Ctrl+A　　　　　　　B. Ctrl+S　　　　　　　C. Shift+A　　　　　　　D. Shift+S

2. 在 Excel 2019 中，一个工作簿最多可以含有（　　　）张工作表。
   A. 254　　　　　　　　B. 255　　　　　　　　C. 256　　　　　　　　D. 65536

3. 在 Excel 中，工作表是用行和列组成的表格，分别用（　　　）区别。
   A. 数字和数字　　　　B. 数字和字母　　　　C. 字母和字母　　　　D. 字母和数字

4. 在 Excel 中单元格地址是指（　　　）。
   A. 每一个单元格的大小　　　　　　　　B. 每一个单元格
   C. 单元格所在的工作表　　　　　　　　D. 单元格在工作表中的位置

5. 在 Excel 中，每个单元格都有一个地址。地址 C2 表示的单元格位置在（　　　）。
   A. 第二行第三列　　　B. 第三行第二列　　　C. 第 C 行第二列　　　D. 第三行第三列

6. 有关"新建工作簿"有下面几种说法，其中正确的是（　　　）。
   A. 新建的工作簿会覆盖原先的工作簿
   B. 新建的工作簿在原先的工作簿关闭后出现
   C. 可以同时出现两个工作簿
   D. 可以使用 Shift+N 新建工作簿

7. 下列对"删除工作表"的说法，正确的是（　　　）。
   A. 不允许删除工作表　　　　　　　　B. 删除工作表后，还可以恢复
   C. 删除工作表后，不可以再恢复　　　D. 以上说法都不对

8. 为了防止某个工作表被编辑修改，下列方法无效的是（　　　）。
   A. 隐藏工作表　　　　B. 密码保护工作表　　　C. 复制工作表　　　　D. 移动工作表

9. 若要在工作表中选择一整列，方法是（　　　）。
   A. 单击行标题　　　　B. 单击列标题　　　　C. 单击全选按钮　　　　D. 单击单元格

10.在 Excel 表格中，要选取连续的单元格，可以单击第 1 个单元格，按住（　　　）键再单击最后一个单元格。

  A. Ctrl   B. Shift   C. Alt   D. Tab

11.在 Excel 2019 中，若在工作表中插入一列，则一般插在当前列的（　　　）。

  A. 左侧   B. 上方   C. 右侧   D. 下方

二、判断题

1. 在 Excel 中移动工作表时，可以一次移动多个工作表，且这些工作表不必相邻。（　　　）

2. 在 Excel 2019 中，可以更改工作表的名称和位置。（　　　）

3. 隐藏单元格后，就不能再修改该单元格的内容了。（　　　）

4. 工作簿中的某个工作表受密码保护时，该工作簿中的其他工作表仍然可以进行编辑。（　　　）

5. 在 Excel 中只能清除单元格中的内容，不能清除单元格中的格式。（　　　）

三、填空题

1. 在 Excel 2019 中，＿＿＿＿＿＿＿＿＿ 是处理和存储用户资料的文件，能在一个文件中管理多种类型的相关信息，扩展名默认为 ＿＿＿＿＿＿＿＿＿。打开 Excel 的同时，Excel 会相应地生成一个默认名为"Sheet1"的新 ＿＿＿＿＿＿＿＿＿。

2. 默认情况下，Excel 2019 工作簿由 ＿＿＿＿＿＿＿＿＿ 个工作表组成。

3. 每组密切相关的资料存放在一个称为 ＿＿＿＿＿＿＿＿＿ 的二维表格中，主要用于录入原始资料、存储统计信息、图表等。

4. 每张工作表都是由多个长方形的存储单元所构成的，这些长方形的存储单元被称为 ＿＿＿＿＿＿＿＿＿，是组成工作表的基本元素。

5. Excel 2019 的工作表中，通常情况下列标记是 ＿＿＿＿＿＿＿＿＿，行标记是 ＿＿＿＿＿＿＿＿＿。

6. 当对工作表 Sheet1 进行 ＿＿＿＿＿＿＿＿＿ 操作后，将在工作簿中添加一个新表 Sheet1(2)。

7. 将鼠标指针指向某工作表标签，按 Ctrl 键拖动标签到新位置，完成 ＿＿＿＿＿＿＿＿＿ 操作；若拖动过程中不按 Ctrl 键，则完成 ＿＿＿＿＿＿＿＿＿ 操作。

8. ＿＿＿＿＿＿＿＿＿ 工作表可以减少屏幕上显示的工作表，避免对重要的数据和机密数据的误操作。

9. 在 Excel 中，如果要将工作表冻结便于查看，可以用 ＿＿＿＿＿＿＿＿＿ 菜单选项卡中的 ＿＿＿＿＿＿＿＿＿ 来实现。

四、操作题

1. 打开"新员工资料"工作簿，为"新员工档案"工作表创建副本，并对"新员工档案"工作表进行密码保护。

2. 打开"员工资料"工作簿，隐藏"员工资料副本"工作表，并对工作簿进行密码保护。

3. 新建一个工作簿，设置自动保存功能，然后为这个工作簿设置打开权限和密码。

4. 新建一个工作表，对其中的单元格进行复制、移动、删除等操作。

5. 新建一个工作表，在其中插入行、列和单元格。

6. 试着为工作簿中的各个工作表设置不同颜色的标签。

第 4 章

输 入 数 据

本章导读

　　本章将讲解在单元格或区域中添加数据的方法，通过本章的学习，读者应能掌握在单元格中正确地输入文本、数字及其他特殊数据的方法；学会定制输入数据的有效性，并能够在输入错误或超出范围的数据时显示错误信息；掌握几种快速输入数据的方式。

学习要点

❖ 熟练掌握各种数据类型的输入方法
❖ 学会快速填充数据的方法
❖ 熟练掌握验证输入数据的有效性
❖ 熟练掌握移动和替换数据的方法

4.1 手动输入数据

选定单元格之后，就可以在单元格中输入文本、数字、时间或公式等数据内容了。在工作表中，只能在活动单元格中输入数据。本节简要介绍几种常用的单元格数据的输入方法。

4.1.1 输入文本

大部分工作表都包含文本项，它们通常用于命名行或列。文本包含汉字、英文字母、数字、空格以及其他键盘能输入的合法符号，文本通常不参与计算。

1. 直接输入文本

（1）单击要输入文本的单元格，将其激活。

（2）在单元格或编辑栏中输入文本。默认情况下，文本在单元格中左对齐，如图4-1所示。

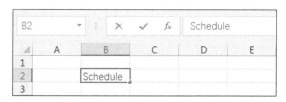

图 4-1　输入文本

 提示：　　默认情况下，输入的文本显示为一行。使用 Alt + Enter 键换行，可以在单元格中输入多行文本。

（3）输入完毕后，执行以下操作之一离开该单元格：

❖ 按 Enter 键移动到下一个单元格

❖ 按 Tab 键移动到右边的单元格

❖ 按方向键移动到相邻的单元格

❖ 使用鼠标单击其他单元格

❖ 单击编辑栏上的 ✔ 按钮完成输入，单击 ✖ 按钮取消本次输入

 教你一招..

选中多个工作表之后，只要在任意一个选择的工作表中输入数据（或设置格式），其他选中工作表的相同单元格中会出现相同的数据（或相同的格式）。

2. 记忆式输入

Excel 具有"记忆式输入"的功能。如果在单元格输入开始的几个字符，Excel 将根据该列中已输入的内容自动完成输入。

例如，在单元格 B2 中输入了"Schedule"，在单元格 B3 中输入"S"，紧跟着会显示"chedule"，自动填充的字符反白显示，如图4-2所示。

3. 处理超长文本

如果输入的文本超过了列的宽度，文本自动进入右侧的单元格，如图4-3所示。

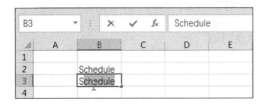

图 4-2　记忆式输入

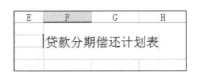

图 4-3　文本超宽时自动进入右侧单元格

如果相邻的单元格内有内容，则会按列的宽度显示尽可能多的字符，而其余的字符不再显示。这并不意味着剩余的文本被删除了，只要调整列宽，或选中单元格，就会在编辑栏上看到全部的内容，如图 4-4所示的单元格 B2。

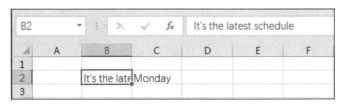

图 4-4　超出列宽的字符

4. 修改输入的文本

激活单元格，在单元格或编辑栏中按 Backspace 键或 Delete 键，可以删除插入的字符。

提示:　　如果要把数字修改为文本类型，例如：编号，只要在输入的数字的左上角加上一个单撇号（如 "'0011"），Excel 就会把该数字作为字符处理，自动左对齐排列。

4.1.2　输入数字

Excel 把范围介于 0~9 的数字，以及含有正号、负号、货币符号、百分号、小数点、指数符号、小括号等数据，看成是数字类型。数字自动沿单元格右对齐，如图 4-5 所示。

如果要输入负数，在数字前加一个负号，或者将数字括在括号内。例如，在单元格 A2 和 B2 中输入（25），单元格 C2 中输入 –25，都可以在单元格中得到 –25，如图 4-6 所示。

图 4-5　数字自动右对齐

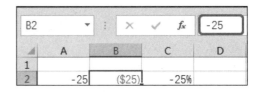

图 4-6　输入负数

提示:　　B2 中的负数显示为红色，是因为默认情况下，货币的负数格式为（$1,234），且显示为红色。具体格式设置将在第 5 章中进行讲解。

输入分数（如 5/8）时，应先输入 "0" 及一个空格，然后输入 "5/8"，如图 4-7 所示。如果不输入 "0"，Excel 会把 5/8 当作日期处理，认为输入的是 "5 月 8 日"，如图 4-8 所示。

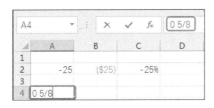

图 4-7　输入分数　　　　　　　　　　　图 4-8　显示为日期

4.1.3　输入日期和时间

在 Excel 中，日期和时间均按数字处理，还可以在计算中当作值使用。Excel 识别出输入的日期或时间后，格式就由常规的数字格式转换为内部的日期格式。

1. 插入日期

输入日期的格式有多种，可以用斜杠、破折号、文本的组合，Excel 都可以识别并转变为默认的日期格式。默认显示方式由 Windows 有关日期的设置决定，可以在"控制面板"中进行更改，具体办法可查阅有关 Windows 的资料，这里不再赘述。

例如，在单元格中输入如下的格式都可以输入 2018 年 11 月 12 日：

18-11-12，18/11/12，18-11-12，NOV 12 2018

按"Ctrl+；"键可以在单元格中插入当前日期。

2. 插入时间

输入时间时，小时、分钟、秒之间用冒号分隔。Excel 把插入的时间当作上午时间（AM），例如，输入"8:30:12"，会视为"8:30:12AM"。如果要输入下午时间，则在时间后面加一个空格，然后输入"PM"或"P"即可，如图 4-9 所示。

图 4-9　插入下午时间

按"Ctrl+Shift+；"键，可以在单元格中插入当前的时间。

如果要在单元格中同时插入日期和时间，先输入时间或先输入日期均可，中间用空格隔开。

4.2　快速填充数据

如果要填充的数据部分相同，或者具有某种规律，可以使用快速填充工具。

4.2.1　填充相同数据

在实际应用中，用户可能要在某个单元格区域输入大量相同的数据，采用以下 3 种方法可快速填充单元格区域。

1. 使用键盘快速填充

（1）选择要填充相同数据的单元格区域，如图 4-10 所示的 C 列单元格。

（2）输入要填充的数据，例如 2017/5/8。

（3）输入完成后，按 Ctrl + Enter 组合键。选中的单元格都填充了日期"2017/5/8"，如图 4-11 所示。

图 4-10　选中单元格

图 4-11　填充相同数据

2. 使用菜单命令快速填充

（1）选择包含需要复制数据的单元格，如图 4-12 所示的单元格 D2。

（2）按住 Ctrl 或 Shift 键的同时，选中要填充的单元格区域，如图 4-13 所示。

图 4-12　选中要复制数据的单元格　　　　　　　图 4-13　选中要填充数据的区域

（3）切换到"开始"菜单选项卡，单击"编辑"区域的"填充"命令，在弹出的下拉菜单中根据需要选择填充方式，如图 4-14 所示。例如，选中"向下"命令后的填充效果如图 4-15 所示。

图 4-14　选择填充方式

图 4-15　填充效果

3. 使用鼠标快速填充

（1）选中包含需要复制数据的单元格，单元格右下角显示一个绿色的方块（称为"填充柄"），将鼠标指针移到绿色方块上，鼠标指标由空心十字形变为黑色十字形 ✚ ，如图 4-16（a）所示。

（2）按下鼠标左键拖动，选择要填充的单元格区域后释放鼠标左键，即可在选择区域的所有单元格中填充相同的数据，如图 4-16（b）所示。

（a）　　　　　　　　　　　　　　（b）

图 4-16　填充相同数据

4.2.2　序列填充

有时需要填充的数据是具有相关信息的集合，称为一个系列，如星期系列、数字系列、文本系列等。使用 Excel 的序列填充功能，可以很便捷地填充有规律的数据。

几种常见的序列

（1）等差序列：相邻两项相差一个固定的值，这个值称为步长值。

（2）等比序列：相邻两项的商是一个固定的值。

（3）日期序列：根据单元格的数据填入日期，可以设置为以日、工作日、月或年为单位。

（4）自动填充序列：根据初始值决定填充项，如果初始值是文字后跟数字的形式，拖动填充柄，则每个单元格填充的文字不变，数字递增。例如，"组合 1""组合 2"等等。

1. 使用 Excel 预设的自动填充序列

Excel 预设了一些自动填充的序列（星期、月份、季度），例如，在单元格 G2 中输入"星期一"，然后拖动该单元格右下角的填充柄，会在选择的单元格中自动填充"星期二""星期三"等等，如图 4-17 所示。

使用序列进行填充时，还可以修改填充类型和步长值。

（1）选择一个单元格输入序列中的初始值。

（2）选择含有初始值的单元格区域，作为要填充的区域，如图 4-18 所示。

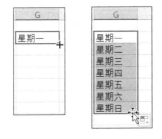

图 4-17　使用预设的序列填充　　　　　　　图 4-18　选择要填充的区域

（3）单击"开始"菜单选项卡"编辑"区域的"填充"按钮，在弹出的下拉菜单中选择"序列"命令，打开如图 4-19 所示的"序列"对话框。

（4）在"序列产生在"区域指定是沿行方向进行填充，还是沿列方向进行填充。例如，选择"列"。

（5）在"类型"区域选择序列的类型。如果选择"日期"，还必须在"日期单位"框中选择所需的单位（日、月、年）。例如，选择"等差序列"。

（6）在"步长值"文本框中输入一个正数或负数，作为序列增加或减少的数量。例如，输入2。

（7）在"终止值"文本框中指定序列的最后一个值。

（8）单击"确定"按钮即可创建一个序列。结果如图4-20所示，选中的区域使用等差序列填充，且步长值为2。

图4-19 "序列"对话框

图4-20 序列填充效果

2. 自定义序列

如果预设的填充序列不能满足工作需要，用户还可以自定义填充序列。例如：如果经常要输入员工姓名，则可将员工姓名定义为一个自动填充序列。

（1）在"数据"菜单选项卡中单击"排序"图标，弹出"排序"对话框。单击"次序"下拉按钮，弹出排序方式下拉列表框，如图4-21所示。

图4-21 选择"自定义序列"命令

（2）单击"自定义序列"命令，弹出如图4-22所示的"自定义序列"对话框。

（3）在"自定义序列"列表中选中"新序列"，然后在"输入序列"文本框中输入自定义的序列项，在每项末尾按Enter键进行分隔，如图4-23所示。

（4）输入完毕后单击"添加"按钮，此时，在"自定义序列"列表中可以看到创建的序列，如图4-24所示。单击"确定"按钮关闭对话框。

（5）在"排序"对话框的"主要关键字"下拉列表框中选择要按序列排序的列标题，如图4-25所示。然后单击"确定"按钮关闭对话框。

（6）选择一个单元格输入序列中的初始值，如图4-26（a）所示。按下单元格右下角的填充柄向下拖动，即可在选择的单元格区域填充序列，如图4-26（b）所示。

图 4-22 "自定义序列"对话框

图 4-23 输入序列

图 4-24 显示自定义的序列

图 4-25 "排序"对话框

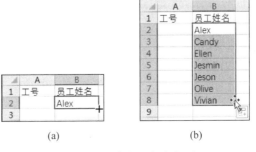

(a)　　　　　　　(b)

图 4-26 填充自定义序列

4.2.3 替换数据

如果要替换工作表中的数据，可以执行以下操作。

（1）单击"开始"菜单选项卡"编辑"区域的"查找和选择"命令按钮，在弹出的下拉菜单中选择"替换"命令，打开如图 4-27 所示的"查找和替换"对话框。

图 4-27 "查找和替换"对话框

（2）在"查找内容"文本框中输入要查找的文本；在"替换为"文本框中输入替换文本。

（3）单击"全部替换"按钮。

上机练习——制作工资表

员工工资是每个公司都会涉及的数据，在处理工资信息时，经常要输入大量重复的、有规律的数据。本节练习制作一个工资表，使用 Excel 2019 的快速输入功能快速填充数据，减少输入的工作量。通过对操作步骤的讲解，读者可进一步掌握使用填充柄快速填充相同数据、序列的方法，以及查找并替换数据的操作。

4-1 上机练习——制作工资表

首先定义日期类型，使用填充柄填充相同的日期；然后自定义数据类型，快速填充工号序列和底薪；最后使用"查找和替换"对话框查找并替换指定的数据。结果如图 4-28 所示。

	A	B	C	D	E	F	G
1	月份	工号	姓名	底薪	出勤天数	奖金	工资总额
2	2018年9月	w01	张晓燕	¥4,000	22	¥500	¥4,500
3	2018年9月	w02	徐成思	¥4,000	23	¥600	¥4,600
4	2018年9月	w03	孟思凡	¥4,000	24	¥700	¥4,700
5	2018年9月	w04	杨影枫	¥4,200	25	¥800	¥5,000
6	2018年9月	w05	韩雪	¥4,200	26	¥900	¥5,100
7	2018年9月	w06	吴民红	¥4,300	27	¥1,000	¥5,300
8	2018年9月	w07	安宁	¥4,300	28	¥1,100	¥5,400
9	2018年9月	w08	李傅倩	¥4,500	29	¥1,200	¥5,700

图 4-28 工资表

操作步骤

1. 输入基本数据

（1）新建一个空白的 Excel 工作簿，保存为"员工工资表 .xlsx"。

（2）单击行号"1"，按住 Ctrl 键的同时单击列标 C，将第 1 行和 C 列全部选中，如图 4-29 所示。

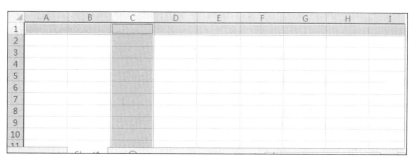

图 4-29 选中行和列

（3）在"开始"菜单选项卡的"数字"区域，单击"数字格式"文本框右侧的下拉按钮，在弹出的下拉列表框中选择"文本"命令，如图 4-30 所示，将选中的行和列的格式修改为"文本"格式。

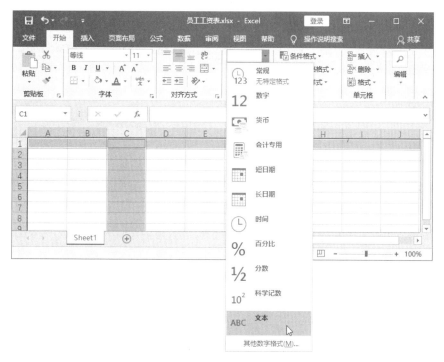

图 4-30 选择数据格式

（4）在单元格中输入文本，如图 4-31 所示。

	A	B	C	D	E	F	G
1	月份	工号	姓名	底薪	出勤天数	奖金	工资总额
2			张晓燕				
3			徐成思				
4			孟思凡				
5			杨影枫				
6			韩雪				
7			吴民红				
8			安宁				
9			李傅信				

图 4-31 完成输入

2. 填充数字、日期

接下来在工资表中填充数据。

（1）右击 A2 单元格，在弹出的快捷菜单中选择"设置单元格格式"命令，打开"设置单元格格式"对话框。切换到"数字"选项卡，在"分类"中选择"日期"，类型为"2012 年 3 月"，如图 4-32 所示。

图 4-32　设置日期格式

（2）单击"确定"按钮关闭对话框，在 A2 单元格中输入"2018/9"或"2018 年 9 月"，均显示为"2018 年 9 月"，如图 4-33 所示。

图 4-33　在 A2 单元格中输入数据

（3）选中 A2 单元格，将鼠标指针移到单元格右下角，当鼠标指针显示为 ╋ 时，按下鼠标左键向下拖动到 A9 单元格，选中的区域即可填充相同的内容，如图 4-34 所示。

图 4-34　填充效果

自动填充单元格之后，在最后一个单元格右侧会显示"自动填充选项"按钮 ⊞。单击该按钮，在弹出的下拉列表框中可以选择填充的方式，如图 4-35 所示。

图 4-35　自动填充选项

　　（4）选中 B2:B9 单元格区域，单击"开始"菜单选项卡"数字"区域右下角的扩展按钮，打开"设置单元格格式"对话框。切换到"数字"选项卡，在"分类"中选择"自定义"，在"类型"文本框中输入"w00"，如图 4-36 所示。单击"确定"按钮关闭对话框。

图 4-36　自定义格式

　　（5）在 B2 单元格中输入"w01"，然后选中 B2 单元格，将鼠标指针移到单元格右下角，当鼠标指针显示为 ＋ 时，按下鼠标左键向下拖动到 B9 单元格，选中的区域即可填充序列，如图 4-37 所示。

　　（6）在 D2 单元格中输入数据"3500"，然后选中单元格区域 D2:D6。单击"开始"菜单选项卡"编辑"区域的"填充"按钮，在弹出的下拉菜单中选择"向下"，如图 4-38 所示，即可在选中的单元格中填充相同的数据。

　　（7）选中 D7:D9 单元格区域，输入"3800"，然后按下 Ctrl + Enter 组合键，即可在选定的单元格区域填充相同的数据，如图 4-39 所示。

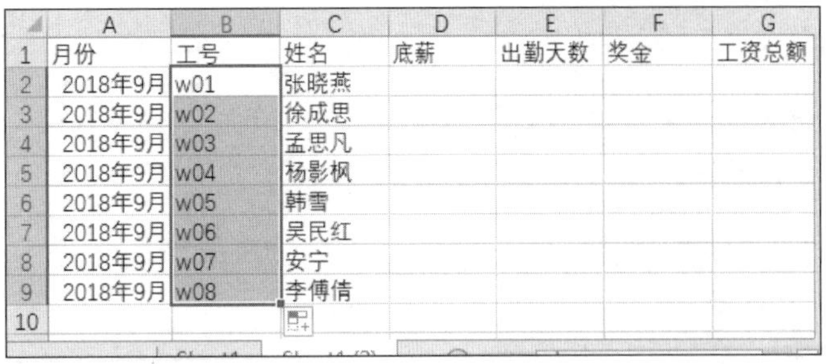

	A	B	C	D	E	F	G
1	月份	工号	姓名	底薪	出勤天数	奖金	工资总额
2	2018年9月	w01	张晓燕				
3	2018年9月	w02	徐成思				
4	2018年9月	w03	孟思凡				
5	2018年9月	w04	杨影枫				
6	2018年9月	w05	韩雪				
7	2018年9月	w06	吴民红				
8	2018年9月	w07	安宁				
9	2018年9月	w08	李傅倩				
10							

图 4-37 填充序列结果

图 4-38 向下填充命令

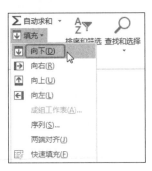

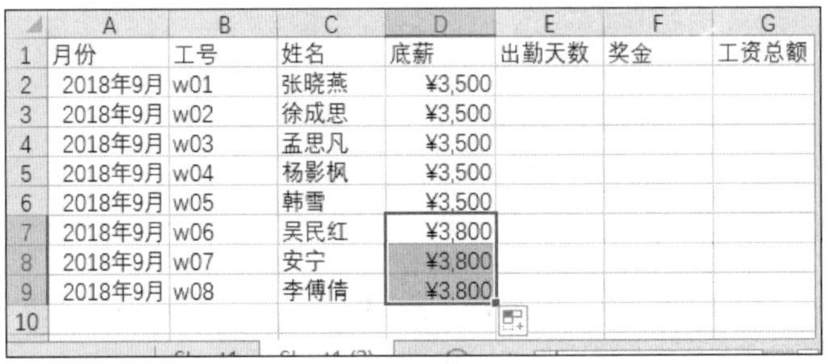

	A	B	C	D	E	F	G
1	月份	工号	姓名	底薪	出勤天数	奖金	工资总额
2	2018年9月	w01	张晓燕	¥3,500			
3	2018年9月	w02	徐成思	¥3,500			
4	2018年9月	w03	孟思凡	¥3,500			
5	2018年9月	w04	杨影枫	¥3,500			
6	2018年9月	w05	韩雪	¥3,500			
7	2018年9月	w06	吴民红	¥3,800			
8	2018年9月	w07	安宁	¥3,800			
9	2018年9月	w08	李傅倩	¥3,800			
10							

图 4-39 完成单元格填充

（8）选中 E2 单元格并输入“22”，将鼠标指针移到单元格右下角，当鼠标指针显示为＋时，按住 Ctrl 键的同时，按下鼠标左键向下拖动到 E6 单元格，释放键盘和鼠标，将填充递增序列，如图 4-40 所示。

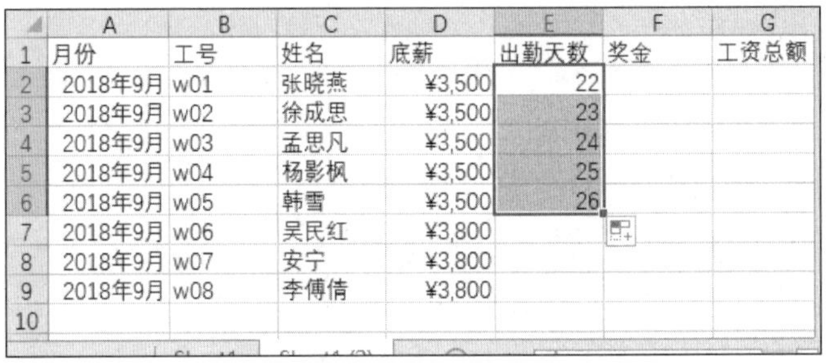

	A	B	C	D	E	F	G
1	月份	工号	姓名	底薪	出勤天数	奖金	工资总额
2	2018年9月	w01	张晓燕	¥3,500	22		
3	2018年9月	w02	徐成思	¥3,500	23		
4	2018年9月	w03	孟思凡	¥3,500	24		
5	2018年9月	w04	杨影枫	¥3,500	25		
6	2018年9月	w05	韩雪	¥3,500	26		
7	2018年9月	w06	吴民红	¥3,800			
8	2018年9月	w07	安宁	¥3,800			
9	2018年9月	w08	李傅倩	¥3,800			
10							

图 4-40 填充递增序列

（9）将鼠标指针移到填充框右下角，当鼠标指针显示为＋时，按下鼠标左键继续向下拖动到 E9 单元格，释放键盘和鼠标，将继续填充递增序列，效果如图 4-41 所示。

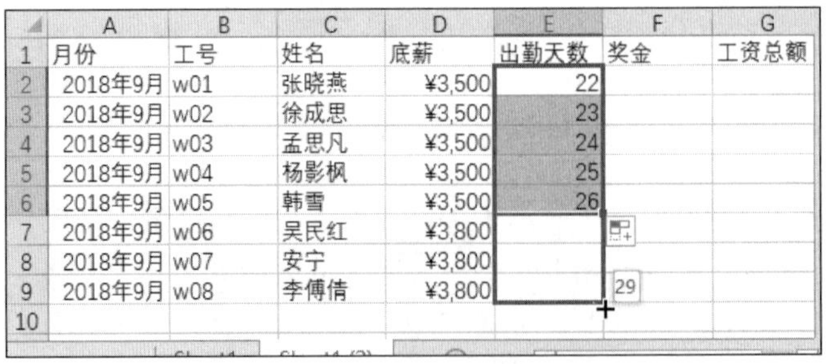

	A	B	C	D	E	F	G
1	月份	工号	姓名	底薪	出勤天数	奖金	工资总额
2	2018年9月	w01	张晓燕	¥3,500	22		
3	2018年9月	w02	徐成思	¥3,500	23		
4	2018年9月	w03	孟思凡	¥3,500	24		
5	2018年9月	w04	杨影枫	¥3,500	25		
6	2018年9月	w05	韩雪	¥3,500	26		
7	2018年9月	w06	吴民红	¥3,800			
8	2018年9月	w07	安宁	¥3,800			
9	2018年9月	w08	李傅倩	¥3,800		29	
10							

图 4-41 以递增顺序填充序列

（10）单击 F2 单元格，按下鼠标左键拖动，选中 F2:G9 单元格区域。然后单击“文件”菜单选项卡中的“选项”命令，在弹出的“Excel 选项”对话框中，选择“高级”分类，在“按 Enter 键后移动所选内容"下拉列表框中选择"向右",如图 4-42 所示。单击"确定"按钮关闭对话框。

图 4-42 "Excel 选项"对话框

 注意 结束输入数据之后,应将该选项还原为"向下"。

（11）输入数据后按 Enter 键,将填充 F2 单元格,并自动将 G2 单元格变为当前单元格;输入数据后按 Enter 键,将填充 G2 单元格,并自动将 F3 单元格变为当前单元格,如图 4-43 所示。依次输入全部数据后,按 Enter 键,F2 单元格变为当前单元格。

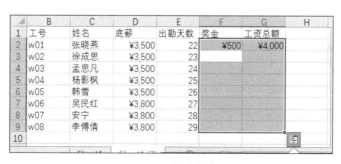

图 4-43 输入数据

3. 查找与格式匹配的单元格

在编辑查看数据时,尤其当数据较多时,可以使用查找工具快速找到需要的数据。

（1）单击"开始"菜单选项卡"编辑"区域的"查找和选择"按钮,在弹出的下拉菜单中选择"查找"命令,如图 4-44 所示。

（2）在打开的"查找和替换"对话框中,单击"选项"按钮,然后单击"查找"选项卡中"格式"按钮右侧的下拉按钮,在弹出的下拉菜单中选择"从单元格选择格式"命令,如图 4-45 所示。

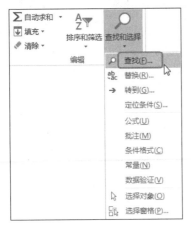

图 4-44　选择"查找"命令

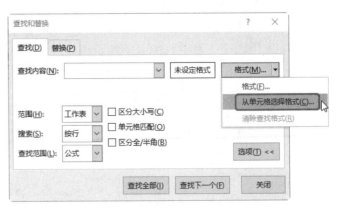

图 4-45　选择"从单元格选择格式"命令

此时，"查找和替换"对话框暂时隐藏，鼠标指针变为🕂🖊。

（3）单击 D 列中的某个数据（例如 D2），重新显示"查找和替换"对话框，在"查找内容"文本框中输入要查找的数据"3500"，如图 4-46 所示。

（4）单击"查找下一个"按钮，Excel 将加亮显示查找到的第一个数据；再次单击"查找下一个"按钮，将加亮显示下一个符合要求的数据；单击"查找全部"按钮，将在对话框的下方列出查找到的全部数据，如图 4-47 所示。

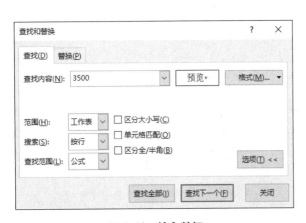

图 4-46　输入数据

图 4-47　查找全部

（5）将光标移动到查找结果列表中的某条记录上，该记录将突出显示；单击某条记录，工作表中相应的单元格也将突出显示。

4. 替换数字

如果发现输入的数据有错误，尤其是存在同样错误的数据较多时，使用替换操作，可以批量对数据进行修改。

（1）在"查找和替换"对话框中切换到"替换"选项卡，单击"替换为"文本框后面的"格式"按钮，如图 4-48 所示，弹出"查找和替换"对话框。

图 4-48 "查找和替换"对话框

（2）在"替换格式"对话框中切换到"数字"选项卡,选择"货币"分类,并修改"小数位数"为"0",如图 4-49 所示。

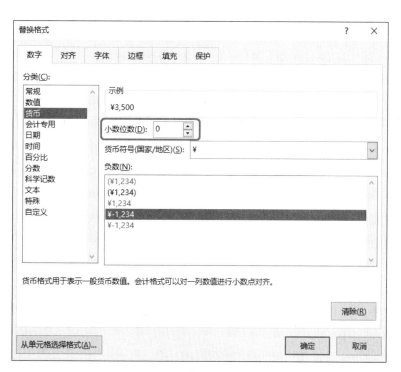

图 4-49 设置替换格式

（3）单击"确定"按钮,返回"查找和替换"对话框,在"替换为"文本框中输入"4000",单击"替换"按钮,则查找到的第一个符合的数据将被替换;再次单击"替换"按钮,则第二个符合的数据被替换,如图 4-50 所示。单击"全部替换"按钮,则全部符合要求的数据都将被替换。

（4）使用同样的方法替换工作表中其他的金额数据,效果如图 4-28 所示。

图 4-50　替换的效果

4.3　采用记录单输入数据

记录单是 Excel 提供的一种输入数据的简捷方法，可以一次输入一个完整的信息行（称作"记录"）。使用记录单添加记录时，每一列必须有列标题，Excel 将依据这些标题生成记录单中的字段。

4.3.1　添加"记录单"命令

默认情况下，在 Excel 2019 的菜单功能区找不到"记录单"命令。执行以下操作步骤，可将"记录单"命令添加到快速访问工具栏。

（1）单击标题栏上的"自定义快速访问工具栏"按钮，在弹出的下拉菜单中选择"其他命令"，打开"Excel 选项"对话框。

（2）在"从下列位置选择命令"下拉列表框中选择"不在功能区中的命令"，然后在命令列表中单击"记录单"命令，如图 4-51 所示。

图 4-51　选择"记录单"命令

（3）依次单击"添加"按钮 和"确定"按钮，关闭对话框。
此时，在快速访问工具栏上可以看到"记录单"命令按钮，如图 4-52
所示。

图 4-52　添加的"记录单"命令按钮

4.3.2　添加记录

使用记录单添加数据记录的方法如下：

（1）在单元格区域输入列标题。

例如，在单元格区域 A8:D8 输入文本，并选中单元格区域 A8:D8，如图 4-53 所示。

（2）在快速访问工具栏上单击"记录单"按钮 ，弹出如图 4-54 所示的对话框，询问是否将选定区域的首行作为标签。

图 4-53　输入记录单的列标题

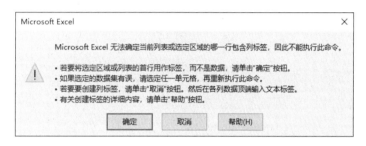

图 4-54　询问是否将选定区域的首行作为标签

（3）单击"确定"按钮，弹出如图 4-55 所示的空白记录单，选定区域的文本作为字段标题，且字段标题的右侧均对应一个空白的文本框。

 注意 记录单最多能同时显示 32 个字段。

（4）在文本框中分别输入数据。

（5）单击"新建"按钮，或按 Enter 键，即可将输入的记录添加到工作表中，并且记录单显示为空，等待输入下一条记录。

 提示： 在添加记录时，如果要撤销所做的修改，可以单击记录单中的"还原"按钮。

（6）按照上一步同样的方法，添加其他记录。

（7）单击记录单中的"关闭"按钮，即可完成数据的输入。

图 4-55　记录单

4.3.3　修改、删除数据

如果对添加的记录不满意，可以进行修改或删除操作。

（1）单击数据表中的任意一个单元格。

（2）单击快速访问工具栏上的"记录单"按钮 ，打开对应的记录单，如图 4-56 所示。

（3）拖动滚动条，或单击"上一条""下一条"按钮找到需要修改的记录。

 教你一招

单击记录单中的滚动箭头，可以逐条浏览记录；单击箭头之间的滚动条，可每次移动 10 条记录。

（4）修改信息后，按 Enter 键更新记录，并移到下一条记录。

（5）如果要删除记录，在记录单中选定要删除的记录，然后单击"删除"按钮，弹出如图 4-57 所示的信息提示框。单击"确定"按钮，即可删除选定的记录。

图 4-56　记录单

图 4-57　确认是否删除

 注意　使用记录单删除的记录将被永久删除，不能通过"撤销"命令恢复。

（6）完成修改或删除后，单击"关闭"按钮更新显示的记录并关闭记录单。

上机练习——建立商品进货管理表

 　　本节练习使用记录单制作一个商品进货管理表。通过对操作步骤的详细讲解，读者可掌握使用记录单建立数据列表、修改记录的操作方法和注意事项。

4-2　上机练习——建立商品进货管理表

 　　首先输入数据表的标签行，然后打开记录单，依次输入各个字段对应的值；接下来将输入的数据添加到工作表中，并新建一条空白记录，输入其他记录；最后使用记录单修改数据有误的记录，结果如图 4-58 所示。

	A	B	C	D	E	F
1	订购号码	交货厂商	品名	单价	数量	费用
2	S001	天成沙发厂	沙发	1000	3	3000
3	Y001	永昌椅业	椅子	230	6	1380
4	C001	新时代家具城	茶几	500	9	4500
5	S003	新世界沙发城	沙发	2300	11	25300
6	Z001	新时代家具城	桌子	600	10	6000

图 4-58　商品进货管理表

操作步骤

（1）新建一个空白的工作簿，将工作表"Sheet1"重命名为"进货管理表"。然后在 A1:F1 单元格区域分别输入："订购号码""交货厂商""品名""单价""数量""费用"，如图 4-59 所示。

	A	B	C	D	E	F	G
1	订购号码	交货厂商	品名	单价	数量	费用	
2							
3							
4							
5							

图 4-59 输入标题

（2）选中 A1 单元格，单击快速访问工具栏上的"记录单"按钮，弹出一个对话框，询问是否将选定区域的首行作为标签。单击"确定"按钮，弹出如图 4-60 所示的记录单。

（3）在对话框中从上至下分别输入数据："S001""天成沙发厂""沙发""1000""3""3000"，如图 4-61 所示。

图 4-60 "进货管理表"记录单

图 4-61 输入记录

（4）单击右侧的"新建"按钮，即可将输入的数据添加到工作表中，如图 4-62 所示，同时新建一条空白记录。

	A	B	C	D	E	F	G
1	订购号码	交货厂商	品名	单价	数量	费用	
2	S001	天成沙发厂	沙发	1000	3	3000	
3							
4							
5							

图 4-62 添加记录

（5）按照同样的方法，在空白记录单的各个文本框中依次输入数据，然后单击"新建"按钮，添加其他记录。添加完所有记录之后，单击"关闭"按钮，此时的数据表如图 4-63 所示。

	A	B	C	D	E	F	G
1	订购号码	交货厂商	品名	单价	数量	费用	
2	S001	天成沙发厂	沙发	1000	3	3000	
3	Y001	永昌椅业	椅子	230	6	1380	
4	C001	新时代家具城	茶几	500	9	4500	
5	S003	新世界沙发城	沙发	2300	11	25300	
6	Z001	新时代家具城	桌子	600	6	3600	
7							

图 4-63 添加完数据的工作表

记录添加完毕后，发现"桌子"的数量弄错了，接下来修改记录。

（6）修改记录。选中数据列表区域中的任意一个单元格，在快速访问工具栏上单击"记录单"按钮，弹出"进货管理表"记录单，如图4-64所示，默认显示工作表的第一条记录。

（7）单击"下一条"按钮，直到显示要修改的信息。将数量改为"10"，费用改为"6000"，如图4-65所示，单击"关闭"按钮完成修改。

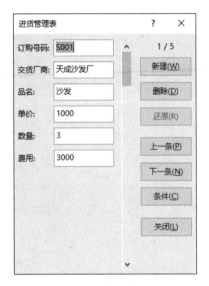

图4-64　打开记录单

图4-65　修改记录

此时，工作表中的记录也随之更新，如图4-58所示。

4.4　命名单元格区域

如果经常要引用某些区域的数据，为单元格区域命名是一个高效、便捷的方法。

4.4.1　定义名称

（1）选定要命名的单元格或区域。

（2）执行以下操作之一命名单元格区域：

❖ 在编辑栏左端的名称框中输入名称，如图4-66所示，然后按Enter键确认。

❖ 单击"公式"菜单选项卡中的"定义名称"命令，在弹出的"新建名称"对话框中指定名称，如图4-67所示。输入完成后，单击"确定"按钮关闭对话框。

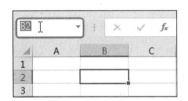

图4-66　在编辑栏中定义名称

图4-67　"新建名称"对话框

> **注意**
>
> 命名单元格应遵循以下规则：
> ❖ 名称的第一个字符必须是字母或下划线，其他字符可以是字母、数字、句号和下划线。
> ❖ 名称不能与单元格引用相同，例如 A$10 或 R1C1。
> ❖ 名称中不能有空格。可以用下划线和句号作单词分隔符。
> ❖ 名称最多可以包含 255 个字符。
> ❖ 名称不区分大小写。例如，如果已经创建了名称 Sales，又在同一工作簿中创建了名称 SALES，则第二个名称将替换第一个。

　　如果要修改将命名的单元格或区域，可单击"引用位置"文本框右侧的"选择"按钮 ⬆ 然后在工作表中选择单元格区域，选择的单元格或区域将显示在"引用位置"文本框中，如图 4-68 所示。

图 4-68　指定引用位置

4.4.2　删除单元格的名称

　　（1）在"公式"菜单选项卡中单击"名称管理器"按钮 🗐，弹出如图 4-69 所示的"名称管理器"对话框。

图 4-69　"名称管理器"对话框

　　（2）在名称列表中选中要删除的名称，单击对话框顶部的"删除"按钮。
　　（3）在弹出的确认删除对话框中单击"确定"按钮，然后单击"关闭"按钮关闭对话框。

4.5　检查数据的有效性

在 Excel 中，使用"数据验证"可以限制单元格中输入数据的类型及范围，以避免在参与运算的单元格中输入错误的数据。

4.5.1　限定数据类型及范围

（1）选中要限制有效数据范围的单元格。

（2）在"数据"菜单选项卡的"数据工具"区域单击"数据验证"命令 🗒，打开如图 4-70 所示的"数据验证"对话框。

（3）在"设置"选项卡设置单元格的有效数据范围。

① 在"允许"下拉列表框中指定允许输入的数据类型，如图 4-71 所示。

图 4-70　"数据验证"对话框　　　　　　　　　图 4-71　有效性条件列表

❖ "整数"或"小数"：只允许输入数字。

❖ "日期"或"时间"：只允许输入日期或时间。

❖ "序列"：单元格的有效数据范围限定于指定的数据序列。

注意　　　　　如果限制输入的数据为"序列"，在"数据"下拉列表框下方将显示"来源"文本框，如图 4-72 所示，用于输入或选择有效数据序列的引用。输入序列的各项内容必须用英文输入法状态下的逗号","隔开。如果要在工作表中选择数据序列，单击"来源"文本框右侧的按钮 ⬆，可以缩小对话框，如图 4-73 所示，以免对话框阻挡视线。

❖ "文本长度"：限制在单元格中输入的字符个数。

② 设置允许输入的范围。在"数据"下拉列表框中单击所需的操作符，如图 4-74 所示，根据选定的操作符指定数据的上限或下限（某些操作符只有一个操作数，如等于），或同时指定二者。

③ 如果希望有效数据单元格中允许出现空值，或者在设置上、下限时使用的单元格引用或公式引用了基于初始值为空值的单元格，则选中"忽略空值"复选框。

④ 如果需要从预先定义好的序列中进行选择，应选中图 4-72 所示对话框中的"提供下拉箭头"复选框。

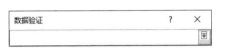

图 4-72 设置序列来源　　　　　　　图 4-73 缩小对话框图　　　　图 4-74 指定数据的范围

4.5.2 显示提示信息

在单元格中输入数据时，显示指定的提示信息，可以提醒用户为单元格建立的有效性规则。

（1）在"数据验证"对话框中切换到如图 4-75 所示的"输入信息"选项卡。

（2）选中"选定单元格时显示输入信息"复选框，则选中单元格时显示指定的信息。

（3）如果要在信息中显示黑体的标题，在"标题"文本框中输入所需的文本。例如，2015 级毕业生。

（4）在"输入信息"文本框中输入要显示的提示信息。例如：仅限输入 02、03、04 班的平均成绩。

（5）单击"确定"按钮关闭对话框。选中指定的单元格时，会弹出如图 4-76 所示的提示信息，以便输入正确的数据。

图 4-75 "输入信息"选项卡　　　　　　图 4-76 在选中单元格时显示输入提示信息

4.5.3 显示错误信息

如果用户输入的数据不符合为该单元格设置的有效性规则，可以显示一条出错信息，并控制用户响应。

（1）在"数据验证"对话框中切换到如图 4-77 所示的"出错警告"选项卡。

（2）选中"输入无效数据时显示出错警告"复选框。

（3）在"样式"下拉列表框中指定所需的信息类型："停止""警告""信息"。

❖ "停止"：在输入值无效时显示提示信息，错误被更正或取消前禁止用户继续工作。

❖ "警告"：在输入值无效时询问用户是确认有效并继续其他操作，还是取消操作或返回并更正数据。

❖ "信息"：在输入值无效时显示提示信息，让用户选择是保留已经输入的数据还是取消操作。

（4）如果希望信息中包含标题，在"标题"文本框中输入标题。

（5）如果希望在信息中显示特定的文本，在"错误信息"文本框中输入所需的文本，按 Enter 键开始新的一行。

（6）单击"确定"按钮关闭对话框。在指定单元格中输入无效数据时，将弹出如图 4-78 所示的对话框。

图 4-77 "出错警告"选项卡

图 4-78 输入数据错误时警告

4.5.4 圈释无效数据

在输入数据之后，可以很便捷地查看工作表中输入的值是否有效。在指定单元格区域输入数据后，Excel 将按照"数据验证"对话框中设置的限制范围对工作表中的数值进行判断，并标记所有无效数据的单元格。

（1）单击"数据验证"下拉菜单中的"圈释无效数据"命令，即可在含有无效输入值的单元格四周显示一个红色的圆圈，如图 4-79 所示。

（2）更正无效输入值之后，圆圈随即消失。

如果要清除所有标识圈，单击"数据验证"下拉菜单中的"清除验证标识圈"命令。

图 4-79 圈释无效数据

4.6 实例精讲——设计固定资产档案表

固定资产是指使用年限在一年以上、单位价值在规定标准以上、并在使用过程中保持原来实物形态的资产。固定资产是企业长期使用的资产，作为企业资产的主要部分，固定资产的核算与管理一直是企业会计和资产管理工作的重点。

本节练习使用 Excel 建立一个固定资产档案表，用于管理固定资产信息。通过对操作步骤的详细讲解，读者应能熟练掌握命名单元格区域、使用数据验证功能规范数据输入，以及使用记录单添加、删除记录的操作方法。

首先编制一个基础设置表，记录固定资产档案表中固定使用且使用频率较高的字段，并分别定义名称；然后定义数据格式，使用填充柄和数据验证功能快速录入表数据；最后使用记录单添加固定资产信息，结果如图 4-80 所示。

固定资产档案

资产编号	物理类别	资产名称	变动方式	使用状态	使用日期	使用部门
A001	电器设备	空调	购入	在使用	2014/8/1	财务部
A002	电器设备	空调	购入	在使用	2014/8/1	经营部
A003	电器设备	空调	购入	在使用	2014/8/1	技术部
A004	房屋建筑	厂房	自建	在使用	2010/7/1	机关部
A005	运输工具	现代汽车	接受投资	在使用	2012/3/15	技术部
A006	运输工具	金杯车	购入	在使用	2014/3/16	机关部
A007	电器设备	电脑	购入	在使用	2015/8/1	财务部
A008	电器设备	电脑	购入	在使用	2015/8/1	财务部
A009	电器设备	电脑	购入	在使用	2015/8/1	劳资部
A010	房屋建筑	办公楼	自建	在使用	2011/5/1	机关部
A011	电子设备	检测仪	接受捐赠	在使用	2013/12/9	技术部
A012	电子设备	检测仪	购入	在使用	2013/12/9	技术部
A013	电器设备	打印机	购入	在使用	2015/2/19	财务部
A014	电器设备	打印机	购入	在使用	2015/2/19	财务部
A015	电器设备	打印机	购入	在使用	2015/2/19	劳资部
A016	机器设备	起重机	接受投资	在使用	2013/10/15	其他
A017	机器设备	调动机	接受投资	在使用	2013/2/11	其他
A018	电器设备	电脑	购入	在使用	2017/3/18	技术部

图 4-80 固定资产档案表

操作步骤

4.6.1 编制基础设置表

在固定资产统计表中要记录资产的物理类别、变动方式、使用状态和使用部门，为操作方便，可以先创建基础设置表，并使用名称管理器定义名称。

（1）新建一个工作簿，将其中一个工作表重命名为"基础设置"。

（2）在工作表中输入相关文本信息，建立表头，并设置单元格格式，效果如图 4-81 所示。

4-3 编制基础设置表

基础设置

物理类别	变动方式	使用状态	使用部门
房屋建筑	购入	未使用	财务部
机器设备	自建	在使用	经营部
电器设备	盘盈	已提足折旧	技术部
电子设备	接受投资		机关部
运输工具	接受捐赠		劳资部
其他设备	融资租入		其他
	在建工程转入		

图 4-81 输入信息

（3）定义名称。

选中 A3:A9 单元格区域，在"公式"菜单选项卡的"定义的名称"区域单击"定义名称"按钮，弹出"新建名称"对话框。在"名称"文本框中输入"物理类别"，"范围"为"工作簿"，"引用位置"自动填充选取的单元格区域，如图 4-82 所示。单击"确定"按钮关闭对话框。

（4）使用上一步同样的方法定义名称"变动方式""使用状态""使用部门"。

此时，单击"公式"菜单选项卡中的"名称管理器"按钮，在弹出的"名称管理器"对话框中可以查看已定义的名称，如图 4-83 所示。

图 4-82 "新建名称"对话框

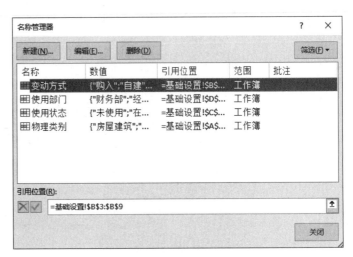

图 4-83 "名称管理器"对话框

4.6.2 编制固定资产档案表

各类固定资产数据构成固定资产档案，记录固定资产的原始信息。

（1）新建 Excel 工作表，并重命名为"固定资产档案"。

（2）建立固定资产档案表格框架。在工作表中相应单元格中输入表头信息，如图 4-84 所示。

4-4 编制固定资产
档案表

图 4-84 固定资产档案格式

接下来输入数据，首先输入资产编号。

（3）选中 A3 单元格，单击"开始"菜单选项卡"数字"区域右下角的扩展按钮，在弹出的"设置单元格格式"对话框中切换到"数字"选项卡，在"分类"中选择"自定义"，在"类型"文本框中输入"A000"，如图 4-85 所示。单击"确定"按钮关闭对话框。

（4）在 A3 单元格中输入"A001"，然后将鼠标指针移到单元格右下角，当鼠标指针显示为 + 时，按下鼠标左键向下拖动到 A19 单元格，选中的区域即可填充序列，如图 4-86 所示。

物理类别、变动方式、使用状态和使用部门使用频率较高，如果每个数据都通过键盘输入，不仅浪费时间还容易出错。利用数据验证功能，可以提高数据输入速度和准确性。

图 4-85　自定义格式

图 4-86　填充序列结果

（5）设置数据验证。选中 B 列，在"数据"菜单选项卡的"数据工具"区域单击"数据验证"按钮，弹出"数据验证"对话框。

（6）在"允许"下拉列表框中选择"序列"，在"来源"文本框中输入"= 物理类别"，如图 4-87 所示，单击"确定"按钮关闭对话框。

提示：　　　由于已经在"基础设置"工作表中定义了名称"物理类别"，所以在"来源"中可以直接输入"= 物理类别"。这里为整列设置数据验证，是为了防止随着数据业务量的增加，选择的数据区域范围不够用。

此时，B 列单元格右侧将显示一个下拉按钮，单击该按钮，可以弹出下拉列表框选择输入项，如图 4-88 所示。

图 4-87　设置 B 列数据验证

	A	B	C	D	E	F	G
2	资产编号	物理类别	资产名称	变动方式	使用状态	使用日期	使用部门
3	A001						
4	A002	房屋建筑					
5	A003	机器设备					
6	A004	电器设备					
7	A005	电子设备					
8	A006	运输工具					
9	A007	其他设备					

图 4-88　选择序列中的数据

（7）按照上述方法，为 D 列、E 列、G 列分别设置数据验证，"来源"分别输入"= 变动方式""= 使用状态"和"= 使用部门"。

　为整列单元格设置数据验证之后，表头部分也出现了数据验证的下拉按钮，接下来取消表头单元格的数据验证。

（8）按住 Ctrl 键单击不需要设置数据验证的 B2、D2、E2 和 G2 单元格，在"数据"菜单选项卡的"数据工具"区域单击"数据验证"按钮，弹出如图 4-89 所示的提示对话框，提示用户选定区域含有多种类型的数据验证，是否清除并继续。

（9）单击"确定"按钮，弹出"数据验证"对话框。此时，"允许"条件显示为"任何值"，如图 4-90所示。单击"确定"按钮，即可清除选中单元格的数据验证。

图 4-89　提示对话框

图 4-90　"数据验证"对话框

提示:　　　用户也可以单独选中每个要取消数据验证的单元格,在"数据验证"对话框中将"允许"的验证条件设置为"任何值"。

（10）输入日常业务信息。按照实际发生业务,输入固定资产档案信息,如图 4-80 所示。

至此,固定资产档案表编制完成。

4.6.3　添加固定资产信息

在 Excel 中建立数据表之后,只要有字段名,Excel 就会自动产生一个记录单。使用记录单可以一次输入或显示一个完整的信息行(或称记录),可以删除、修改或用指定的条件查找特定的记录,操作十分方便。

4-5　添加固定资产信息

（1）选中"固定资产档案"工作表数据区域中的任意一个单元格,在快速访问工具栏上单击"记录单"按钮 ▦,打开如图 4-91 所示的记录单,默认显示第一条记录。

（2）单击"新建"按钮,显示一个空白的记录单,如图 4-92 所示。

（3）在记录单中的每一个字段中输入相应的内容,按 Tab 键下移一个字段;按 Shift+Tab 键上移一个字段,输入完成的结果如图 4-93 所示。

图 4-91　记录单

图 4-92　新建记录单

图 4-93　添加记录

注意　　　在输入记录内容时,使用公式的字段不用输入。如果要撤销所做的修改,可以单击记录单对话框中的"还原"按钮。

（4）输入完毕后,单击"关闭"按钮完成记录添加。添加的记录显示在所有记录的最后,如图 4-94所示。

	A	B	C	D	E	F	G
15	A013	电器设备	打印机	购入	在使用	2015/2/19	财务部
16	A014	电器设备	打印机	购入	在使用	2015/2/19	财务部
17	A015	电器设备	打印机	购入	在使用	2015/2/19	劳资部
18	A016	机器设备	起重机	接受投资	在使用	2013/10/15	其他
19	A017	机器设备	调动机	接受投资	在使用	2013/2/11	其他
20	A018	电器设备	电脑	购入	在使用	2017/3/18	技术部
21							

图 4-94　添加的记录

答 疑 解 惑

1. 如何快速打开"设置单元格格式"对话框?

答：按下 Ctrl+1 组合键。

2. 单元格中显示的是"1998 年 3 月"，怎样把日期显示为"1998 年 03 月"?

答：在单元格上单击右键，在弹出的快捷菜单中选择"设置单元格格式"命令。在"数字"选项卡中选择"自定义"，然后在右侧的"类型"中选中 yyyy" 年 "m" 月 "，修改为：yyyy" 年 "mm" 月 "。

3. 在对数字格式进行修改时，单元格中出现"#######"，原因是什么?

答：是因为单元格宽度不够，此时调整单元格至合适的列宽即可完全显示单元格的数据。

4. 怎样区分单元格中的内容是数字格式还是文本格式?

答：在默认情况下，文字在单元格中按左对齐的方式排列，数字按右对齐的方式排列。

5. 找不到填充柄，该如何处理?

答：打开"Excel 选项"对话框，单击"高级"分类，然后在"编辑选项"区域选中"启用填充柄和单元格拖放功能"复选框。

6. 如何快速填充单元格?

答：选定单元格区域，按下 Ctrl + D 键，即可将选定范围内最顶层单元格的内容和格式复制到下面的单元格中。

7. 如何设置按下 Enter 键后移动所选位置的方向?

答：打开"Excel 选项"对话框，单击"高级"分类，在"编辑选项"区域的"方向"下拉列表框中选择所需的方向。

8. 如何取消单元格记忆式输入功能?

答：打开"Excel 选项"对话框，单击"高级"分类。在"编辑选项"区域，取消选中"为单元格值启用记忆式键入"复选框。

9. 如何显示或隐藏千位分隔符?

答：打开"Excel 选项"对话框，单击"高级"分类，在"编辑选项"区域，选中或者取消选中"使用系统分隔符"复选框即可显示或隐藏千位分隔符。

10. 在设置数据验证时，需要特别注意什么?

答：在设置数据验证时，需要注意的是：在"来源"文本框中输入序列的各项内容必须用英文输入法状态下的逗号"，"隔开。

学习效果自测

一、选择题

1. 在 Excel 工作簿的单元格中可输入（　　）。

   A. 字符 　　　　　　　　B. 中文 　　　　　　　　C. 数字 　　　　　　　　D. 以上都可以

2. 默认情况下，输入的数字在单元格中（　　）显示。

   A. 左对齐 　　　　　　　B. 右对齐 　　　　　　　C. 居中 　　　　　　　　D. 不确定

3. 在不进行单元格设置的情况下，输入"2007-10"按 Enter 键，将在该单元格显示（　　）。

   A. 2007-10 　　　　　B. 2007-10-1 　　　　C. 2007 年 10 月 　　　　D. Oct-07

4. 在单元格中输入数字字符串 100081（邮政编码）时，应输入（　　）。

   A. 100081' 　　　　　B. "100081" 　　　　　C. '100081 　　　　　D. 100081

5. 关于复制数据，下列说法错误的是（　　　）。

    A. 复制的单元格数据可以在工作表中的任意位置粘贴使用

    B. 复制的单元格数据可以在工作簿中的任意位置粘贴使用

    C. 复制的单元格数据不可以在 Word 中使用

    D. 复制的单元格数据可以在不同工作簿之间粘贴使用

6. 在 Excel 中，当鼠标指针移到自动填充柄上时，指针的形状为（　　　）。

    A. 双箭头　　　　　　　　B. 白十字　　　　　　　　C. 黑十字　　　　　　　　D. 黑矩形

7. 在 Excel 2019 中，单元格中的内容还会在（　　　）显示。

    A. 编辑栏　　　　　　　　B. 标题栏　　　　　　　　C. 工具栏　　　　　　　　D. 菜单栏

8. 在 Excel 2019 中，编辑栏的名称栏显示为 A13，表示（　　　）。

    A. 第 1 列第 13 行　　　　B. 第 1 列第 1 行　　　　C. 第 13 列第 1 行　　　　D. 第 13 列第 13 行

二、判断题

1. 不能使用括号将数值的负号单独括起来，负号只需放在数值的前面即可。（　　　）

2. 在进行替换操作时，必须先单击"查找下一个"或"查找全部"按钮，否则不能进行替换。（　　　）

3. 在进行查找替换时，只能进行当前工作表内的查找替换，而不能在整个工作簿中进行。（　　　）

三、填空题

1. 在 Excel 2019 中，用户选定所需的单元格或单元格区域后，在当前单元格或选定区域的右下角出现一个绿色方块，这个绿色方块叫 ＿＿＿＿＿＿＿＿＿。

2. 若在单元格输入"10"，将其格式修改为"短日期"格式后，将显示内容为 ＿＿＿＿＿＿＿＿＿。

3. 对某一单元格的数据进行编辑时，可以 ＿＿＿＿＿＿＿＿＿ 进入编辑状态。

4. 在单元格输入日期时，可使用的两种年、月、日间隔符是 ＿＿＿＿＿＿＿＿＿。

5. 一般情况下，若在某单元格内输入 10/20/99，则该数据类型为 ＿＿＿＿＿＿＿＿＿。

6. 在 Excel 中，要在某单元格中显示"1/2"，应该输入 ＿＿＿＿＿＿＿＿＿。

四、操作题

1. 指定单元区域 B3:F5 的有效数据类型为"小数"，且上、下限分别为 60.00、75.00。

2. 指定单元区域 B3:F5 的有效数据类型为"字符"，且长度在 6~12 之间。

3. 将单元格 C2 命名为"税率"。

4. 使用"快速填充"在单元格区域 A3:F8 中填入数据 200。

5. 自定义序列"北京、上海、天津、重庆、武汉、济南、香港、台湾"，并将其自动填充到单元格区域 A3:A10。

第 5 章

格式化工作表

本章导读

　　建立了工作表，并不等于完成了所有的制表工作。一张优秀的工作表不但要求数据处理得合理准确，而且要求工作表格式清晰、内容整齐、样式美观，便于理解和查看。因此，格式化工作表是制作工作中不可或缺的步骤。

　　Excel 2019 提供了强大的格式化功能，本章主要讲解工作表的格式化，包括设置工作表数据的输入格式、对齐方式、边框、行高和列宽的调整、使用条件格式、自动套用格式、建立和使用样式等，这些都属于工作表的常用功能，希望读者能熟练掌握。

学习要点

- ❖ 设置工作表中的数字格式
- ❖ 设置单元格的边框和背景图
- ❖ 调整行高和列宽
- ❖ 自动套用格式
- ❖ 使用条件格式
- ❖ 建立和使用样式

5.1　设置数据输入格式

设置单元格内容的格式可以增强电子表格的可读性，应用的格式并不会影响 Excel 用来进行计算的实际单元格数值。

5.1.1　设置数据格式

在"开始"菜单选项卡的"数字"区域可以非常方便、快捷地对数字进行格式化，如图 5-1 所示。

选择要设置格式的单元格，单击选项卡上所需的格式按钮，即可应用格式。各个按钮的功能如表 5-1 所示。

图 5-1　"数字"区域的命令按钮

表 5-1　格式按钮的作用

功　能　按　钮	功　　能
常规 ▾：数字格式	在下拉列表框中选择数据类型
：会计数字格式	用货币符号和数字共同表示金额
%：百分比样式	用百分数表示数字
,：千位分隔样式	以逗号分隔千分位数字
：增加小数位数	增加小数点后的位数
：减少小数位数	减少小数点后的位数

如果需要对数据格式进行更详细的设置，单击"数字"区域右下角的扩展按钮，打开"设置单元格格式"对话框。"分类"列表框中列出了多种数据类型，选择不同的数据类型，选项卡右侧会显示相应数据格式的设置项，如图 5-2 所示。

图 5-2　"货币"类型的格式选项

在"设置单元格格式"对话框中，"会计专用"格式与"货币"格式都可以使用货币符号和数字共同表示金额。它们的区别在于，"会计专用"格式中货币符号右对齐，而数字符号左对齐，这样在同一列中货币符号和数字均垂直对齐；但是"货币"格式中货币符号与数字符号是一体的，统一右对齐。

5.1.2 自定义数字格式

如果 Excel 的预置格式不能满足制表的需要，用户还可以自定义数字格式。

（1）选择要设置格式的单元格。

（2）单击"开始"菜单选项卡"数字"区域右下角的扩展按钮，打开"设置单元格格式"对话框。

（3）在"分类"列表中选择"自定义"选项，如图 5-3 所示。

（4）在"类型"列表框中编辑数字格式代码，以创建所需格式。

图 5-3　自定义分类

1. 设置数字格式代码

数字位置标识符的含义如下：

"#"：只显示有意义的数字。

"0"：显示数字，如果数字位数少于格式中零的个数，则显示无意义的零。

"?"：为无意义的零在小数点两边添加空格，以便使小数点对齐。

","：作为千位分隔符或者将数字以千倍显示。

如果要设置格式中的颜色，可以在该部分对应位置用方括号输入颜色的名称。例如："[蓝色]¥-#.000"。

示例如表 5-2 所示。

表 5-2　用数字位置标识符建立格式代码范例

原 始 数 据	格 式 代 码	显 示 数 值
6789.53	####	6789.5
9.5	#.000	9.500
.625	0.#	0.6
56 或 56.252	#.0#	56.0 或 56.25
66.598、506.23、3.6	???.???	小数点对齐
5.25	#???/???	为 5 1/4
75000	#,###	75,000
69000	#,	69
21100000	0.0,,	21.1

注意　如果某一数字小数点右侧的位数大于所设定格式中位置标识符的位数，该数字将按位置标识符位数进行四舍五入。

2. 设置百分比、货币和科学记数法格式

（1）以百分数显示数字

只需要在数字格式中加入百分号 (%)。例如，数字 "0.07" 显示为 "7%"，"3.6" 显示为 "360%"。

（2）指定货币符号

在数字键盘有效（NumLock 灯亮状态）的情况下，按住 Alt 键，然后从数字键盘上输入货币符号的 ANSI 码。例如，按下 Alt+0162 输入 ￠，按下 Alt+0163 输入 £，按下 Alt+0165 输入 ￥，等等。

注意　有些输入法不支持这种快捷输入方式。

（3）以科学记数法（指数记数法）显示数字

在相应部分中使用下列格式代码："E-""E+""e-" 和 "e+"。

在格式代码中，如果指数代码的右侧含有 "0" 或 "#"，Excel 将按科学记数法显示数字，并插入 E 或 e，右侧的 0 或 # 的个数决定了指数的位数。E- 或 e- 将在指数中添加负号，E+ 或 e+ 在正指数时添加正号，负指数时添加负号。

3. 设置时间和日期的格式

如果要显示年、月、日，则在相应部分包含表 5-3 所示的格式代码；如果要显示时、分、秒，则在相应部分包含表 5-4 中的格式代码。

注意　如果 "m" 紧跟在 "h" 或 "hh" 格式代码之后，或是紧接 "ss" 代码之前，则显示分钟而不是月份。

表 5-3　用于显示年、月、日的格式代码

使用格式代码	显　　　示
m	月份 (1—12)

续表

使用格式代码	显　　示
mm	月份 (01—12)
mmm	月份 (Jan—Dec)
mmmm	月份 (January—December)
mmmmm	月份 (英语中各月单词的首字母)
d	日 (1—31)
dd	日 (01—31)
ddd	日 (Sun—Sat)
dddd	日 (Sunday—Saturday)
yy	年 (00—99)
yyyy	年 (1900-9999)

注意　　"m" 或 "mm" 必须紧跟在 "h" 或 "hh" 格式代码之后，或紧接在 "ss" 格式代码之前，否则，将显示月份而不是分钟。

表 5-4　用于显示时、分、秒的格式代码

使用格式代码	显　　示
h	时 (0—23)
hh	时 (00—23)
m	分 (0—59)
mm	分 (00—59)
s	秒 (0—59)
ss	秒 (00—59)
h AM/PM	时 (如 5 AM)
h:mm am/p.m.	时间 (如 5:26 p.m.)
h:mm:ss a/p	时间 (如 5:26:03p)
[h]:mm	以小时计算的一段时间，如 26.03
[mm]:ss	以分钟计算的一段时间，如 73:54
[ss]	以秒计算的一段时间
h:mm:ss.00	百分之几秒

5.1.3　设置字体格式

在 "开始" 菜单选项卡的 "字体" 区域可非常方便、快捷地格式化字体，例如：设置字体、字号、加粗、倾斜、下划线、颜色，等等，如图 5-4 所示。

如果要对字体进行更多的设置，例如设置下划线的样式、添加删除线、设为上标或下标等，可以使用 "设置单元格格式" 对话框中的 "字体" 选项卡。

（1）选中要格式化的单元格或单元格中的部分文本。

（2）单击如图 5-4 所示的 "字体" 工具栏右下角的扩展按钮，弹出如

图 5-4　"字体" 区域的命令按钮

图 5-5 所示的"设置单元格格式"对话框。

图 5-5 "设置单元格格式"对话框

（3）在"字体"选项卡中根据需要选择其中的选项，对话框右下角的预览窗口中将显示效果。

5.1.4 设置对齐方式

在 Excel 2019 中新建一个工作簿时，单元格中的数据默认为文本自动左对齐，数字自动右对齐。在实际工作中，用户可以根据需要设定单元格中文本和数字的格式。

最简便的方法是使用"开始"菜单选项卡"对齐方式"区域中的功能按钮，如图 5-6（a）所示。该工具栏中提供了常用的对齐按钮，将鼠标指针移到功能按钮上时，可以显示按钮的功能提示和简单图示，如图 5-6（b）所示。选中要设置格式的单元格，然后选择相应的格式按钮，即可应用格式。

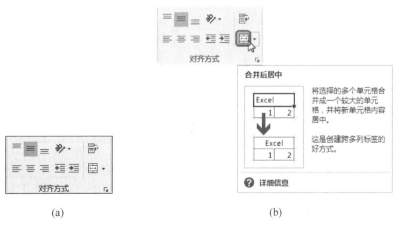

（a） （b）

图 5-6 "对齐方式"区域的命令按钮

如果要设置对齐方式的更多选项，单击"对齐方式"区域右下角的扩展按钮，打开"设置单元格格式"对话框中的"对齐"选项卡进行设置，如图 5-7 所示。

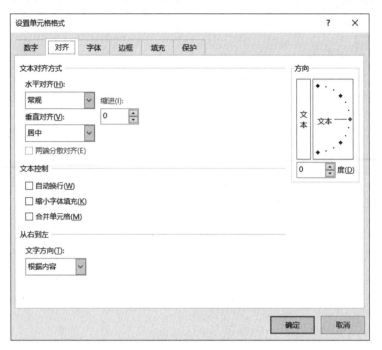

图 5-7 "对齐"选项卡

1. 文本对齐方式

"对齐"标签中提供了八种"水平对齐"方式，如图 5-8 所示。其中，带有缩进字样的选项，还可以设定要缩进的数值。"垂直对齐"方式有五个选项，如图 5-9 所示。

图 5-8 水平对齐方式

图 5-9 垂直对齐方式

2. 文本控制

"对齐"选项卡中的文本控制选项如图 5-10 所示。

（1）自动换行

默认情况下，在单元格中输入的文本显示为一行，如果文本超出了单元格的长度，超出的内容显示在右侧单元格中，也有可能隐藏这部分内容不显示，除非手动使用 Alt+Enter 键换行。如果希望输入文本时自动换行，可在如图 5-10 所示的"文本控制"区域选中"自动换行"复选框，效果如图 5-11 所示。

（2）缩小字体填充

如果希望显示单元格中所有的内容，且行距保持不变，可以选中"缩小字体填充"复选框，效果如图 5-12 所示。

图 5-10 文本控制选项

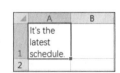

图 5-11 自动换行效果

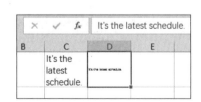

图 5-12 "缩小字体填充"效果

注意　如果先选择了"自动换行"复选框，那么"缩小字体填充"复选框将不可用。使用"缩小字体填充"选项容易破坏工作表整体的风格，所以一般情况下最好不要采用这些办法。

（3）合并单元格

选中要合并的两个或多个单元格，单击"开始"菜单选项卡"对齐方式"区域的"合并单元格"按钮；或者在"设置单元格格式"对话框的"对齐"选项卡中选中"合并单元格"复选框，将弹出如图 5-13 所示的提示对话框。单击"确定"按钮关闭对话框。

合并单元格时，Excel 只保存左上角单元格中的内容，而放弃其他单元格中的值。合并单元格前、后的效果如图 5-14 所示。

图 5-13　提示对话框

图 5-14　合并单元格前、后的效果

如果希望把其他选中单元格中的内容也保存在合并后的单元格中，可以先将它们复制到区域内的左上角单元格中，再执行"合并单元格"操作。

3. 文本方向

在 Excel 2019 中，用户可以很方便地设置文本的方向。方法很简单，只需要用鼠标拖动方向框中的文本指针，或在"度"文本框中输入数值，即可得到想要的效果，如图 5-15 所示。

如果希望文本从左下角向右上角旋转，可在"度"文本框中输入正数，反之则输入负数。例如，要想将文本从左下角向右上角旋转成 45°，可用鼠标拖动指针到 45° 位置，或在"度"输入框中直接输入 45，单击"确定"按钮后，文本将显示成旋转后的文本方式。

此外，在"对齐"面板中还可以很方便地设置文本从右到左排列的方式，如图 5-16 所示。

图 5-15　设置文本方向

图 5-16　文字从右到左排列的方式

5.2　设置单元格外观

单元格的外观包括边框样式和填充样式。

5.2.1　设置边框

在 Excel 中，每个单元格都有围绕单元格的灰色网格线标识。但是在打印的时候，这些网格线是不显示的。如果希望打印出的表格也能清楚地区分每个单元格，可以为单元格或单元格区域设置边框。

（1）选择所有要添加边框的单元格或区域。

（2）在"开始"菜单选项卡的"单元格"区域，单击"格式"命令按钮，在弹出的快捷菜单中执行"设置单元格格式"命令，弹出如图 5-17 所示的"设置单元格格式"对话框。

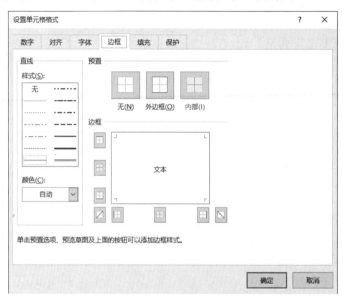

图 5-17 "边框"选项卡

（3）在"直线"区域设置边框线的样式和颜色。

（4）在"预置"区域单击边框显示的位置；也可直接在"边框"区域的预览图中单击要添加的边框线。

（5）单击"确定"按钮，完成操作。

5.2.2 添加背景

在 Excel 中，工作表的背景颜色默认为白色，如果要使工作表更美观，或希望不同类的数据单元格显示为不同的颜色以便于查看，可以设置单元格的背景颜色或图案。

（1）选中要添加背景颜色或图案的单元格或区域。

（2）在"开始"菜单选项卡的"单元格"区域，单击"格式"命令按钮，在弹出的快捷菜单中执行"设置单元格格式"命令，然后在弹出的对话框中切换到"填充"选项卡，如图 5-18 所示。

图 5-18 "填充"选项卡

（3）在对话框左侧区域设置单元格的背景颜色和填充效果；在右侧区域设置图案颜色和样式，如图 5-19 所示。

（4）设置完毕，单击"确定"按钮关闭对话框。设置了背景颜色和背景图案的单元格效果如图 5-20 所示。

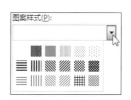

图 5-19　图案样式

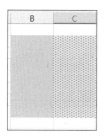

图 5-20　设置背景颜色和图案

如果要将一幅图片设置为工作表的背景，可以先选中要添加背景的工作表，然后在"页面布局"菜单选项卡"页面设置"区域单击"背景"按钮，弹出"插入图片"面板。单击"浏览"按钮选择背景图像，效果如图 5-21 所示。如果要删除背景，在"页面布局"菜单选项卡"页面设置"区域单击"删除背景"按钮。

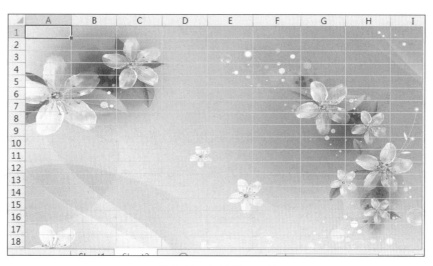

图 5-21　设置背景图像

上机练习——设计部门费用统计表

　　本节练习设计一个部门费用统计表，统计一个季度内各部门的费用使用情况。通过对操作步骤的讲解，读者可进一步掌握使用"设置单元格格式"对话框自定义单元格样式的操作方法。

　　首先输入表格内容，然后打开"设置单元格格式"对话框分别设置单元格中的数据格式、对齐方式、字体样式、边框样式和填充效果，结果如图 5-22 所示。

5-1　上机练习——设计部门费用统计表

部门费用统计表				
部门	每月费用标准	4月费用	5月费用	6月费用
研发部	¥8,000.00	¥11,000.00	¥9,000.00	¥7,550.00
市场部	¥10,000.00	¥9,800.00	¥10,000.00	¥9,780.00
财务部	¥6,000.00	¥5,500.00	¥5,900.00	¥6,500.00
销售部	¥12,000.00	¥11,500.00	¥12,000.00	¥13,000.00

图 5-22　部门费用统计表

操作步骤

1. 输入表格内容

（1）新建一个空白的 Excel 工作簿，另存为"设计部门费用统计表 .xlsx"，然后将默认生成的工作表重命名为"部门费用统计表"。

（2）输入标题文字。选定 A1:E1 单元格区域，在"开始"菜单选项卡的"对齐方式"区域单击"合并后居中"按钮，然后输入"部门费用统计表"。

（3）在 A2:E2 单元格区域依次输入"部门""每月费用标准""4 月费用""5 月费用""6 月费用"。将鼠标放置到 B 列和 C 列的间隔线处，当鼠标指针变成╋形状时双击鼠标，将 B 列调整到合适宽度，如图 5-23 所示。

（4）在 A2:A6 单元格区域输入各部门的名称，在其余的单元格中输入相应的费用，如图 5-24 所示。

部门费用统计表				
部门	每月费用标准	4月费用	5月费用	6月费用

图 5-23　输入标题和表头

部门费用统计表				
部门	每月费用标准	4月费用	5月费用	6月费用
研发部	8000	11000	9000	7550
市场部	10000	9800	10000	9780
财务部	6000	5500	5900	6500
销售部	12000	11500	12000	13000

图 5-24　输入工作表内容

（5）选中 B3:E6 单元格区域，单击鼠标右键，在弹出的快捷菜单中选择"设置单元格格式"命令，打开"设置单元格格式"对话框。

（6）切换到"数字"选项卡，在"分类"列表框中选择"货币"选项，在"货币符号"下拉列表框中选择"¥"，如图 5-25 所示。

图 5-25　设置数字格式

（7）单击"确定"按钮关闭对话框，选定区域的数字以货币格式显示，如图 5-26 所示。

2. 设置对齐方式

默认状态下，单元格的文本左对齐，数字右对齐，接下来对这些默认的对齐方式进行修改。

（1）选中 A2:E2 单元格区域，在"开始"菜单选项卡的"对齐方式"区域单击"居中对齐"按钮，如图 5-27 所示，选中区域的文本即可在单元格中居中显示。

	A	B	C	D	E
1	部门费用统计表				
2	部门	每月费用标准	4月费用	5月费用	6月费用
3	研发部	¥8,000.00	¥11,000.00	¥9,000.00	¥7,550.00
4	市场部	¥10,000.00	¥9,800.00	¥10,000.00	¥9,780.00
5	财务部	¥6,000.00	¥5,500.00	¥5,900.00	¥6,500.00
6	销售部	¥12,000.00	¥11,500.00	¥12,000.00	¥13,000.00

图 5-26　部门费用统计表

图 5-27　选择"居中"命令

（2）选中 A3:A6 单元格区域，按照上一步同样的方法单击"居中对齐"按钮，此时的工作表如图 5-28 所示。

	A	B	C	D	E
1	部门费用统计表				
2	部门	每月费用标准	4月费用	5月费用	6月费用
3	研发部	¥8,000.00	¥11,000.00	¥9,000.00	¥7,550.00
4	市场部	¥10,000.00	¥9,800.00	¥10,000.00	¥9,780.00
5	财务部	¥6,000.00	¥5,500.00	¥5,900.00	¥6,500.00
6	销售部	¥12,000.00	¥11,500.00	¥12,000.00	¥13,000.00

图 5-28　对齐效果

3. 设置字体格式

Excel 也可以像 Word 一样设置单元格内容的字体、字号等文本属性。

（1）选中 A3:A6 单元格区域，单击鼠标右键，在弹出的快捷菜单中选择"设置单元格格式"命令，打开"设置单元格格式"对话框。

（2）切换到"字体"选项卡，在"字体"下拉列表框中选择"楷体 _GB2312"；在"字形"列表框中选择"倾斜"；在"下划线"下拉列表框中选择"单下划线"；在"颜色"列表框中选择"深蓝"，如图 5-29 所示。

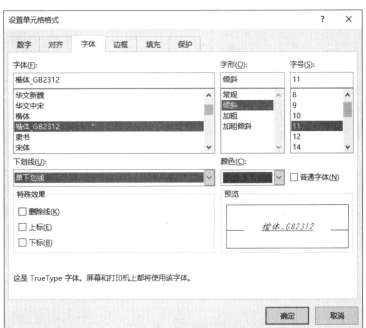

图 5-29　设置字体格式

（3）单击"确定"按钮，选定单元格中的数据即可以指定的格式显示，如图5-30所示。

（4）选中B3:E6单元格区域，在"开始"菜单选项卡的"字体"区域设置字体为"宋体"，字号为10，效果如图5-31所示。

	A	B	C	D	E
1			部门费用统计表		
2	部门	每月费用标准	4月费用	5月费用	6月费用
3	研发部	¥8,000.00	¥11,000.00	¥9,000.00	¥7,550.00
4	市场部	¥10,000.00	¥9,800.00	¥10,000.00	¥9,780.00
5	财务部	¥6,000.00	¥5,500.00	¥5,900.00	¥6,500.00
6	销售部	¥12,000.00	¥11,500.00	¥12,000.00	¥13,000.00
7					

图5-30　设置字体格式的效果

	A	B	C	D	E
1			部门费用统计表		
2	部门	每月费用标准	4月费用	5月费用	6月费用
3	研发部	¥8,000.00	¥11,000.00	¥9,000.00	¥7,550.00
4	市场部	¥10,000.00	¥9,800.00	¥10,000.00	¥9,780.00
5	财务部	¥6,000.00	¥5,500.00	¥5,900.00	¥6,500.00
6	销售部	¥12,000.00	¥11,500.00	¥12,000.00	¥13,000.00

图5-31　设置数字的字体效果

（5）选中A1单元格，使用与上一步同样的方法，设置字体为"楷体"，字号为18，颜色为深蓝色，效果如图5-32所示。

	A	B	C	D	E
1			部门费用统计表		
2	部门	每月费用标准	4月费用	5月费用	6月费用
3	研发部	¥8,000.00	¥11,000.00	¥9,000.00	¥7,550.00
4	市场部	¥10,000.00	¥9,800.00	¥10,000.00	¥9,780.00
5	财务部	¥6,000.00	¥5,500.00	¥5,900.00	¥6,500.00
6	销售部	¥12,000.00	¥11,500.00	¥12,000.00	¥13,000.00

图5-32　设置标题的字体效果

4. 设置单元格的边框

默认情况下，单元格之间以灰色的网格线分隔。接下来自定义单元格的边框线样式，美化工作表。

（1）选中A1:E6单元格区域，在"开始"菜单选项卡的"单元格"区域单击"格式"按钮，在弹出的下拉菜单中选择"设置单元格格式"命令，打开"设置单元格格式"对话框。

（2）设置外边框。切换到"边框"选项卡，在"样式"列表框中选择双线；在"颜色"下拉列表框中选择"绿色，深色50%"；在"预置"选项组中选择单击"外边框"按钮，如图5-33所示。

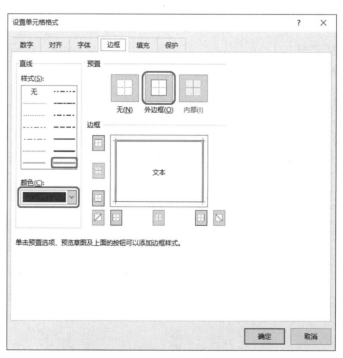

图5-33　设置外边框

（3）设置内边线。在"样式"列表框中选择细实线；在"预置"选项组中选择单击"内部"按钮，如图 5-34 所示。

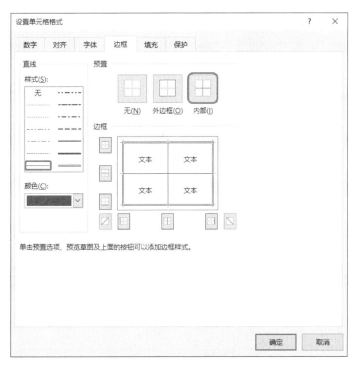

图 5-34　设置内边线样式

（4）单击"确定"按钮关闭对话框，此时可以看到选定的单元格区域以指定的边框样式显示，如图 5-35 所示。

	A	B	C	D	E
1	部门费用统计表				
2	部门	每月费用标准	4月费用	5月费用	6月费用
3	研发部	¥8,000.00	¥11,000.00	¥9,000.00	¥7,550.00
4	市场部	¥10,000.00	¥9,800.00	¥10,000.00	¥9,780.00
5	财务部	¥6,000.00	¥5,500.00	¥5,900.00	¥6,500.00
6	销售部	¥12,000.00	¥11,500.00	¥12,000.00	¥13,000.00

图 5-35　设置边框的效果

5. 设置单元格的填充色

为了使工作表更加美观，可以设置单元格或者单元格区域的填充色。

（1）选中 A2:E2 单元格区域，单击鼠标右键，在弹出的快捷菜单中选择"设置单元格格式"命令，打开"设置单元格格式"对话框。

（2）切换到"填充"选项卡，在"背景色"区域选择浅黄色，在对话框底部的"示例"区域将显示对应的颜色效果，如图 5-36 所示。

（3）在"图案颜色"下拉列表框中选择白色，在"图案样式"下拉列表框中选择 6.25% 灰色，对话框底部的"示例"区域将显示对应的填充效果，如图 5-37 所示。

（4）单击"确定"按钮，即可以指定的图案填充选中的单元格，如图 5-38 所示。

（5）选中 A1 单元格，使用与上述同样的方法进行填充。设置背景色为绿色，图案颜色为白色，图案样式为"细　对角线　条纹"，如图 5-39 所示。单元格填充后的效果如图 5-22 所示。

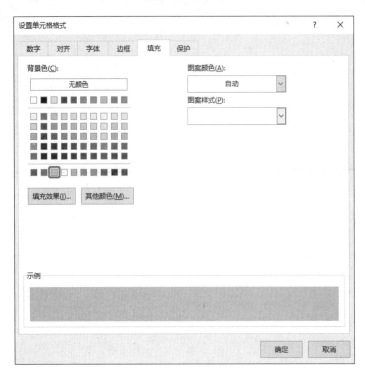

图 5-36 设置背景色

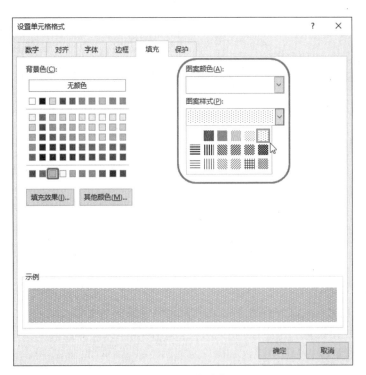

图 5-37 设置图案填充效果

	A	B	C	D	E
1	部门费用统计表				
2	部门	每月费用标准	4月费用	5月费用	6月费用
3	研发部	¥8,000.00	¥11,000.00	¥9,000.00	¥7,550.00
4	市场部	¥10,000.00	¥9,800.00	¥10,000.00	¥9,780.00
5	财务部	¥6,000.00	¥5,500.00	¥5,900.00	¥6,500.00
6	销售部	¥12,000.00	¥11,500.00	¥12,000.00	¥13,000.00

图 5-38 填充效果

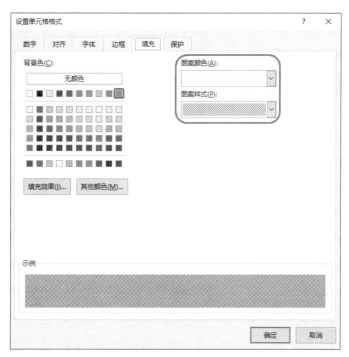

图 5-39　设置 A1 单元格的填充样式

5.3　调整行高和列宽

Excel 工作表默认的行高和列宽通常不符合需要，可以使用鼠标拖动或菜单命令进行调整。

5.3.1　手动调整

对精确度要求不高的工作表来说，用鼠标拖曳的方法调整行高和列宽非常便捷。

（1）将鼠标指针移到要调整列宽或行高的单元格列号或行号的分界处，此时鼠标指针变为╬或╫，如图 5-40 所示。

图 5-40　鼠标指针形状

（2）按下鼠标左键拖动列标题的边界，拖到合适的位置释放鼠标，即可改变一列的宽度；拖动行的边界可以改变行高，效果如图 5-41 所示。

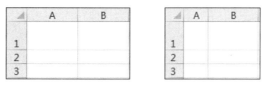

图 5-41　改变行高和列宽的效果

如果要一次改变多行或多列的高度和宽度，只需要一次把它们都选中，然后用鼠标拖动其中任何一行或一列的边界即可。

双击列标题的右边界，可使列宽自动适应单元格中内容的宽度。

5.3.2　精确调整

Excel 还提供了精确设置行高和列宽的方法。

（1）在"开始"菜单选项卡的"单元格"区域单击"格式"命令按钮，在弹出的下拉菜单中执行"列宽"命令，弹出如图 5-42 所示的"列宽"对话框。

（2）在"列宽"文本框中输入数值，单击"确定"按钮关闭对话框。

（3）用同样的方法，可以在如图 5-43 所示的"行高"对话框中指定行高。

图 5-42　指定列宽

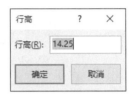

图 5-43　指定行高

在"格式"下拉菜单中选择"自动调整行高"命令或"自动调整列宽"命令，可以根据输入的内容自动调整行高和列宽。

5.4　使 用 样 式

样式实际上是一些特定属性的集合，如字体大小、背景图案、对齐方式等。使用样式可以在不同的表格区域一次应用多种格式，并能保证单元格的格式一致。

5.4.1　套用表格格式

Excel 内置了一些表格方案，在方案中对表格的各组成部分定义了一些特定的格式。套用内置的表格格式可以快速设置单元格区域的格式。

（1）选择要格式化的单元格区域。

（2）在"开始"菜单选项卡的"样式"区域单击"套用表格格式"命令按钮，弹出如图 5-44 所示的表格格式列表。

（3）单击需要的样式图标，弹出如图 5-45 所示的"套用表格式"对话框。确认表数据的来源之后，单击"确定"按钮，即可关闭对话框，并应用表格样式。

如果要删除套用的格式，可以选择含有自动套用格式的区域，然后单击"开始"菜单选项卡"编辑"区域的"清除"命令按钮 ✎，在弹出的下拉菜单中选择"清除格式"命令。

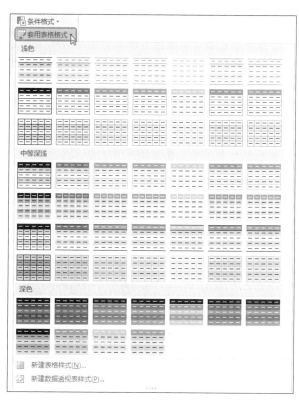

图 5-44 内置的表格格式

图 5-45 "套用表格式"对话框

5.4.2 套用单元格格式

Excel 还内置了一些单元格样式，使用内置的样式可以快速设置单元格的格式。

（1）选择要格式化的单元格。

（2）在"开始"菜单选项卡的"样式"区域单击"单元格样式"命令按钮，弹出如图 5-46 所示的单元格样式列表。

（3）单击需要的样式图标，即可在选中的单元格中应用指定的样式。

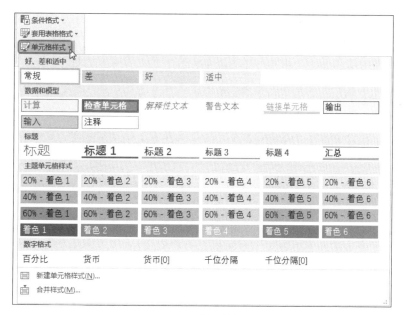

图 5-46 单元格样式

5.4.3 创建新样式

Excel 2019 支持自定义表格样式和单元格样式，以创建独具特色的表格外观。自定义表格样式的步骤如下：

（1）在"开始"菜单选项卡的"样式"区域单击"套用表格格式"命令按钮，弹出样式列表。

（2）单击样式列表下方的"新建表格样式"命令，如图 5-47 所示，弹出如图 5-48 所示的"新建表样式"对话框。

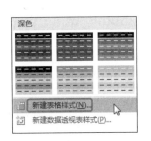

图 5-47　选择"新建表格样式"命令　　　　　图 5-48　"新建表样式"对话框

（3）在"名称"文本框中输入样式的名称。

（4）在"表元素"列表中选择要定义格式的表元素，然后单击"格式"按钮，弹出如图 5-49 所示的"设置单元格格式"对话框。

图 5-49　"设置单元格格式"对话框

（5）设置表元素的字体、边框和填充样式，然后单击"确定"按钮关闭对话框。

（6）如果希望将自定义的样式设置为当前工作簿默认的表格样式，则选中"新建表样式"对话框底部的"设置为此文档的默认表格样式"复选框。

（7）使用与（4）～（6）同样的方法，设置其他表元素的样式。

（8）单击"确定"按钮关闭对话框。

此时，在样式列表中可以看到自定义的样式。

上机练习——制作报价单

每个公司都会有自己产品的报价单，如果善于使用 Excel 预置的样式，可以很轻松地制作美观的数据表。本节练习制作一个报价单，通过对操作步骤的详细讲解，读者可以掌握简单有效的美化数据表的方法。

5-2　上机练习——制作报价单

首先打开要进行格式化的数据表，然后套用 Excel 内置的表格格式和单元格样式修饰数据表；接下来自定义表样式和单元格样式美化表格，效果如图 5-50 所示。

序号	品名	产地	规格	单价	制作工艺
			报价单		
1	班台	广东中山	2200*1100*760	38000	
2	茶水柜	广东佛山	1200*420*830	1700	
3	班前椅	浙江杭州	常规	1000	
4	书柜	浙江宁波	3000*420*2000	2200	
5	办公椅	广东中山	常规	860	
6	沙发	广东中山	3+1+1	2900	

图 5-50　套用单元格样式的效果

操作步骤

1. 套用表格格式

（1）单击"文件"菜单选项卡中的"打开"命令，打开要进行美化的报价单，如图 5-51 所示。

序号	品名	产地	规格	单价	制作工艺
			报价单		
1	班台	广东中山	2200*1100*760	38000	
2	茶水柜	广东佛山	1200*420*830	1700	
3	班前椅	浙江杭州	常规	1000	
4	书柜	浙江宁波	3000*420*2000	2200	
5	办公椅	广东中山	常规	860	
6	沙发	广东中山	3+1+1	2900	

图 5-51　原始报价单

（2）选中 A2:F8 单元格区域，在"开始"菜单选项卡的"样式"区域，单击"套用表格格式"按钮，弹出表格格式下拉列表框，如图 5-52 所示。

（3）在"深色"区域选择"橙色 表样式深色 9"，弹出如图 5-53 所示的"套用表格式"对话框，"表数据的来源"文本框自动填充选中的单元格区域。如果选中的单元格区域包含标题,则选中"表包含标题"复选框。

（4）单击"确定"按钮，即可自动套用指定的样式格式化选中的单元格区域，如图 5-54 所示。

（5）选中 A1 单元格，在"开始"菜单选项卡的"样式"区域，单击"单元格样式"按钮，弹出单元格样式下拉列表框。单击样式"好"，选中单元格即可应用选中的样式，效果如图 5-55 所示。

2. 自定义样式

为了使创建的工作表外观别具一格，可以自定义样式。接下来，在"报价表"中创建一种新的样式应用于表格。

（1）在表格格式下拉列表框中单击"新建表格样式"命令，打开"新建表样式"对话框，如图 5-56 所示。

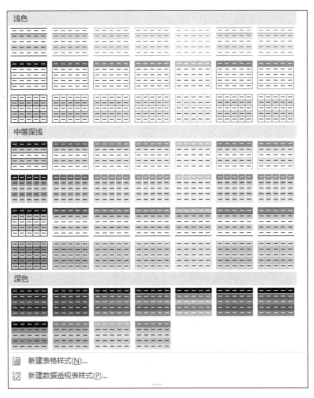

图 5-52　表格格式下拉列表框

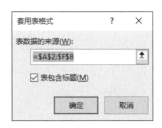

图 5-53　"套用表格式"对话框

A	B	C	D	E	F
			报价单		
序号	品名	产地	规格	单价	制作工艺
1	班台	广东中山	2200*1100*760	38000	
2	茶水柜	广东佛山	1200*420*830	1700	
3	班前椅	浙江杭州	常规	1000	
4	书柜	浙江宁波	3000*420*2000	2200	
5	办公椅	广东中山	常规	860	
6	沙发	广东中山	3+1+1	2900	

图 5-54　套用表格格式的效果

A	B	C	D	E	F
			报价单		
序号	品名	产地	规格	单价	制作工艺
1	班台	广东中山	2200*1100*760	38000	
2	茶水柜	广东佛山	1200*420*830	1700	
3	班前椅	浙江杭州	常规	1000	
4	书柜	浙江宁波	3000*420*2000	2200	
5	办公椅	广东中山	常规	860	
6	沙发	广东中山	3+1+1	2900	

图 5-55　套用单元格样式的效果

（2）在"名称"文本框中输入表样式的名称，本例输入"new"。

（3）在"表元素"列表框中选中要定义格式的表元素，本例首先选中"标题行"，然后单击列表框底部的"格式"按钮，打开"设置单元格格式"对话框。

（4）设置字体、边框和填充新式。

在"字体"选项卡中设置字形为"加粗"，颜色为白色，如图 5-57 所示。

切换到"边框"选项卡，设置下边线样式为双实线，颜色为深红色，如图 5-58 所示。

切换到"填充"选项卡，设置背景颜色为深红色，如图 5-59 所示。

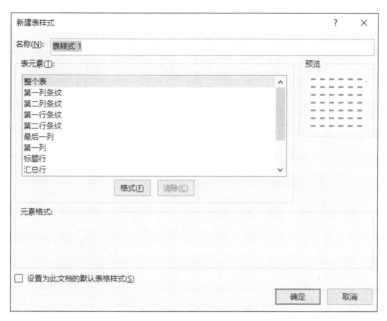

图 5-56　"新建表样式"对话框

图 5-57　设置字体样式

（5）单击"确定"按钮，返回"新建表样式"对话框，"表元素"列表框下方显示设置的元素格式，右侧显示应用格式的预览图，如图 5-60 所示。

（6）在"表元素"列表框中选中"整个表"，然后单击列表框底部的"格式"按钮，弹出"设置单元格格式"对话框。设置外边框线颜色为深蓝色，样式为双实线；内边线样式为单实线，如图 5-61 所示。

（7）单击"确定"按钮，返回"新建表样式"对话框，可以看到定义的元素格式和预览图，如图 5-62 所示。

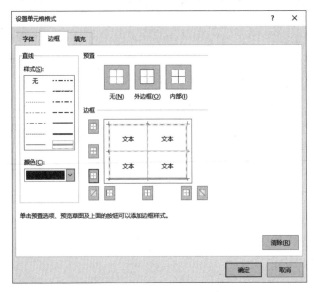

图 5-58　设置边框下边线样式

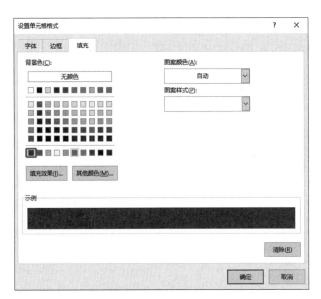

图 5-59　设置背景的填充样式

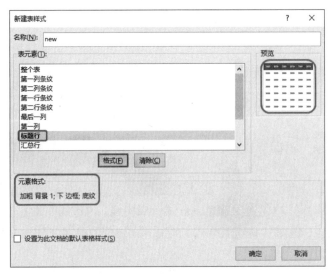

图 5-60　预览标题行的样式

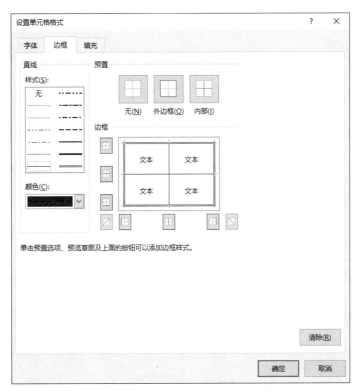

图 5-61　设置整个表的边框样式

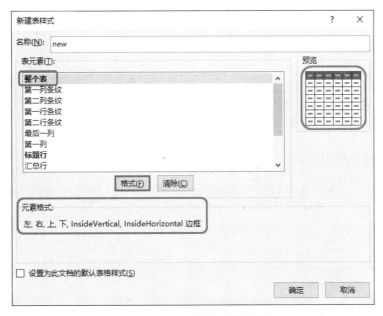

图 5-62　设置整个表的格式

（8）在"表元素"列表框中选中"第一行条纹"，条纹尺寸为 1，然后单击列表框底部的"格式"按钮，打开"设置单元格格式"对话框，设置填充颜色为淡黄色。单击"确定"按钮，返回"新建表样式"对话框，如图 5-63 所示。

（9）按照与上一步同样的方法，设置第二行条纹的填充色为淡绿色，效果如图 5-64 所示。单击"确定"按钮关闭对话框。

（10）选中要应用表格样式的单元格区域 A2：F8，在"开始"菜单选项卡的"样式"区域单击"套用表格格式"命令，弹出格式列表，在"自定义"区域可以看到自定义的表格格式，如图 5-65 所示。

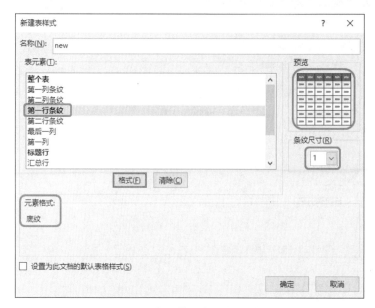

图 5-63   设置第一行条纹的格式

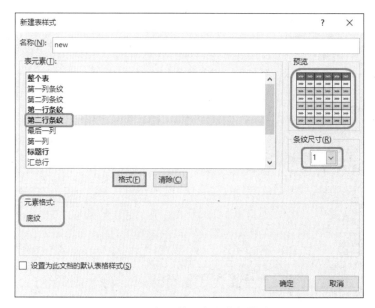

图 5-64   设置第二行条纹的格式

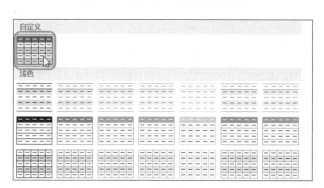

图 5-65   表格样式列表

（11）单击自定义的样式缩略图，即可在选中的单元格区域应用表格样式，效果如图 5-66 所示。
接下来自定义 A1 单元格的样式。

	A	B	C	D	E	F
1	报价单					
2	序号	品名	产地	规格	单价	制作工艺
3	1	班台	广东中山	2200*1100*760	38000	
4	2	茶水柜	广东佛山	1200*420*830	1700	
5	3	班前椅	浙江杭州	常规	1000	
6	4	书柜	浙江宁波	3000*420*2000	2200	
7	5	办公椅	广东中山	常规	860	
8	6	沙发	广东中山	3+1+1	2900	

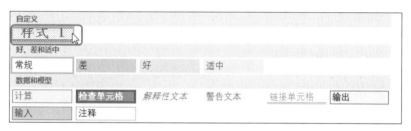

图 5-66　套用表格式的效果

（12）选中 A1 单元格，设置行高为 30。然后单击“开始”菜单选项卡“样式”区域的“单元格样式”命令，在弹出的样式列表底部单击“新建单元格样式”命令，弹出“样式”对话框。

（13）单击“格式”按钮，在弹出的“设置单元格格式”对话框中设置字形为“加粗”，字号为 18，颜色为蓝色；切换到“填充”选项卡，设置图案颜色为深红色，图案样式为“12.5% 灰色”，单击“确定”按钮关闭对话框。

（14）单击“开始”菜单选项卡“样式”区域的“单元格样式”命令，在弹出的样式列表中可以看到自定义的单元格样式，如图 5-67 所示。

图 5-67　自定义样式

（15）单击自定义的单元格样式，即可将选中样式应用于选定的单元格，效果如图 5-50 所示。

5.4.4　套用其他工作簿的样式

在工作簿中创建单元格样式之后，如果希望在其他的工作簿中也使用同样的样式，可合并样式，不用重复定义。

（1）打开源工作簿（包含样式的工作簿）和目标工作簿（要套用样式的工作簿），在目标工作簿中单击“开始”菜单选项卡“样式”区域的“单元格样式”命令。

（2）在弹出的下拉菜单中选择“合并样式”命令，弹出如图 5-68 所示的“合并样式”对话框。

（3）在“合并样式来源”列表框中选择要套用的样式所在的源文件，单击“确定”按钮即可。

如果两个工作簿中有相同的样式，会弹出一个提示对话框，询问用户是否合并具有相同名称的样式。单击“是”按钮，用复制的样式替换活动工作簿中的样式；单击“否”按钮，保留活动工作簿的样式。

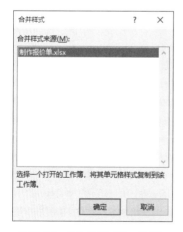

图 5-68　“合并样式”对话框

5.5　使用条件格式

所谓“条件格式”，是指如果满足指定的条件，Excel 自动在满足条件的单元格上应用底纹、字体、颜色等格式。在需要突出显示公式的计算结果，或是追踪单元格的值时，利用条件格式可以极大增强数据表的可读性。

5.5.1 设置条件格式

（1）选中要设置条件格式的单元格区域。例如"年龄"所在列，如图 5-69 所示。

	A	B	C	D	E	F
1	部门	姓名	性别	年龄	职称	工资
2	销售部	王一	女	45	部门经理	8000
3	生产部	李一	男	31	高级工程师	7500
4	设计部	陈一	男	36	工程师	6000
5	采购部	赵一	女	25	采购员	4500
6	人事部	吴一	男	34	工程师	5600
7	财务部	张一	女	30	经济师	6000
8	生产部	李二	男	35	高级工程师	7600
9	生产部	李三	女	54	高级工程师	8500
10	设计部	陈二	女	36	工程师	6800
11	采购部	赵二	男	38	工程师	5800

图 5-69 应用条件格式前的工作表

（2）单击"开始"菜单选项卡"样式"区域的"条件格式"命令，在弹出的下拉菜单中选择"突出显示单元格规则"命令下的"大于"命令，弹出如图 5-70 所示的对话框。

图 5-70 "大于"对话框

（3）在第一个文本框中输入一个数字（例如，50），在右侧的"设置为"下拉列表框中选择内置的格式。也可以单击"自定义格式"命令，打开"设置单元格格式"对话框自定义格式。例如，选择"浅红填充色深红色文本"，单击"确定"按钮关闭对话框，即可看到符合条件的单元格以指定的样式显示，如图 5-71 所示。

	A	B	C	D	E	F
3	生产部	李一	男	31	高级工程师	7500
4	设计部	陈一	男	36	工程师	6000
5	采购部	赵一	女	25	采购员	4500
6	人事部	吴一	男	34	工程师	5600
7	财务部	张一	女	30	经济师	6000
8	生产部	李二	男	35	高级工程师	7600
9	生产部	李三	女	54	高级工程师	8500
10	设计部	陈二	女	36	工程师	6800
11	采购部	赵二	男	38	工程师	5800
12	生产部	李四	女	49	高级工程师	8300
13	生产部	李五	男	28	工程师	6200
14	设计部	陈三	女	43	工程师	7000
15	生产部	李六	女	23	助理工程师	3500
16	生产部	李七	男	56	高级工程师	8700
17	生产部	李八	男	33	工程师	6300

图 5-71 应用条件格式的单元格

> **提示：**
> 条件格式中的数值框中既可以输入常数，也可以输入公式，但公式前要加"="。

（4）选择要设置条件格式的其他单元格区域。

（5）单击"开始"菜单选项卡"样式"区域的"条件格式"命令，在弹出的下拉菜单中选择"突出显示单元格规则"命令下的"重复值"命令，弹出"重复值"对话框。

（6）在左侧的下拉列表框中选择条件，在右侧的"设置为"下拉列表框中选择预置的格式，或选择"自定义格式"命令打开"设置单元格格式"对话框设置条件格式。例如，选择"唯一"值，格式为"绿填充色深绿色文本"，如图 5-72 所示。

（7）单击"确定"按钮，完成所有设置。此时的工作表如图 5-73 所示。

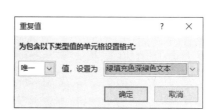

图 5-72　设置唯一值的格式

图 5-73　应用条件格式后的工作表

"年龄"大于 50 的单元格显示为浅红色填充红色加粗倾斜文本；"职称"唯一的单元格显示为绿色填充深绿色文本。

注意

如果同时设定了多个条件且不止一个为真时，Excel 会自动应用其中第一个为真的条件。例如："条件 1"为实发工资大于 8000 的用绿色背景显示，"条件 2"为实发工资大于 8500 的用蓝色背景显示，那么对于实发工资为 8700 的单元格将应用"条件 1"的设定，即显示为绿色背景。

5.5.2　管理条件格式规则

如果要修改或删除条件格式，可以执行以下操作：

（1）选择含有要修改或删除条件格式的单元格或单元格区域。

（2）单击"开始"菜单选项卡"样式"区域的"条件格式"命令，在弹出的下拉菜单中选择"管理规则"命令，弹出如图 5-74 所示的"条件格式规则管理器"对话框。

图 5-74　管理条件格式

（3）在"规则"列表中选中要进行管理的规则之后，单击"编辑规则"按钮，弹出如图 5-75 所示的"编辑格式规则"对话框。

图 5-75 "编辑格式规则"对话框

（4）更改条件的运算符、数值、公式及格式。修改完毕后，单击"确定"按钮关闭对话框。

（5）单击"删除规则"按钮，可删除当前选中的条件格式。

提示：　　在"开始"菜单选项卡的"编辑"区域，单击"清除"命令按钮子菜单中的"格式"命令，可以删除选定单元格的所有格式。

5.5.3　查找带有条件格式的单元格

在实际应用中，用户要修改条件格式时，可能会忘记含有条件格式的单元格位置。利用 Excel 提供的定位条件功能，可以快速找到符合条件的单元格或区域。

（1）选中工作表中的任意单元格。

（2）单击"开始"菜单选项卡"编辑"区域的"查找和选择"命令，在弹出的下拉菜单中选择"定位条件"命令，如图 5-76 所示，打开如图 5-77 所示的"定位条件"对话框。

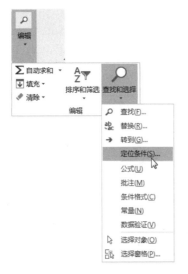

图 5-76　选择"定位条件"命令

图 5-77　"定位条件"对话框

（3）在"选择"列表中单击"条件格式"单选按钮，然后单击"确定"按钮，即可在工作表中高亮显示所有带条件格式的单元格，如图5-78所示。

图5-78　定位条件效果

5.6　实例精讲——格式化销售业绩分析表

销售业绩分析表实质上也是一种实用的员工工资表，本例设计的销售业绩分析表可以通过计算收入提成和最后的实际工资，查看销售员的销售水平。

　本节练习主要应用Excel内置的单元格样式、表格样式美化数据表，并添加条件格式，便于管理人员直观地查看销售员的业绩水平。通过对操作步骤的详细讲解，读者可进一步掌握格式化数据表的操作，熟悉条件格式的设置方法。

5-3　实例精讲——格式化销售业绩分析表

　首先新建单元格样式应用于标题行，然后套用表格样式美化数据表，最后使用数据条、条件规则和图标集等条件格式直观地标记要查看的数据，效果如图5-79所示。

图5-79　格式化效果

操作步骤

1. 设置单元格对齐方式

（1）新建一个空白的Excel工作簿，将自动新建的工作表重命名为"销售业绩分析表"。

（2）选中第1行单元格，单击"开始"菜单选项卡"单元格"区域的"格式"按钮，在弹出的下拉菜单中选择"行高"命令，设置行高为"30"。同样的方法，设置第2行的行高为"20"。

（3）选中 C4:H13 单元格区域，单击"开始"菜单选项卡"数字"区域的"数字格式"下拉列表框，在弹出的下拉列表框中选择"货币"。然后在工作表中输入数据，结果如图 5-80 所示。

	A	B	C	D	E	F	G	H
1	销售业绩分析表							
2	日期： 年 月							
3	员工编号	姓名	基本工资	收入提成	住房补助	应扣请假费	加班费	实发工资
4	ST001	李荣	¥2,400.00	¥1,400.00	¥120.00	¥60.00	¥100.00	¥3,960.00
5	ST002	谢婷	¥2,800.00	¥1,325.00	¥120.00	¥0.00	¥100.00	¥4,345.00
6	ST003	王朝	¥2,400.00	¥1,475.00	¥120.00	¥0.00	¥0.00	¥3,995.00
7	ST004	张家国	¥3,200.00	¥1,425.00	¥120.00	¥200.00	¥200.00	¥4,745.00
8	ST005	苗圃	¥1,600.00	¥1,380.00	¥120.00	¥50.00	¥200.00	¥3,250.00
9	ST006	李清清	¥2,000.00	¥1,470.00	¥120.00	¥100.00	¥200.00	¥3,690.00
10	ST007	范文	¥2,400.00	¥1,495.00	¥120.00	¥0.00	¥0.00	¥4,015.00
11	ST008	李想	¥2,800.00	¥1,300.00	¥120.00	¥0.00	¥100.00	¥4,320.00
12	ST009	陈材	¥3,200.00	¥1,400.00	¥120.00	¥240.00	¥200.00	¥4,680.00
13	ST010	文龙	¥2,000.00	¥1,355.00	¥120.00	¥100.00	¥0.00	¥3,375.00

图 5-80　在工作表中输入数据

（4）选中 A1:H1 单元格区域，在"开始"菜单选项卡的"对齐方式"区域单击"合并后居中"按钮，合并选中的单元格区域。

（5）选中 A2 和 B2 单元格，在"开始"菜单选项卡中单击"合并后居中"按钮右侧的下拉箭头，在弹出的下拉菜单中选择"跨越合并"选项，如图 5-81 所示。

（6）选中第3行单元格，在"开始"菜单选项卡的"对齐方式"区域单击"居中"按钮，如图 5-82 所示，使标题行内容居中显示。

图 5-81　选择"跨越合并"选项

图 5-82　选择"居中"命令

2. 套用单元格样式

（1）选中 A1 单元格，在"开始"菜单选项卡的"样式"区域单击"单元格样式"按钮，弹出样式下拉列表框，如图 5-83 所示，单击选择"标题 1"样式。

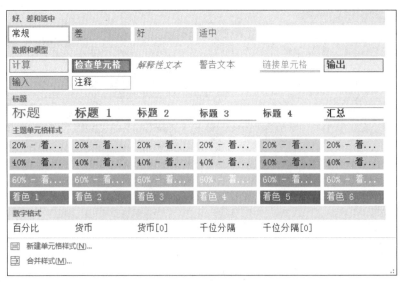

图 5-83　单元格样式列表

（2）选中 A2 单元格，在单元格样式下拉列表框中选择"链接单元格"样式，结果如图 5-84 所示。

	A	B	C	D	E	F	G	H
1	销售业绩分析表							
2	日期：　　年　　月							
3	员工编号	姓名	基本工资	收入提成	住房补助	应扣请假费	加班费	实发工资
4	ST001	李荣	¥2,400.00	¥1,400.00	¥120.00	¥60.00	¥100.00	¥3,960.00
5	ST002	谢婷	¥2,800.00	¥1,325.00	¥120.00	¥0.00	¥100.00	¥4,345.00
6	ST003	王朝	¥2,400.00	¥1,475.00	¥120.00	¥0.00	¥0.00	¥3,995.00
7	ST004	张家国	¥3,200.00	¥1,425.00	¥120.00	¥200.00	¥200.00	¥4,745.00
8	ST005	苗圃	¥1,600.00	¥1,380.00	¥120.00	¥50.00	¥200.00	¥3,250.00
9	ST006	李清清	¥2,000.00	¥1,470.00	¥120.00	¥100.00	¥200.00	¥3,690.00
10	ST007	范文	¥2,400.00	¥1,495.00	¥120.00	¥0.00	¥0.00	¥4,015.00
11	ST008	李想	¥2,800.00	¥1,300.00	¥120.00	¥0.00	¥100.00	¥4,320.00
12	ST009	陈材	¥3,200.00	¥1,400.00	¥120.00	¥240.00	¥200.00	¥4,680.00
13	ST010	文龙	¥2,000.00	¥1,355.00	¥120.00	¥100.00	¥0.00	¥3,375.00

图 5-84　设置 A1 和 A2 单元格样式

（3）单击样式下拉列表框底部的"新建单元格样式"命令，弹出"样式"对话框，单击"格式"按钮，弹出"设置单元格格式"对话框。

在"对齐"选项卡中，设置水平和垂直对齐方式均为"居中"；

在"字体"选项卡中，设置字体为仿宋、加粗倾斜、字号为 22，颜色为绿色，如图 5-85 所示。

图 5-85　设置字体格式

在"边框"选项卡中，设置线条样式为实线，颜色为橙色，然后单击"下边框"按钮，如图 5-86 所示。

在"填充"选项卡中，单击"填充效果"按钮，在弹出的"填充效果"对话框中分别设置颜色 1 为橙色，颜色 2 为白色，底纹样式为"水平"，如图 5-87 所示。

单击"确定"按钮，返回"设置单元格格式"对话框。

（4）单击"确定"按钮，返回"样式"对话框。在对话框中显示了大部分设置，如图 5-88 所示。

（5）输入样式名称，本例保留默认设置"样式 1"，然后单击"确定"按钮，完成样式的创建。

（6）选中 A1 单元格，再次打开样式列表，此时列表最上方显示创建的样式。单击选择"样式 1"，效果如图 5-89 所示。

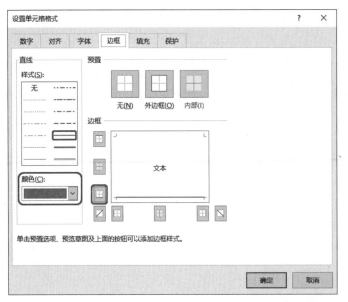

图 5-86 设置边框样式

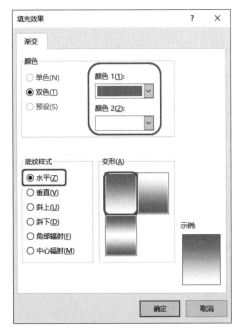

图 5-87 设置填充效果

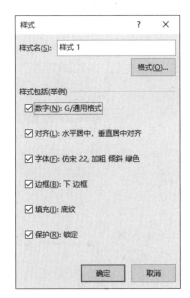

图 5-88 "样式"对话框

	A	B	C	D	E	F	G	H
1				销售业绩分析表				
2	日期: 年 月							
3	员工编号	姓名	基本工资	收入提成	住房补助	应扣请假费	加班费	实发工资
4	ST001	李荣	¥2,400.00	¥1,400.00	¥120.00	¥60.00	¥100.00	¥3,960.00
5	ST002	谢婷	¥2,800.00	¥1,325.00	¥120.00	¥0.00	¥100.00	¥4,345.00
6	ST003	王朝	¥2,400.00	¥1,475.00	¥120.00	¥0.00	¥0.00	¥3,995.00
7	ST004	张家国	¥3,200.00	¥1,425.00	¥120.00	¥200.00	¥200.00	¥4,745.00
8	ST005	苗圃	¥1,600.00	¥1,380.00	¥120.00	¥50.00	¥200.00	¥3,250.00
9	ST006	李清清	¥2,400.00	¥1,470.00	¥120.00	¥100.00	¥200.00	¥3,690.00
10	ST007	范文	¥2,400.00	¥1,495.00	¥120.00	¥0.00	¥0.00	¥4,015.00
11	ST008	李想	¥2,800.00	¥1,300.00	¥120.00	¥0.00	¥100.00	¥4,320.00
12	ST009	陈材	¥3,200.00	¥1,400.00	¥120.00	¥240.00	¥200.00	¥4,680.00
13	ST010	文龙	¥2,000.00	¥1,355.00	¥120.00	¥100.00	¥0.00	¥3,375.00

图 5-89 使用样式 1 的效果

（7）选中 A2 单元格，在样式下拉列表框中选择"40%—着色 6"。同样的方法，为"收入提成"和"实发工资"两列单元格添加样式"40%—着色 6"，效果如图 5-90 所示。

▲	A	B	C	D	E	F	G	H
1				销售业绩分析表				
2	日期：	年	月					
3	员工编号	姓名	基本工资	收入提成	住房补助	应扣请假费	加班费	实发工资
4	ST001	李荣	¥2,400.00	¥1,400.00	¥120.00	¥60.00	¥100.00	¥3,960.00
5	ST002	谢婷	¥2,800.00	¥1,325.00	¥120.00	¥0.00	¥100.00	¥4,345.00
6	ST003	王朝	¥2,400.00	¥1,475.00	¥120.00	¥0.00	¥0.00	¥3,995.00
7	ST004	张家国	¥3,200.00	¥1,425.00	¥120.00	¥200.00	¥200.00	¥4,745.00
8	ST005	苗圃	¥1,600.00	¥1,380.00	¥120.00	¥50.00	¥200.00	¥3,250.00
9	ST006	李清清	¥2,000.00	¥1,470.00	¥120.00	¥100.00	¥200.00	¥3,690.00
10	ST007	范文	¥2,400.00	¥1,495.00	¥120.00	¥0.00	¥0.00	¥4,015.00
11	ST008	李想	¥2,800.00	¥1,300.00	¥120.00	¥100.00	¥100.00	¥4,320.00
12	ST009	陈材	¥3,200.00	¥1,400.00	¥120.00	¥240.00	¥200.00	¥4,680.00
13	ST010	文龙	¥2,000.00	¥1,355.00	¥120.00	¥100.00	¥0.00	¥3,375.00

图 5-90　设置单元格样式

3. 套用表格样式

Excel 2019 提供了多种表格样式，可方便、快捷地设置表格格式。

（1）选中 A3：H13 单元格区域，在"开始"菜单选项卡的"样式"区域单击"套用表格格式"按钮，弹出格式下拉列表框，如图 5-91 所示。

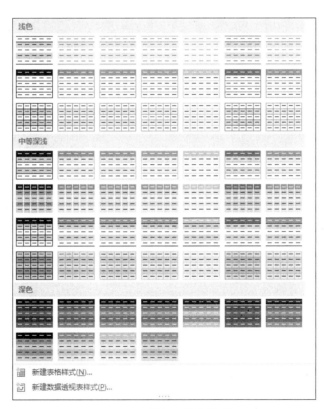

图 5-91　选择工作表格式

（2）在"深色"区域单击"橙色，表样式深色 9"，即可套用指定的表格样式，如图 5-92 所示。

此时，如果选中套用了表格格式的任一单元格，在菜单选项卡中将显示"表格工具设计"临时菜单选项卡，在"表格样式"区域可以设置表格样式的基本选项，如图 5-93 所示。

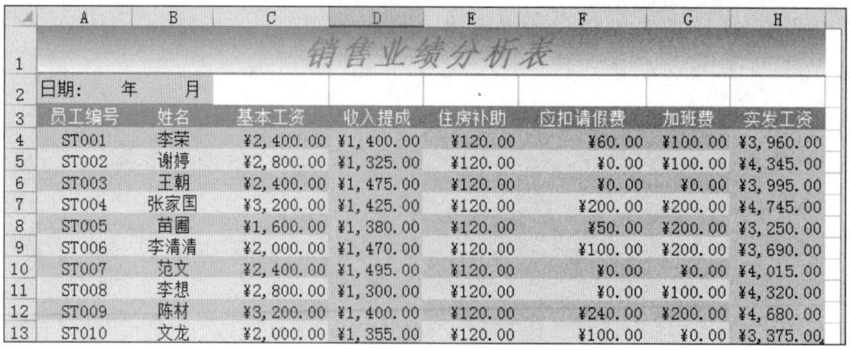

图 5-92　套用表格格式效果

图 5-93　"表格工具设计"菜单选项卡

4. 设置条件格式

在查看工作表时，如果工作表中的数据较多，查看数据将很复杂。Excel 为用户提供了条件格式数据的操作，根据条件使用数据条、色阶和图表集，可以突出显示相关的单元格，强调异常值，以及实现数据的可视化效果。

（1）选中 C4:C13 单元格区域，单击"开始"菜单选项卡"样式"区域的"条件格式"按钮，在弹出的下拉菜单中选择"数据条"命令，如图 5-94 所示。

（2）单击选择一种数据条样式，例如"渐变填充"区域的"浅蓝色数据条"，结果如图 5-95 所示，单元格根据数据大小显示长短不同的数据条。

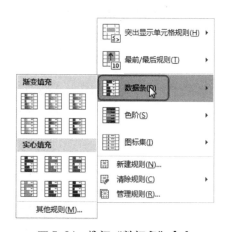

图 5-94　选择"数据条"命令

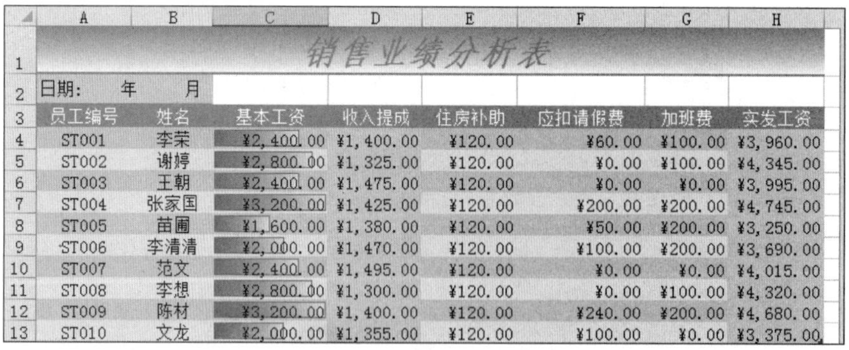

图 5-95　使用数据条效果

（3）选中 D4:D13 单元格区域，单击"条件格式"下拉菜单中的"最前／最后规则"命令，在弹出的级联菜单中选择"高于平均值"命令，如图 5-96 所示，弹出"高于平均值"对话框。

（4）单击"设置为"文本框右侧的下拉按钮，在弹出的下拉列表框中选择"浅红填充色深红色文本"选项。此时，符合条件的单元格将以指定的格式显示，如图 5-97 所示。单击"确定"按钮关闭对话框。

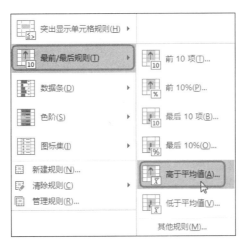

图 5-96　选择"高于平均值"命令

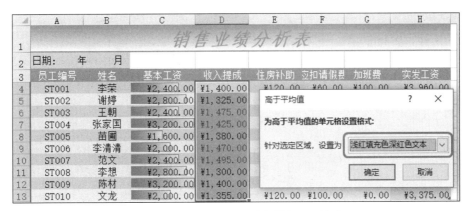

图 5-97　设置高于平均值的数据显示格式

（5）选中 F4:F13 单元格区域，单击"条件格式"下拉菜单中的"最前 / 最后规则"命令，在弹出的级联菜单中选择"前 10 项"命令，打开"前 10 项"对话框。设置要标记的项数为 2，格式为"红色边框"。此时，符合条件的单元格将以指定的格式显示，如图 5-98 所示。单击"确定"按钮关闭对话框。

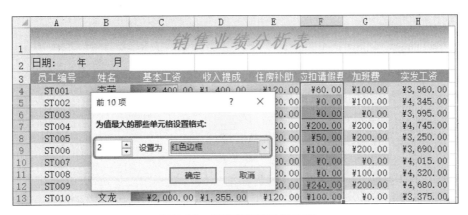

图 5-98　设置突出显示前 2 项

（6）选中 H4:H13 单元格区域，在"条件格式"下拉菜单中选择"图标集"命令，然后在图标列表中选择"三色旗"，如图 5-99 所示。

（7）在 H4:H13 单元格区域将所有数据分为 3 类，分别以不同的图标显示，如图 5-79 所示。

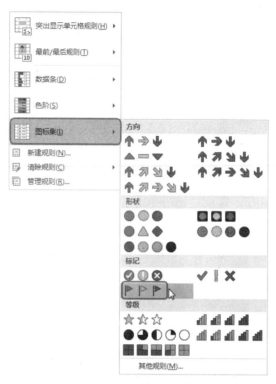

图 5-99 选择图标集

答 疑 解 惑

1. 在单元格中输入的文本或其他数据为什么不显示？

答：单元格的格式可能设置成了隐藏其中的数据，或者单元格的文本颜色与单元格的背景颜色相同。

2. 如何取消显示网格线？

答：打开"Excel 选项"对话框，单击"高级"分类，在"此工作表的显示选项"区域选中"显示网格线"复选框。

3. 怎样更改网格线的颜色？

答：打开"Excel 选项"对话框，单击"高级"分类，在"此工作表的显示选项"选项组中，单击"网格线颜色"右侧的下拉按钮，在弹出的下拉列表框中选择需要的颜色。

4. 是不是所有单元格格式都可作为条件格式？

答：在 Excel 中，可以改变行高或者列宽的单元格格式不能用作条件格式。

5. 怎样快速打开"样式"对话框？

答：按下"Alt+'"组合键可快速打开"样式"对话框。

6. 如何将一个单元格的内容拆分到多个单元格中？

答：选中单元格，在"数据"菜单选项卡的"数据工具"区域，单击"分列"按钮，按照"文本分列向导"对话框的指示设置，可将文本拆分到列中。

学习效果自测

一、选择题

1. 使用"开始"菜单选项卡"字体"区域的工具按钮，不能更改选定单元格中文本的（　　　）属性。

A. 删除线　　　　　　B. 粗体　　　　　　C. 斜体　　　　　　D. 下划线

2. 下列关于行高和列宽的说法，正确的是（　　　）。

  A. 它们的单位都是厘米

  B. 它们的单位都是毫米

  C. 它们是系统定义的相对的数值，是一个无量纲的量

  D. 以上说法都不正确

3. 在"设置单元格格式"对话框的"边框"选项卡中，设置的颜色属于边框的（　　　）。

  A. 互补色　　　　　　　　B. 保护色　　　　　　　　C. 填充色　　　　　　　　D. 对比色

4. 下面（　　　）选项不属于"设置单元格格式"对话框中"数字"选项卡的内容。

  A. 字体　　　　　　　　　B. 货币　　　　　　　　　C. 日期　　　　　　　　　D. 分数

5. 要改变单元格的填充图案，可使用"设置单元格格式"对话框的（　　　）选项。

  A. 对齐　　　　　　　　　B. 文本　　　　　　　　　C. 数字　　　　　　　　　D. 填充

6. 在 Excel 文字处理时，强迫换行的方法是在需要换行的位置按（　　　）键。

  A. Enter　　　　　　　　　B. Tab　　　　　　　　　C. Alt+Enter　　　　　　　D. Alt+Tab

二、判断题

1. 在 Excel 2019 中，只能设置表格的边框，不能设置单元格边框。（　　　）

2. 在 Excel 2019 中，只能用"套用表格格式"设置表格样式，不能设置单个单元格样式。（　　　）

3. 在 Excel 2019 中，只要应用了一种表格格式，就不能对表格格式作更改和清除。（　　　）

4. 运用"条件格式"中的"最前 / 最后规则"，可自动显示学生成绩中某列前 10 名内单元格的格式。（　　　）

5. 在 Excel 2019 中只要运用了套用表格格式，就不能消除表格格式，把表格转为原始的普通表格。（　　　）

三、填空题

1. 在 Excel 2019 中要修改数据的格式,应在"设置单元格格式"对话框中选择 ＿＿＿＿＿＿ 选项卡。

2. 在 Excel 中，希望使标题位于表格中央时，可以使用对齐方式中的 ＿＿＿＿＿＿ 。

3. 在 Excel 中，要得到复杂的表格格式，通常情况下会使用"合并与拆分"单元格功能。要快速地合并单元格可以单击 ＿＿＿＿＿＿ 工具栏中的 ＿＿＿＿＿＿ 按钮。

第 6 章

使用图形对象

本章导读

　　在 Excel 中使用图形对象不仅可以美化工作表，还能更清晰、形象地说明要阐述的问题，使工作表中的数据一目了然。本章将着重介绍图片、形状和 SmartArt 图形在 Excel 中的应用。

学习要点

❖ 插入与处理图片

❖ 绘制自选图形

❖ 对图形对象进行编辑

6.1 使 用 图 片

　　Excel 提供包含有大量图片的联机图片库，可以在工作表中插入这些图片，也可以将图片用于某些图表项。如果联机图片库中没有需要的图片，还可以插入从其他程序导入的图片或是屏幕截图。另外，还可以在工作表中插入艺术字、图标或 SmartArt 图增强表格的说服力和视觉效果。

6.1.1　插入图片

　　（1）单击"插入"菜单选项卡"插图"区域的"图片"命令按钮，如图 6-1 所示，弹出"插入图片"对话框。

图 6-1　"插入图片"对话框

　　（2）选择要插入的图片，单击"插入"按钮，即可在当前工作表中插入指定的图片，如图 6-2 所示。

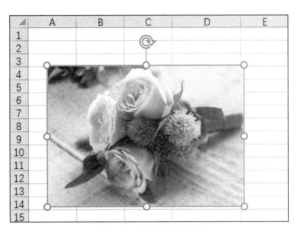

图 6-2　插入指定图片

提示：

　　　在"插入图片"对话框中按住 Ctrl 键选择多张图片，可以一次插入多张图片。

　　细心的读者可能已经注意到了，在插入图片时，插入方式有 3 种，如图 6-3 所示。

　❖ 插入：直接在工作表中嵌入图片。

　❖ 链接到文件：通过链接的方式插入图片，而不是直接在工作表中嵌入图片，通常用于图片文件较大时，缩小文档大小。

　❖ 插入和链接：在工作表中嵌入图片，并链接到指定的图片。

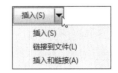

图 6-3　插入图片的方式

　　插入的图片四周显示控制手柄，用户可以在工作表上随意拖动图片位置；将鼠标指针移到图片四周的圆形控制手柄上，按下鼠标左键拖动，可以调整图片的大小；移到图片顶部的旋转手柄上，按下鼠标左键拖动，可以旋转图片。

> **提示：** Excel 2019 除了支持插入本地计算机中的图片以外，单击"插入"菜单选项卡中的"联机图片"命令，还可以从 Bing.com 搜索联机图片。

6.1.2 设置图片效果

选中插入的图片，在功能选项区将打开"图片工具"菜单选项卡，如图 6-4 所示。

在这里，用户可以很方便地对图片进行编辑处理，例如删除图片的背景、调整亮度 / 对比度和颜色、添加艺术效果、设置图片样式、边框和版式，以及调整大小等。

图 6-4 "图片工具"菜单选项卡

选中图片，单击需要的格式按钮，即可应用指定的格式。例如单击"图片样式"区域的"圆形对角，白色"样式，图片效果如图 6-5 所示。

图 6-5 应用图片样式

6.2 绘 制 形 状

在 Excel 中，可以很方便地绘制形状，如线条、箭头、矩形、公式形状、流程图、标注等，还能根据设计需要自定义形状的填充、轮廓和格式效果。

6.2.1 形状列表

在开始绘制各种形状之前，先来了解一下 Excel 内置的形状列表。单击"插入"菜单选项卡"插图"区域的"形状"命令按钮，打开形状列表，如图 6-6 所示。

图 6-6　形状列表

6.2.2　添加形状

（1）单击"插入"菜单选项卡"插图"区域的"形状"命令按钮，打开如图 6-6 所示的形状列表。

（2）单击选择需要的形状，鼠标指针变为十字型┼。

（3）将十字光标移到要绘制的起点处，按下鼠标左键拖动，拖到终点时释放鼠标，即可绘制指定的形状，如图 6-7 所示。

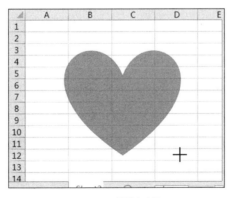

图 6-7　绘制形状

拖动的同时按住 Shift 键，可以限制形状的尺寸，或创建规范的正方形或圆形。如果要反复添加同一个形状，可以在形状列表中需要的形状上单击鼠标右键，在弹出的快捷菜单中选择"锁定绘图模式"，如

图 6-8 所示，在工作区单击即可多次绘制同一形状，而不必每次都选择形状。按 Esc 键可以取消锁定。

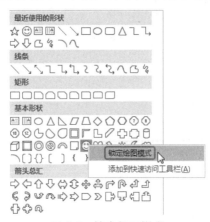

图 6-8　锁定绘图模式

6.2.3　在形状中添加文本

绘制形状之后，通常还需要在形状中添加文本。

（1）使用上一节介绍的方法在工作表中绘制一个形状，或选中现有形状。

（2）在形状上单击鼠标右键，在弹出的快捷菜单中选择"编辑文字"命令。此时，光标将显示在形状中。

（3）输入文本，如图 6-9 所示。

（4）选中文本，在"开始"菜单选项卡中设置字体、段落或对齐方式。设置文本格式后的效果如图 6-10所示。

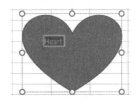

图 6-9　输入文本

图 6-10　设置文本格式

注意　添加的文字将与形状组成一个整体，如果旋转或翻转形状，文字也会随之旋转或翻转。

6.3　编辑图形效果

对于已经绘制好的图形对象，还可以自定义形状的填充颜色、线条类型、阴影效果、三维效果等。选中绘制的形状，在功能选项卡上可以看到绘图工具的"格式"选项卡，如图 6-11 所示，在这里，可以很便捷地设置形状的格式。

图 6-11　绘图工具的"格式"选项卡

6.3.1 设置填充和轮廓

1. 设置形状填充

（1）选中要填充的形状。

（2）切换到"绘图工具格式"菜单选项卡，在"形状样式"区域单击"形状填充"命令按钮，弹出如图 6-12 所示的下拉菜单。在这里，可以设置填充的颜色、图片、渐变效果和纹理。

（3）单击需要的填充颜色或效果，即可在弹出的下拉菜单或对话框中设置填充效果。

如果对内置的填充效果不满意，还可以自定义填充。右击选中的形状，在弹出的快捷菜单中选择"设置形状格式"命令，即可在工作区右侧显示如图 6-13 所示的"设置形状格式"面板。选择不同的填充命令，将显示不同的填充选项。

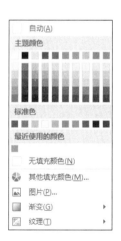

图 6-12 "形状填充"下拉菜单

图 6-13 自定义填充效果

2. 设置形状轮廓

（1）选中要设置轮廓线的形状。

（2）切换到"绘图工具格式"菜单选项卡，在"形状样式"区域单击"形状填充"命令按钮，弹出如图 6-14 所示的下拉菜单。在这里，可以设置轮廓线的颜色、粗细、样式，以及箭头线样式。

（3）根据需要选择轮廓线颜色和样式。

此外，还可以自定义形状的轮廓样式。右击选中的形状，在弹出的快捷菜单中选择"设置形状格式"命令，即可在工作区右侧显示"设置形状格式"面板，自定义线条样式，如图 6-15 所示。

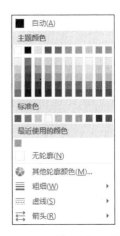

图 6-14 "形状轮廓"下拉菜单

图 6-15 自定义线条样式

上机练习——填充夜空图形

　　本节练习填充简单的夜空图形，通过对操作步骤的详细讲解，读者可掌握使用"绘图工具格式"菜单选项卡填充形状轮廓和区域的操作，学会对形状填充渐变效果的方法。

6-1 上机练习——填充夜空图形

　　首先选中"月亮"形状，分别使用"绘图工具格式"菜单选项卡中的"形状填充"和"形状轮廓"命令填充月亮的颜色和轮廓线；然后选中"云朵"形状，在"形状填充"下拉列表框中选择填充的主题颜色，然后设置渐变效果，效果如图 6-16 所示。

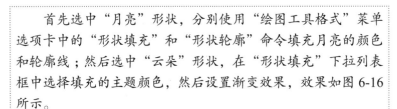

（1）选中一个要设置格式的形状，如图 6-17 所示的月亮形状。

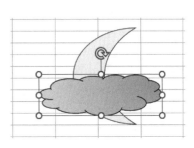

图 6-16 填充效果

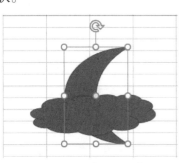

图 6-17 选择要设置格式的形状

（2）单击"绘图工具格式"菜单选项卡，在"形状填充"下拉列表框中选择填充颜色；在"形状轮廓"下拉列表框中选择轮廓线颜色，效果如图 6-18 所示。

（3）选中要设置格式的其他形状，如图 6-18 所示的乌云形状。

（4）单击"绘图工具格式"菜单选项卡中的"形状填充"命令按钮，在弹出的下拉列表框中选择填充的主题颜色，然后设置填充效果为"渐变"，如图 6-19 所示。填充效果如图 6-16 所示。

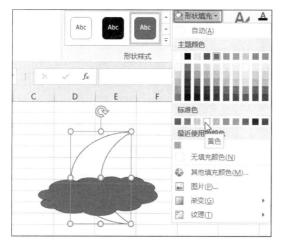

图 6-18　设置形状的填充色和轮廓线颜色

图 6-19　设置渐变填充

6.3.2　设置阴影和三维效果

绘制的图形除了可以设置填充颜色和轮廓线样式，还可以设置阴影和三维效果，增强图形的表达效果。

1. 设置阴影效果

（1）选中要设置阴影的图形。

（2）单击"绘图工具格式"菜单选项卡中的"形状效果"命令按钮，在弹出的下拉菜单中选择"阴影"命令，显示如图 6-20 所示的阴影样式列表。

（3）单击需要的阴影效果，即可应用选择的阴影样式。例如，选择"偏移：中"的效果如图 6-21 所示。

如果在图 6-20 所示的阴影样式列表底部选择"阴影选项"命令，可打开如图 6-22 所示的面板对阴影效果进行调整。

2. 设置三维效果

（1）选中要设置三维效果的图形。

（2）单击"绘图工具格式"菜单选项卡中的"形状效果"命令按钮，在弹出的下拉菜单中选择"棱台"，显示如图 6-23 所示的三维形状列表。

如果选择"三维选项"命令，可以打开如图 6-24 所示的面板对三维形状进行精确的调整。

（3）单击选择一种三维效果。例如，应用"凸圆形"效果的图形如图 6-25 所示。

（4）单击"绘图工具格式"菜单选项卡中的"形状效果"命令按钮，在弹出的下拉菜单中选择"三维旋转"命令，显示如图 6-26 所示的三维旋转样式列表。

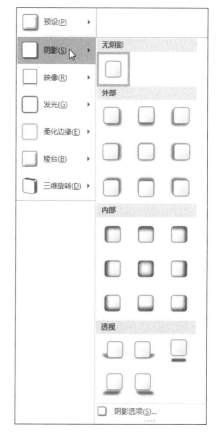

图 6-20　阴影样式列表

图 6-22 阴影选项

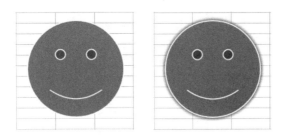

图 6-21 设置阴影前后的图形

图 6-23 三维形状

图 6-24 "三维格式"选项

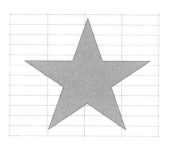

图 6-25　设置三维效果前后的图形

（5）单击选择一种旋转效果。例如，选择"透视：左向对比"的三维效果如图 6-27 所示。

如果在三维旋转样式列表底部选择"三维旋转选项"命令，可打开如图 6-28 所示的面板，精确设置三维旋转效果，例如图形环绕各轴的旋转量和三维深度、各个方向上的亮度，以及三维的颜色。

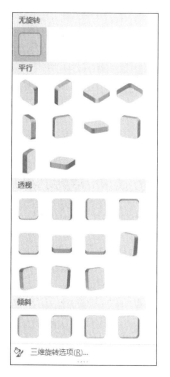

图 6-26　三维旋转样式列表　　　图 6-27　设置三维效果后的自选图形　　　图 6-28　"三维旋转"选项

6.3.3　修改形状外观

在 Excel 中，不仅可以修饰形状的外观，还可以改变形状，创建新的形状。

（1）单击要修改的形状，如图 6-29 所示。如果要同时修改多个形状，则按住 Ctrl 键的同时单击要修改的形状。

（2）在形状上单击鼠标右键，在弹出的快捷菜单中选择"编辑顶点"命令，此时形状各个顶点上将显示控制手柄，如图 6-30 所示。

（3）将鼠标指针移到控制手柄上，指针变为 ✥ 时，按下鼠标左键拖动。拖动过程中，形状的轮廓线上会显示白色的方形控制手柄，如图 6-31（a）所示。拖动白色方形手柄可以调整轮廓线的弯曲度。释放鼠标，即可调整形状，如图 6-31（b）所示。

（4）按照与上一步同样的方法，编辑形状的其他顶点。

图 6-29　选中要修改的形状

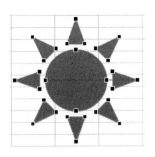

图 6-30　顶点上的控制手柄

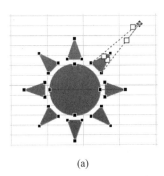

(a)

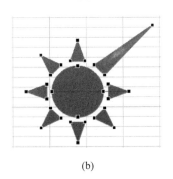

(b)

图 6-31　调整顶点位置

上机练习——制作参观路线图

练习目标

　　本节练习使用 Excel 2019 的基本图形绘制某公司的参观路线图。通过对操作步骤的详细讲解，读者可掌握绘制各种基本形状、修改形状外观，以及在形状中添加文本和文本框的操作方法。

6-2　上机练习——制作参观路线

设计思路

　　首先绘制基本图形，然后调整形状的大小、形状、旋转角度等，修改形状外观，并在形状上添加文本。接下来使用"绘图工具格式"菜单选项卡设置形状的填充、边框、投影和发光效果。最后使用文本框为指北针添加文字说明，并取消显示文本框的填充和边框线。结果如图 6-32 所示。

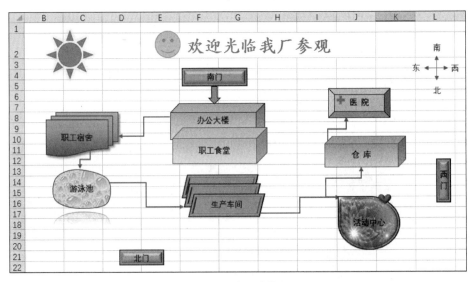

图 6-32　参观路线图

操作步骤

1. 绘制基本图形

在绘制公司参观路线图时，首先将公司参观点用 Excel 图形表示出来，然后绘制路线指示线。

（1）创建一个名为"参观路线图"的工作簿，将默认生成的工作表重命名为"公司参观路线图"。然后在工作表中适当的位置添加文本内容"欢迎光临我厂参观"，字体为"华文楷体"，字号为 24，颜色为橙色，如图 6-33 所示。

（2）在"插入"菜单选项卡的"插图"区域，单击"形状"命令按钮，在弹出的形状列表中单击"笑脸"形状，此时鼠标指针变为十字型。光标移到要绘制的起点处，按下鼠标左键拖动，拖到终点时释放鼠标，在工作区绘制一个笑脸，如图 6-34 所示。

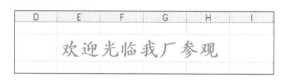

图 6-33　输入标题文本

图 6-34　绘制笑脸效果

（3）按照与上一步同样的方法，在文本下方绘制一个矩形，表示公司的南门，效果如图 6-35 所示。

（4）在基本形状列表中选择"立方体"，绘制一个立方体表示公司的办公楼，然后按下 Ctrl 键拖动复制一个立方体，表示食堂，效果如图 6-36 所示。

图 6-35　绘制公司南门

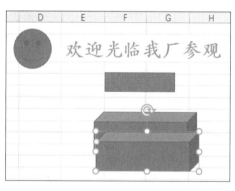

图 6-36　绘制办公楼和食堂

（5）使用"矩形：棱台"形状绘制医院，然后使用"十字形"在棱台上方绘制医院标志，如图 6-37 所示。

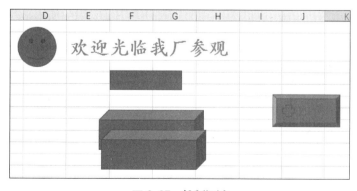

图 6-37　绘制医院

（6）使用"流程图：多文档"形状，绘制职工宿舍楼，如图 6-38 所示。

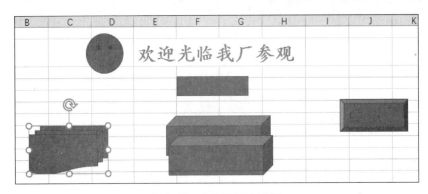

图 6-38　绘制职工宿舍楼

（7）选中"线条"区域的"曲线"形状，手动绘制曲线，当终点与起点重合时，形成一个闭合区域，表示游泳池，如图 6-39 所示。

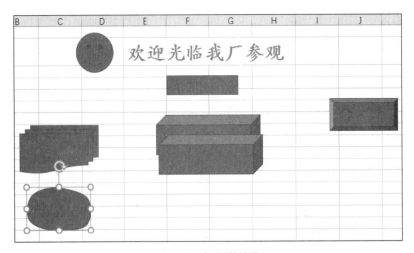

图 6-39　绘制游泳池

（8）使用"平行四边形"形状绘制一个平行四边形，然后按下 Ctrl 键拖动，复制两个平行四边形，表示生产车间区，结果如图 6-40 所示。

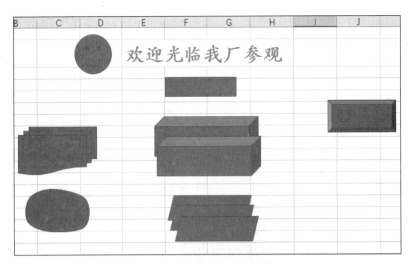

图 6-40　绘制生产车间区

（9）使用"立方体"绘制仓库，利用"泪滴形"和"心形"形状绘制职工活动中心，结果如图 6-41 所示。

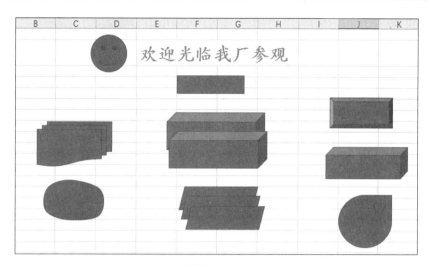

图 6-41 绘制仓库和职工活动中心

（10）利用"矩形"形状绘制公司其他的门，并使用"太阳形"绘制太阳，如图 6-42 所示。

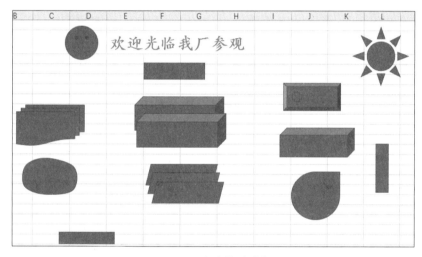

图 6-42 绘制门和太阳

（11）在"箭头总汇"区域选择"箭头：下"，在南门与办公楼之间按下鼠标左键拖动，绘制向下的箭头，如图 6-43 所示。

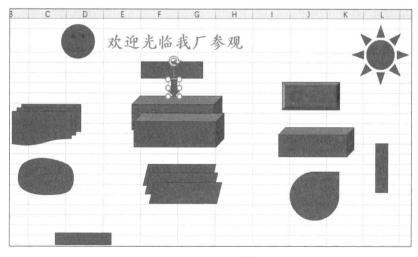

图 6-43 绘制下箭头

（12）在"线条"区域选择"连接符：肘形箭头"，将光标移动到办公楼图形上，图形的边框上显示几个灰色小点。按下鼠标左键拖动到要连接的宿舍楼图形，释放鼠标，即可在办公楼与职工宿舍之间绘制箭头连接符，如图6-44所示。

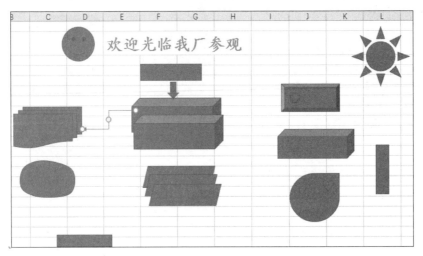

图6-44　绘制第一个箭头连接符

（13）按照与上一步同样的方法，绘制其他的箭头连接符，并使用"双箭头直线"形状绘制指北针，如图6-45所示。

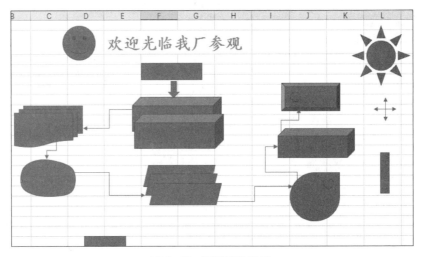

图6-45　绘制箭头结果

2. 调整图形形状

接下来调整图形的大小、形状、旋转角度等，使图形达到希望的形状要求。

（1）单击选中棱台形状，可以看到在棱台的外边框上角点和中点位置显示圆形点，在左上方显示一个黄色圆形点。拖动黄色圆形点，改变棱台的顶面面积；然后将棱台上的十字形状拖动到棱台左上角，如图6-46所示。

（2）单击选中职工活动中心（泪滴形），在"绘图工具格式"菜单选项卡中单击"旋转"按钮，在弹出的下拉菜单中选择"水平翻转"命令，如图6-47所示。

提示：
　　移动形状或调整形状外观之后，绘制的箭头连接符可能会重绘。

（3）将泪滴形上的心形拖动到右上角，然后删除职工活动中心和仓库之间的箭头连接符，重新绘制一条连接线，如图6-48所示。

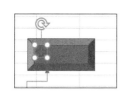
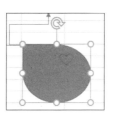
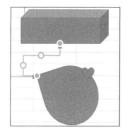

图6-46 改变棱台的顶面面积和十字形位置　　图6-47 旋转图形　　图6-48 重绘箭头连接符

（4）移动太阳和双向箭头的位置，结果如图6-49所示。

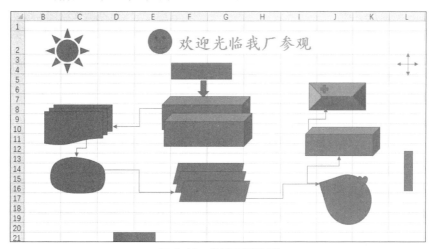

图6-49 移动图形位置

3. 编辑图形

为了让这些图形看起来更加形象、美观，可以添加文字说明，也可以为图形设置填充、边框、投影和发光效果等。

（1）右击南门形状，在弹出的快捷菜单中选择"编辑文字"命令，在形状中输入文本。然后选中文本，在"开始"菜单选项卡的"对齐方式"区域单击"垂直居中"和"居中"按钮，如图6-50所示。

（2）按照与上一步同样的方法，为其他图形添加文本说明，结果如图6-51所示。

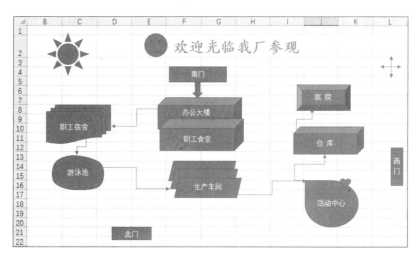

图6-50 设置文本对齐方式　　　　　　　　　图6-51 为图形添加文本

（3）选中太阳图形，单击"绘图工具格式"菜单选项卡"形状样式"区域的"形状填充"按钮，在弹出的下拉菜单中选择"其他填充颜色"命令，打开"颜色"对话框。在"自定义"选项卡中选择合适的颜色，如图 6-52 所示。

（4）单击"形状样式"区域的"形状轮廓"按钮，在弹出的下拉菜单中选择"红色"，如图 6-53 所示。

图 6-52　自定义填充颜色

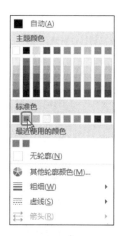

图 6-53　设置轮廓线颜色

（5）单击"形状效果"按钮，在弹出的下拉菜单中选择"发光"命令，然后在发光样式列表中选择合适的发光效果，如图 6-54 所示。

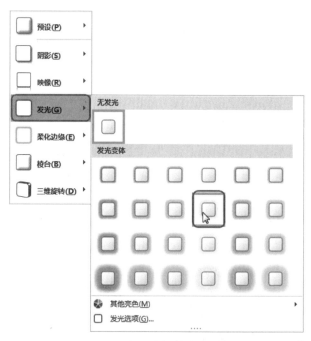

图 6-54　设置太阳的发光效果

（6）按照与上述同样的方法设置其他图形的样式，结果如图 6-55 所示。其中，游泳池使用图案填充，职工活动中心使用图片填充。

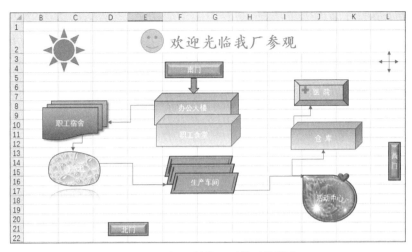

图 6-55　设置其他图形的形状样式

（7）按住 Shift 键选中所有的箭头连接符，设置轮廓线颜色为蓝色，粗细为 1.5 磅，效果如图 6-56 所示。

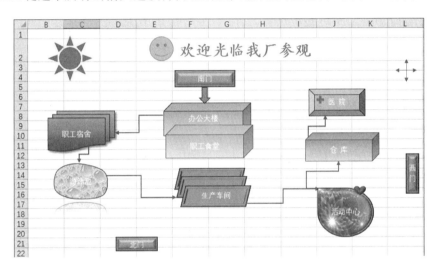

图 6-56　设置箭头连接符效果

（8）选中南门形状中的文本，在"开始"菜单选项卡的"字体"区域，设置文本颜色为深蓝色，字体加粗。用同样的方法，修改其他形状中的文本，效果如图 6-57 所示。

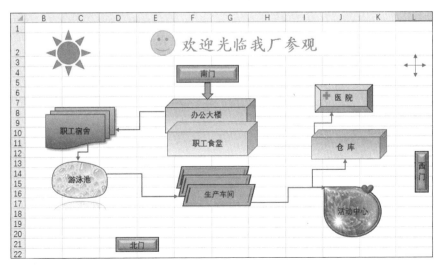

图 6-57　设置文本格式的效果

接下来输入指北针的文字说明。

（9）单击"插入"菜单选项卡"文本"区域的"文本框"按钮，在弹出的下拉菜单中选择"绘制横排文本框"命令，如图 6-58 所示。

（10）在双十字箭头的左侧按下鼠标左键拖动，绘制一个文本框，并在其中输入文字"东"，如图 6-59 所示。单击其他空白区域取消选中文本框，可以看到文本框带有一个黑色边框，且内部填充为白色。

图 6-58　选择"绘制横排文本框"命令

图 6-59　添加文本框

（11）选中文本框，单击"绘图工具格式"菜单选项卡"形状样式"区域的"形状填充"按钮，在弹出的下拉菜单中选择"无填充"命令，如图 6-60（a）所示；单击"形状轮廓"按钮，在弹出的下拉菜单中选择"无轮廓"命令，如图 6-60（b）所示。

（12）选中文本框，按住 Ctrl 键拖动复制文本框，并分别移动其他三个方向。然后修改文本框中的文本，用以指示方向，结果如图 6-61 所示。

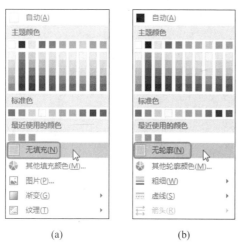

（a）　　　　　　　（b）

图 6-60　取消显示文本框的填充色和轮廓线

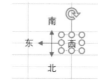

图 6-61　文本框效果

至此，公司参观路线图绘制完成，结果如图 6-32 所示。

6.4　插入其他图形

在工作表中，除了图片和形状，通常还可以插入艺术字和 SmartArt 图形来美化工作表，使表格数据一目了然。

6.4.1　使用艺术字

艺术字是一种通过特殊效果使文字突出显示的快捷方法。在 Excel 中，可以在内置的艺术字库中选择艺术字样式，也可以自定义艺术字效果。

（1）在"插入"菜单选项卡的"文本"区域单击"艺术字"按钮，弹出如图 6-62 所示的艺术字库。

（2）选择一种艺术字样式，即可在工作区添加一个文本框，如图 6-63 所示。

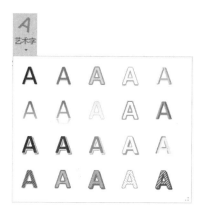

图 6-62　艺术字库

图 6-63　艺术字文本框

（3）在文本框中输入内容，并在"开始"菜单选项卡中调整字体和字号，如图6-64所示。

（4）选中艺术字，在"绘图工具格式"菜单选项卡中，可以对艺术字进行更多的样式设置，如图6-65所示。

图 6-64　插入艺术字

图 6-65　艺术字样式

❖ 文本填充：修改艺术字的填充颜色和效果，与修改形状填充的方法相同。

❖ 文本轮廓：修改艺术字的轮廓颜色和线条效果，与修改形状轮廓的方法相同。

❖ 设置填充和轮廓样式的形状效果如图6-66所示。

❖ 文本效果：为文本添加阴影、发光、映射、三维等视觉效果，如图6-67所示。

图 6-66　设置艺术字样式的效果图

图 6-67　添加发光效果

文本填充、轮廓和效果的设置方法与形状的设置方法基本相同，不再叙述。

下面简要介绍使用"转换"命令创建曲线文字的方法。

（1）选中要转换形状的艺术字，在如图6-67所示的"文本效果"下拉菜单中选择"转换"命令，弹出如图6-68所示的文字转换效果列表。

（2）单击需要的转换样式，即可将指定的样式应用到选中的文本。例如，将图6-66所示的艺术字转换为"顺时针"样式后的效果如图6-69所示。

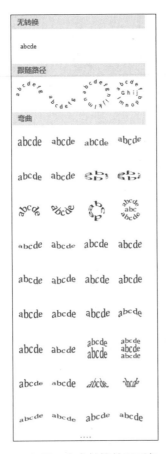

图6-68　文字转换效果列表

图6-69　将艺术字设置成顺时针样式的效果图

6.4.2　插入在线图标

Office 2019新增在线图标插入功能，在Excel 2019中可以像插入图片一样一键插入可缩放矢量图形（SVG），不仅能为工作表增添视觉趣味，而且能更直观、形象地展示信息。

（1）单击"插入"菜单选项卡"插图"区域的"图标"命令按钮，打开如图6-70所示的"插入图标"对话框。

在线图标库内置了26个分门别类的SVG图标，相比传统的网络下载，不仅种类齐全，而且使用方便。

（2）单击要插入的图标素材，选中的图标右上角显示选中标记，对话框底部的"插入"按钮变为可用状态，如图6-71所示。

（3）单击"插入"按钮，即可关闭对话框，并在当前工作表中插入图标，如图6-72所示。

由于插入的图标是矢量元素，因此可以任意变形而不必担心虚化的问题。

（4）将鼠标指针移到图标四个角上的变形手柄上，指针变为双向箭头时，按下左键拖动，可以等比例缩放图标的同时保持清晰度，如图6-73所示。

与图片相比，插入的图标还可以根据设计需要进行填充、描边，甚至拆分后分项填色。

（5）选中插入的图标，菜单功能区显示"图形工具格式"菜单选项卡。分别使用"图形填充"命令和"形状轮廓"命令填充图标并描边，效果如图6-74所示。

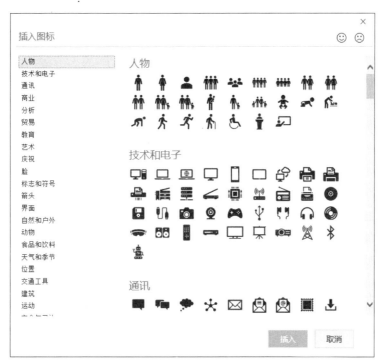

图 6-70　"插入图标"对话框

图 6-71　选中要插入的图标

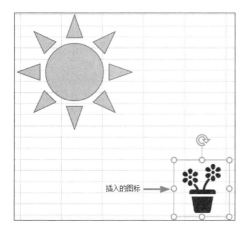

图 6-72　插入图标

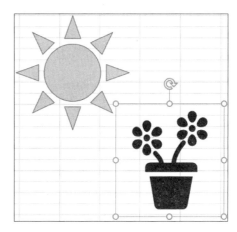

图 6-73　调整图标大小

（6）单击"图形工具格式"菜单选项卡中的"组合"命令按钮,在弹出的下拉菜单中选择"取消组合"命令,弹出一个对话框,询问用户是否将图标转换为 Microsoft Office 图形对象,如图 6-75 所示。

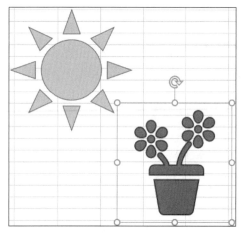

图 6-74 图标填充和描边

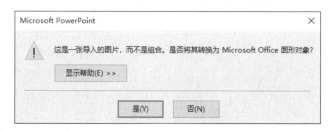

图 6-75 提示对话框

（7）单击"是"按钮,将图标转换为形状。此时,可以分项填充图标,并设置形状的效果,如图 6-76 所示。

图 6-76 分项填充图标

6.4.3 插入 SmartArt 图形

SmartArt 图形是一种信息和观点的视觉表示形式,是一系列已经成型的、表示某种关系的图形。使用 SmartArt 图形,只需单击几下鼠标,就可创建具有设计师水准的逻辑图或组织结构图。

（1）在"插入"菜单选项卡的"插图"区域,单击"SmartArt"按钮,如图 6-77 所示,弹出如图 6-78 所示的对话框。

Excel 2019 提供了八大类 SmartArt 图形,简单说明如下:

❖ 列表:用于显示非有序信息块或者分组信息块。

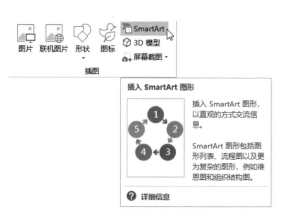

图 6-77 选择"SmartArt"命令

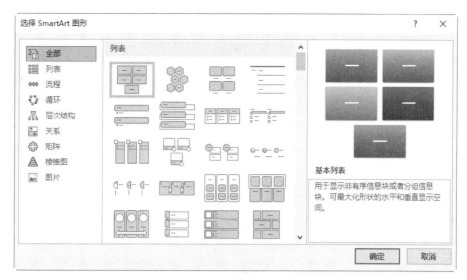

图 6-78　图示库

❖ **流程**：用于显示行进，或者任务、流程或工作流中的顺序步骤。

❖ **循环**：用于显示具有连续循环过程的流程。

❖ **层次结构**：用于显示层次递进或上下级关系。

❖ **关系**：对连接进行图形解释，显示彼此之间的关系。

❖ **矩阵**：用于显示各部分与整体之间的关系。

❖ **棱锥图**：用于显示比例、互连、层次或包含关系。

❖ **图片**：用于显示以图片表示的构思。

（2）在对话框左侧选择要插入的图示类型，然后在中间的"列表"区域单击需要的布局。例如，选择"流程"分类中的"圆形重点日程表"布局。单击"确定"按钮，即可在工作区插入图示布局，如图 6-79 所示。

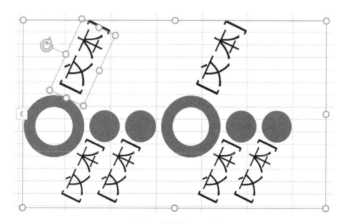

图 6-79　插入图示布局

（3）在文本框中输入图示文本，或者单击"SmartArt 工具设计"菜单选项卡中的"文本窗格"按钮 文本窗格，打开如图 6-80 所示的文本窗格输入文本。输入文本后的效果如图 6-81 所示。

（4）根据需要，在 SmartArt 图形中添加或删除形状。单击最靠近要添加新形状的位置的现有形状，在"SmartArt 工具设计"菜单选项卡的"创建图形"区域，单击"添加形状"按钮，在弹出的下拉菜单中选择形状添加的位置，如图 6-82 所示。

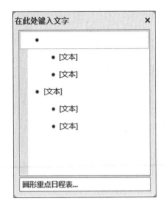

图 6-80　文本窗格

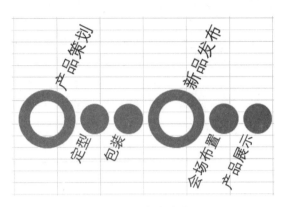

图 6-81　输入文本

如果要删除 SmartArt 图形中的形状，单击要删除的形状，然后按 Delete 键；如果要删除整个 SmartArt 图形，则单击 SmartArt 图形的边框，然后按 Delete 键。

（5）选中图示，在"SmartArt 工具设计"菜单选项卡中更改图示的主题颜色和样式，效果如图 6-83 所示。在"SmartArt 工具格式"菜单选项卡中可以更改形状和文本的效果。

图 6-82　"添加形状"下拉菜单

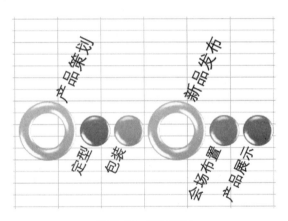

图 6-83　图示效果

提示：
　　在"SmartArt 工具设计"菜单选项卡中，可以轻松地切换 SmartArt 图形的布局。切换布局时，大部分文字和内容、颜色、样式、效果及文本格式都会自动带入新布局中。

上机练习——设计公司简介图示

练习目标

　　本节练习使用 Excel 2019 中的 SmartArt 图形设计公司简介图示。通过对实例操作步骤的讲解，读者可掌握使用 SmartArt 图形创建逻辑图或组织结构图、编辑图示格式的操作，进一步掌握插入艺术字、格式化艺术字的方法。

6-3　上机练习——设计公司简介图示

设计思路

　　首先使用内置的 SmartArt 图形创建组织结构图的布局，并使用文本窗格在布局图中输入文本说明。然后使用"SmartArt 工具设计"菜单选项卡更改图示的主题颜色和样式，并插入在线 SVG 图标。最后插入艺术字，并设置艺术字的填充和转换样式。效果如图 6-84 所示。

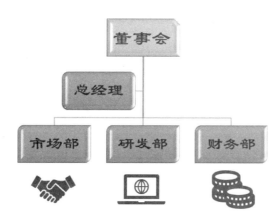

图 6-84　公司简介图示效果

操作步骤

1. 建立组织结构

（1）新建一个工作簿，在"视图"菜单选项卡的"显示"区域取消选中"网格线"复选框，如图 6-85 所示。此时工作表中不再显示浅灰色的网格线。

（2）在"插入"菜单选项卡的"插图"区域单击"SmartArt"按钮，弹出"选择 SmartArt 图形"对话框。在对话框左侧选择"层次结构"，然后在中间的图示区域单击"组织结构图"，如图 6-86 所示。

图 6-85　取消显示网格线

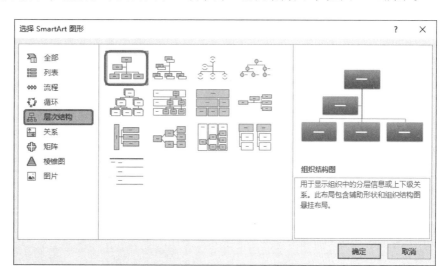

图 6-86　选择"组织结构图"

（3）单击"确定"按钮，即可在工作区插入组织结构布局图，如图 6-87 所示。

（4）在文本框中单击，输入图示文本；或者单击"SmartArt 工具设计"菜单选项卡中的"文本窗格"按钮 ，打开文本窗格输入文本。输入文本后的效果如图 6-88 所示。

2. 设置组织结构图的样式

（1）选中图示，在"SmartArt 工具设计"菜单选项卡中更改图示的主题颜色和样式，效果如图 6-89 所示。

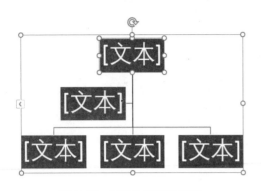

图 6-87　插入组织结构布局

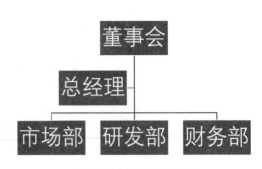

图 6-88　输入文本效果

（2）选中"董事会"，切换到"SmartArt 工具格式"菜单选项卡，单击"更改形状"按钮，在弹出的形状下拉菜单中更改形状；选中形状中的文本，切换到"开始"菜单选项卡，在"字体"区域修改文本的格式，如图 6-90 所示。

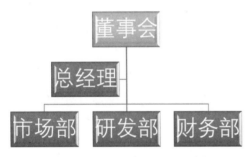

图 6-89　修改主题颜色和样式

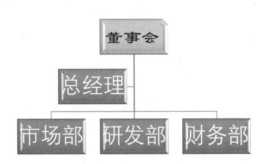

图 6-90　修改形状和文本格式

（3）按照与上一步同样的方法，修改其他形状，以及形状中的文本格式，效果如图 6-91 所示。

3. 插入图标

为了能更形象地说明各个部门的职能，接下来插入结构简单、传达力强的图标。

（1）在"插入"菜单选项卡的"插图"区域单击"图标"按钮，打开"插入图标"对话框。

（2）分别在"商业"和"贸易"分类中选中需要的图标，单击"插入"按钮插入图标。

（3）选中插入的三个图标，单击"绘图工具格式"菜单选项卡"排列"区域的"对齐"按钮，在弹出的下拉菜单中选择"底端对齐"命令。效果如图 6-92 所示。

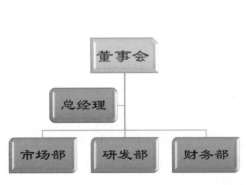

图 6-91　修改文本格式

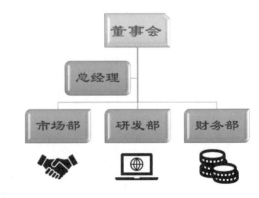

图 6-92　对齐图标的效果

（4）选中图标，在"绘图工具格式"菜单选项卡中单击"形状填充"按钮，在弹出的下拉菜单中选择一种填充色，效果如图 6-93 所示。

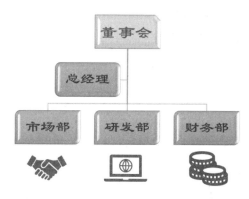

图 6-93　填充图标的效果

4. 插入艺术字

艺术字可以使表格更加美观。

（1）将鼠标定位于组织结构图的上方，在"插入"菜单选项卡的"文本"区域单击"艺术字"按钮，弹出艺术字库。

（2）选中第 1 行第 3 列的艺术字样式，在工作区中将显示一个文本框，如图 6-94 所示。

图 6-94　艺术字文本框

（3）选中文本框中的占位文本，输入"M公司简介图示"，如图 6-95 所示。

（4）选中艺术字，在"开始"菜单选项卡的"字体"区域设置字体为"隶书"。然后切换到"绘图工具格式"菜单选项卡，在"艺术字样式"区域单击"文本轮廓"按钮，设置轮廓线的颜色为蓝色。

（5）在"艺术字样式"区域单击"文本填充"按钮，在弹出的下拉列表框中选择"渐变"→"其他渐变"命令，打开"设置形状格式"面板。设置渐变类型为"路径"，然后分别修改四个渐变光圈的颜色值，如图 6-96 所示。

图 6-95　插入艺术字

图 6-96　设置渐变样式

此时，工作区中的文本效果如图 6-97 所示。

图 6-97 文本的填充效果

（6）选中要转换形状的艺术字，在"艺术字样式"区域单击"文本效果"按钮，在弹出的效果列表中选择"转换"命令。然后在转换样式列表中单击"跟随路径"的第一种转换样式，效果如图 6-98 所示。

图 6-98 艺术字转换效果

至此，公司简介图示制作完成，效果如图 6-84 所示。

6.4.4 插入 3D 模型

Excel 2019 支持在工作表中使用标准的 3D 模型来增加文档的可视感和创意感。

（1）单击"插入"菜单选项卡"插图"区域的"3D 模型"命令按钮，弹出"插入 3D 模型"对话框。单击"文件名"右侧的格式下拉按钮，可以选择要插入的 3D 模型的格式，如图 6-99 所示。

图 6-99 "插入 3D 模型"对话框

目前 Excel 2019 仅支持 fbx、obj、3mf、ply、stl 和 glb 几种 3D 格式。

（2）在文件列表中选中一个 3D 模型，单击"插入"按钮，即可在当前工作表中插入指定的模型，且 3D 模型周围显示 8 个白色的控制手柄和一个灰色的按键，如图 6-100 所示。

插入 3D 模型后，利用鼠标拖曳，可以任意改变模型的大小，或可 360°旋转模型，观察各个角度。

（3）使用鼠标拖动 3D 模型周围的白色控制手柄，可调整模型大小，如图 6-101 所示。

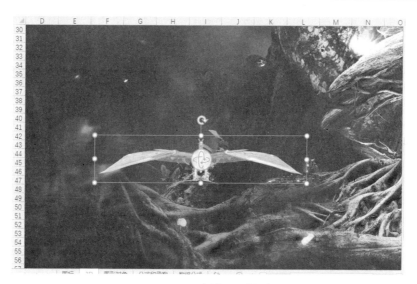

图 6-100 插入 3D 模型

图 6-101 调整 3D 模型大小

（4）使用鼠标拖动 3D 模型中间灰色的按键，可调整 3D 模型的视角，如图 6-102 所示。

图 6-102 调整 3D 模型的视角

选中 3D 模型,菜单功能区显示如图 6-103 所示的"3D 模型工具格式"菜单选项卡,在"3D 模型视图"区域也可以调整模型的视角。

图 6-103 "3D 模型工具格式"菜单选项卡

6.5 排列图形

在工作表中插入多个图形对象之后,往往还需要对插入的对象进行对齐、排列以及叠放次序等操作。

6.5.1 组合图形对象

将多个对象组合在一起,就可以对它们进行统一的操作,也可以同时更改对象组合中所有对象的属性。

(1)按住 Shift 键或 Ctrl 键单击要组合的对象,同时选中工作表中的多个对象。

(2)单击"绘图工具格式"菜单选项卡中的"组合"命令按钮 组合 。

如果要撤销组合,单击"绘图工具格式"菜单选项卡中的"组合"命令按钮,在弹出的下拉菜单中选择"取消组合"命令。

6.5.2 对齐与分布

为了使图形看起来更加整齐,可以将它们的位置进行重新分布或对齐调整。

(1)按住 Ctrl 或 Shift 键选中要对齐的多个图形对象。

(2)在"绘图工具格式"菜单选项卡中单击"对齐"按钮,弹出如图 6-104 所示的下拉菜单。

(3)单击需要的对齐或分布命令。

图 6-104 对齐和分布子菜单

6.5.3 叠放图形对象

在默认情况下,工作表中的图形对象发生重叠时,后添加的图形总是在先添加的图形之上,从而挡住下方图形。用户可以根据需要改变它们的层次关系。

(1)选中要改变层次的绘图对象。

(2)打开"绘图工具格式"菜单选项卡,在如图 6-105 所示的"排列"区域选择一种叠放次序,即可完成操作。改变层次后的效果如图 6-106 所示。

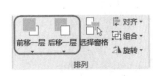

图 6-105 叠放次序命令

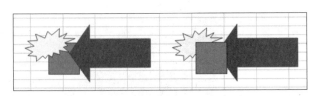

图 6-106 改变叠放层次后的效果

如果图形对象很多且相互重叠,排列图形的层次会很困难。使用"选择"窗格可以轻松解决这个问题。

(1)在"绘图工具格式"菜单选项卡的"排列"区域单击"选择窗格"命令,打开如图 6-107 所示的

"选择"窗格。

　在这里可以看到当前工作表中所有对象的名称列表。

（2）单击图形名称，即可在工作表中选中对应的图形。

（3）选中一个图形名称，按下鼠标左键拖动；或单击右上角的"上移一层"按钮▲、"下移一层"按钮▼，可以更改对象排列顺序。

（4）单击图形名称右侧的眼睛图标 ，可以修改对象的可见性。

（5）单击"全部显示"或"全部隐藏"按钮，可以同时显示或隐藏当前工作表中的所有图形。

图 6-107　"选择"窗格

6.6　实例精讲——制作产品目录

　在进行产品宣传时，一份精美的产品目录通常可以使销售量提升很多，因此产品目录的美观度是产品销售好坏的一个重要因素。

　　本节制作一份精美的产品目录，通过对操作步骤的详细讲解，读者可进一步掌握插入图片、SmartArt 图形、艺术字的操作，巩固设置图片格式和 SmartArt 图形样式的方法。

6-4　实例精讲——制作产品目录

　　首先插入艺术字作为表格标题，并设置文本效果；然后插入 SmartArt 图形，通过调整图形的大小和样式制作基本列表；接下来插入图片，并调整图片的外观样式；最后插入"爆炸"形状，添加文本修饰，效果如图 6-108 所示。

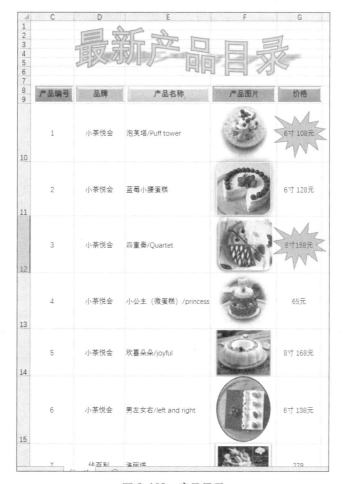

图 6-108　产品目录

操作步骤

1. 插入艺术字

艺术字是将文字变得更加美观的一种很好的方法，一般在表格标题处使用艺术字设置标题，使表格更加美观、大方。

（1）新建一个名为"产品目录.xlsx"的工作簿，在"插入"菜单选项卡的"文本"区域单击"艺术字"按钮，弹出艺术字库。

（2）选中第 1 行第 3 列的艺术字样式，然后选中文本框中的占位文本，直接输入文字"最新产品目录"，文字以指定的艺术字样式显示，如图 6-109 所示。

图 6-109　输入文字内容

（3）选中艺术字，在"绘图工具格式"菜单选项卡的"艺术字样式"区域单击"文本效果"按钮，在弹出的效果列表中选择"转换"命令。然后在转换样式列表中单击"弯曲"列表中第 5 行第 1 列的转换样式，效果如图 6-110 所示。

图 6-110　艺术字的转换效果

（4）单击"文本效果"按钮，在弹出的效果列表中选择"发光"命令，然后选择合适的发光效果，如图 6-111 所示。

图 6-111　设置发光效果

（5）单击"文本效果"按钮，在弹出的效果列表中选择"阴影"选项，然后在"透视"区域选择第 2 种阴影效果，如图 6-112 所示。

图 6-112　设置阴影效果

2. 插入 SmartArt 图形

（1）在"插入"菜单选项卡的"插图"区域，单击"SmartArt"按钮，在弹出的对话框左侧选择"列表"，然后在中间的图示区域单击"基本列表"，如图 6-113 所示。

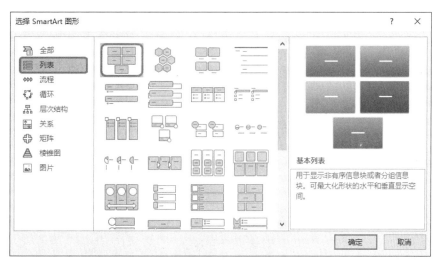

图 6-113 选择"基本列表"图示

（2）单击"确定"按钮，即可在工作区插入指定的图示布局，如图 6-114 所示。

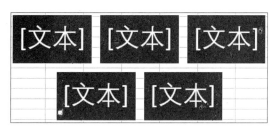

图 6-114 插入图示布局

（3）在"SmartArt 工具设计"菜单选项卡中单击"文本窗格"按钮 文本窗格，打开文本窗格输入文本。输入文本后的效果如图 6-115 所示。

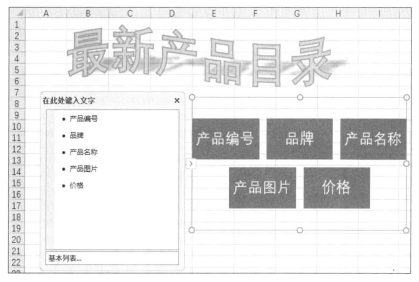

图 6-115 输入文本

（4）关闭文本窗格，选中 SmartArt 图形，将光标移动到右下角的控制手柄，当光标变为 ↖ 时，按下鼠标拖动缩放图形。然后移动图形位置，使五个图块并排在一行中，如图 6-116 所示。

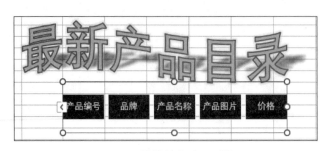

图 6-116　缩放并移动图形结果

（5）单击选中 SmartArt 图形中的图块，移动并进行缩放，结果如图 6-117 所示。

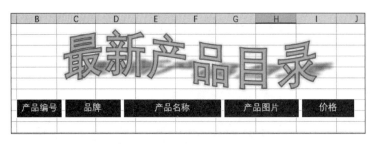

图 6-117　修改图块形状

（6）选中 SmartArt 图形，在"SmartArt 工具设计"菜单选项卡的"SmartArt 样式"区域设置图形总体外观样式。然后单击"更改颜色"按钮，在弹出的颜色列表中选择合适的颜色，如图 6-118 所示。

图 6-118　设置图形颜色

如果没有理想的预置颜色组合，可在"SmartArt 工具格式"菜单选项卡的"形状样式"区域单击"形状填充"按钮，自定义填充色。

（7）切换到"SmartArt 工具格式"菜单选项卡，在"艺术字样式"区域的艺术字样式列表中选择第一种艺术字样式，效果如图 6-119 所示。

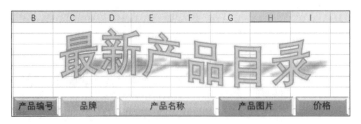

图 6-119　设置艺术字样式的效果

（8）调整艺术字及 SmartArt 图形位置，并适当调整单元格高度与宽度，结果如图 6-120 所示。

图 6-120　调整位置大小

3. 插入图片

Excel 提供了插入外部图片的功能，利用该功能可以添加漂亮的图片装饰工作表。

（1）在 SmartArt 图形下方输入产品目录文本，如图 6-121 所示。

图 6-121　输入文本

（2）选中 F10 单元格，在"插入"菜单选项卡的"插图"区域单击"图片"命令按钮，在弹出的"插入图片"对话框中单击要插入的图片，然后单击"插入"按钮。图片插入到工作表中，且左上角与 F10 单元格左上角对齐，如图 6-122 所示。

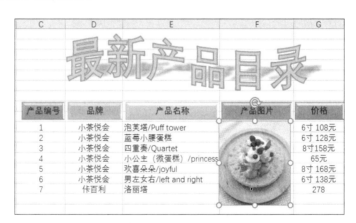

图 6-122　插入图片效果

（3）调整图片大小，然后按照与上一步同样的方法，在 F 列其他单元格中插入产品图片，并适当调整单元格高度，结果如图 6-123 所示。

4. 设置图片格式

插入的图片大小、样式可能并不是正好符合要求，常常需要进行适当的调整，以符合要求，并且尽量美观。

（1）选中第二张图片，在"图片工具格式"菜单选项卡的"大小"区域，单击"裁剪"按钮，图片显示黑色边框。将光标移动到图片边缘，按下鼠标左键向图片内侧拖动，到达目标位置后松开鼠标即可。

图片裁剪的结果如图 6-124 所示，单击空白区域确认裁剪。

产品编号	品牌	产品名称	产品图片	价格
1	小茶悦会	泡芙塔/Puff tower		6寸 108元
2	小茶悦会	蓝莓小腰蛋糕		6寸 128元
3	小茶悦会	四重奏/Quartet		8寸158元
4	小茶悦会	小公主（微蛋糕）/princess		65元
5	小茶悦会	欢喜朵朵/joyful		8寸 168元
6	小茶悦会	男左女右/left and right		6寸 138元

图 6-123 插入全部图片

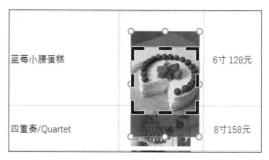

图 6-124 裁剪图片结果

（2）按照与上一步同样的方法裁剪其他图片，并且在"大小"区域的"宽度"文本框中设置图片宽度为 3 厘米，结果如图 6-125 所示。

产品编号	品牌	产品名称	产品图片	价格
1	小茶悦会	泡芙塔/Puff tower		6寸 108元
2	小茶悦会	蓝莓小腰蛋糕		6寸 128元
3	小茶悦会	四重奏/Quartet		8寸158元
4	小茶悦会	小公主（微蛋糕）/princess		65元
5	小茶悦会	欢喜朵朵/joyful		8寸 168元

图 6-125 设置图片大小

（3）按住 Ctrl 键选中所有的图片，在"图片工具格式"菜单选项卡的"排列"区域单击"对齐"按钮，在弹出的下拉菜单中选择"水平居中"命令。然后使用键盘上的方向键移动图片位置，使图片在单元格中居中。

（4）选中第一张图片，在"图片工具格式"菜单选项卡的"图片样式"区域，单击"图片样式"列表框的下拉按钮，在弹出的样式列表中选择合适的外观样式，如图 6-126 所示。

图 6-126　选择图片外观样式

（5）选中第二张图片，设置图片外观样式为"圆形对角，白色"，如图 6-127 所示。

（6）单击"图片样式"区域的"图片边框"按钮，在弹出的下拉菜单中选择"粗细"命令，设置线条宽度为 0.5 磅，结果如图 6-128 所示。

图 6-127　设置图片外观样式

图 6-128　设置图片边框线

（7）按照上述步骤，设置其他图片的格式，结果如图 6-129 所示。

5. 插入基本图形

为了增强文本说明的强调效果，可以添加图形修饰，使价格更加显眼。

（1）单击"插入"菜单选项卡"插图"区域的"形状"按钮，在弹出的形状列表中选择"星与旗帜"区域的"爆炸形：8pt"形状。在 G10 单元格上方按下鼠标左键拖动，绘制图形，效果如图 6-130 所示。

C	D	E	F	G
1	小茶悦会	泡芙塔/Puff tower		6寸 108元
2	小茶悦会	蓝莓小腰蛋糕		6寸 128元
3	小茶悦会	四重奏/Quartet		8寸158元
4	小茶悦会	小公主（微蛋糕）/princess		65元
5	小茶悦会	欢喜朵朵/joyful		8寸 168元
6	小茶悦会	男左女右/left and right		6寸 138元

图 6-129　设置所有图片格式结果

产品编号	品牌	产品名称	产品图片	化
1	小茶悦会	泡芙塔/Puff tower		
2	小茶悦会	蓝莓小腰蛋糕		6寸 128元

最新产品目录

图 6-130　绘制爆炸形图形

（2）在形状上单击鼠标右键，在弹出的快捷菜单中选择"设置形状格式"命令，打开"设置形状格式"面板。设置填充颜色为"红色"，透明度为"67%"，如图 6-131 所示。

（3）展开"线条"选项，设置线条样式为"实线"，颜色为"红色"，透明度为"35%"，如图 6-132所示。

（4）按下 Ctrl 键的同时，在形状上按下鼠标左键拖动到 G12 单元格，如图 6-133 所示。

至此，产品目录制作完成，效果如图 6-108 所示。

图 6-131　设置填充颜色

图 6-132　设置图形效果

图 6-133　复制并移动图形

答 疑 解 惑

1. 如何设置图片的样式?

答: 单击要设置样式的图片, 在 "图片工具格式" 菜单选项卡的 "图片样式" 区域, 单击 "图片样式" 列表框上的下拉按钮, 在弹出的下拉列表框中选择一种样式。

2. 插入新的 Smart Art 图形的快捷键是什么？

答：插入新的 Smart Art 图形的快捷键是 Alt+N+M。

3. 怎样使形状在 Smart Art 图形中不可见？

答：单击要隐藏的形状，在"Smart Art 工具格式"菜单选项卡的"形状样式"区域，单击"形状填充"按钮右侧的下拉按钮，选择"无填充颜色"选项，然后单击"形状轮廓"按钮右侧的下拉按钮，选择"无轮廓"选项。

4. 如何使用纹理作为 Smart Art 图形的背景？

答：右击 Smart Art 图形的边框，在弹出的快捷菜单中单击"设置对象格式"命令，打开"设置形状格式"面板。展开"填充"选项，选中"图片或纹理填充"单选按钮，然后单击"纹理"右侧的下拉按钮，选择需要的纹理。

5. 快速编辑 SmartArt 图形的步骤有哪些？

答：（1）调整位置和大小；（2）调整布局；（3）修改文字。

6. 如何将 SmartArt 转换为形状或图片？

答：首先选中 SmartArt 图形中的部分或全部构件，并复制，然后粘贴到其他位置，粘贴的形状即为单个图形形状。

学习效果自测

一、选择题

1. 在 Excel 2019 中插入图片、屏幕截图后，功能区会出现（　　）菜单选项卡。

　　A. 图片工具格式　　　　　　　　　　　　B. 绘图工具格式

　　C. 图片工具设计　　　　　　　　　　　　D. SmartArt 工具格式

2. 下列关于形状的说法正确的是（　　）。

　　A. 在形状中添加文本之后，如果旋转或翻转形状，文字不会随之旋转或翻转

　　B. 在形状列表中单击选择需要的形状后，在工作区单击，即可绘制形状

　　C. 锁定绘图模式后，在工作区单击即可多次绘制同一形状，而不必每次都选择形状

　　D. 在 Excel 2019 中，只能选择内置的形状，不能创建新的形状

3. 下列关于艺术字的说法正确的是（　　）。

　　A. 插入的艺术字是一种图片

　　B. 在艺术字库中选择的艺术字样式不可以修改

　　C. 使用"形状填充"按钮，可以修改艺术字的填充效果

　　D. 使用"绘图工具格式"菜单选项卡可以设置艺术字的样式

4. 下列关于 SmartArt 图形的说法不正确的是（　　）。

　　A. 单击 SmartArt 图形中的形状，按 Delete 键可删除 SmartArt 图形

　　B. 插入 SmartArt 图形后，还可以在图形中添加形状

　　C. 插入 SmartArt 图形后，切换 SmartArt 图形的布局，颜色、样式、效果和文本格式会自动带入新布局中

　　D. 使用"SmartArt 工具设计"菜单选项卡可更改图示的主题颜色和样式

5. 下列说法错误的是（　　）。

　　A. 要排列图形的叠放次序，可以使用"绘图工具格式"菜单选项卡

　　B. 单击"图片效果"右侧的下拉按钮，可以删除图片的背景

　　C. 使用"更改图片"命令替换图片时，图片的大小和位置不变

　　D. 使用"图片版式"命令可以将所选图片转换为 SmartArt 图形

二、操作题

1. 熟悉绘制基本图形的操作。
2. 设置形状格式，并应用三维效果。
3. 把绘制好的多个图形对齐，并把其中的三个图形组合成一组。
4. 练习在工作表中插入一幅图片，并设置图片格式。
5. 使用 SmartArt 图形创建一幅逻辑图。

第 7 章

数 据 计 算

本章导读

　　Excel 2019 提供了非常强大的计算功能，可以运用公式和函数对工作表数据进行计算与分析。

　　公式与函数是 Excel 电子表格的核心部分，如果没有公式，电子表格在很大程度上就失去了意义。运用公式，Excel 可以自动根据数据源更新计算结果。如果需要经常进行一些繁琐的计算，可以把数据直接代入函数中，Excel 自动返回计算结果。

学习要点

❖ 常用的单元格引用类型
❖ 使用单元格引用和公式计算数据
❖ 使用函数进行复杂计算

7.1　数据计算规则

通常，公式由一个或多个单元格地址、值和数学运算符构成，也就是由运算符和操作数组成。操作数的表达形式包括：地址、常量、名字、函数、公式；运算符对公式中的元素进行特定类型的运算。

7.1.1　运算符

Excel 常用的运算符包括：算术运算符、比较运算符、字符串连接运算符和引用运算符。下面简要介绍这四种类型的运算符。

1. 算术运算符

算术运算符通常用于完成基本的数学运算，如表 7-1 所示。

表 7-1　算术运算符列表

算术运算符	含义（示例）	算术运算符	含义（示例）
+（加号）	加法运算 (6+3)	/（正斜线）	除法运算 (15/3)
–（减号）	减法运算 (5–4)、负 (–1)	%（百分号）	百分比 (20%)
*（星号）	乘法运算 (3*7)	^（插入符号）	乘幂运算 (6^2)

2. 比较运算符

比较运算符（表 7-2）用于比较两个值，结果是一个逻辑值，不是 TRUE 就是 FALSE。

表 7-2　比较运算符列表

比较运算符	含义（示例）	比较运算符	含义（示例）
=（等号）	等于 (A1=B1)	>=（大于等于号）	大于或等于 (A1>=B1)
>（大于号）	大于 (A1>B1)	<=（小于等于号）	小于或等于 (A1<=B1)
<（小于号）	小于 (A1<B1)	<>（不等号）	不相等 (A1<>B1)

3. 字符串连接运算符

字符串连接运算符使用符号 (&) 加入或连接一个或多个文本字符串以产生一串文本。

表 7-3　字符串连接运算符

字符串连接运算符	含义（示例）
&（和号）	将两个文本值连接或串起来产生一个连续的文本值 ("Hello"&"World") 会产生 "HelloWorld"

4. 引用运算符

引用运算符用于将单元格区域合并计算，如表 7-4 所示。

表 7-4　引用运算符

引用运算符	含义（示例）
:（冒号）	区域运算符，包括在两个引用之间的所有单元格的引用 (B3:B12)
,（逗号）	联合运算符，将多个引用合并为一个引用 (SUM(B5:B15,D5:D15))
（空格）	交叉运算符，产生对两个引用共有的单元格的引用 (B7:D7 C6:C8)

7.1.2 运算符的优先级

如果公式中同时用到了多个运算符，Excel 按表 7-5 所示的顺序进行运算。如果公式中包含相同优先级的运算符，则从左到右进行计算。

表 7-5 公式中运算符的优先级

运 算 符	说 明
：（冒号）　（单个空格），（逗号）	引用运算符
－	负号（例如 −1）
%	百分比
^	乘幂
* 和 /	乘和除
+ 和 −	加和减
&	连接两个文本字符串（连接）
= < > <= >= <>	比较运算符

7.1.3 类型转换

在公式中，每个运算符都需要特定类型的数值与之对应。如果输入的数值类型与所需的类型不一致，Excel 有时会自动将数值进行类型转换，如表 7-6 所示。

表 7-6 公式中数值类型转换

公　式	产生结果	说　　明
="3"+"9"	"12"	使用加号时，Excel 会认为公式中的运算项为数字。虽然公式中使用引号来说明 "3" 和 "9" 是文本型数值，但是 Excel 会自动将它们转换为数字
="$2.00"+3	5	当公式中需要数字时，Excel 会将其中的文本项自动转换成数字
="TEXT"&TRUE	TEXTTRUE	需要文本时，Excel 会将数字和逻辑型数值转换成文本

7.2 引用单元格

引用的作用在于标识工作表上的单元格或单元格区域，并指明公式中使用的数据的位置。通过引用，可以在公式中使用工作表不同部分的数据，或者在多个公式中使用同一个单元格的数值。还可以引用同一个工作簿中不同工作表中的单元格或其他工作簿中的数据。引用不同工作簿中的单元格称为链接。

7.2.1 引用类型

1. 相对引用

相对引用使用字母标识列（从 A 到 IV，共 256 列）和数字标识行（从 1 到 65 536）标识单元格的相对位置。例如，E2 引用列 E 和行 2 交叉处的单元格。

如果公式所在单元格的位置改变，引用也随之改变。如果多行或多列地复制公式，引用会自动调整。例如，如果将单元格 C7 中的相对引用复制到单元格 D7，将自动从 "=SUM(C3+C4+C5+C6)" 调整到 "=SUM（ D3+D4+D5+D6 ）"，如图 7-1 所示。

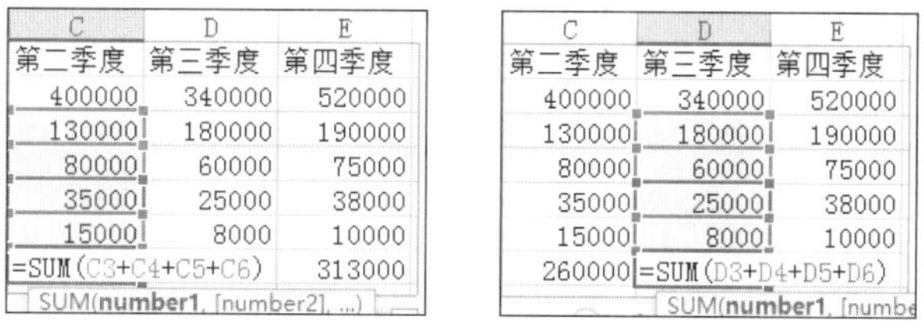

图 7-1　复制的公式具有相对引用

相对引用样式的示例如表 7-7 所示。

表 7-7　相对引用样式示例

引 用 区 域	引 用 方 式
列 A 和行 10 交叉处的单元格	A10
在列 A 和行 10 到行 20 之间的单元格区域	A10:A20
在行 15 和列 B 到列 E 之间的单元格区域	B15:E15
行 5 中的全部单元格	5:5
行 5 到行 10 之间的全部单元格	5:10
列 H 中的全部单元格	H:H
列 H 到列 J 之间的全部单元格	H:J
列 A 到列 E 和行 10 到行 20 之间的单元格区域	A10:E20

2. 绝对引用

绝对引用（例如 $A$1）总是在指定位置引用单元格。如果公式所在单元格的位置改变，绝对引用保持不变。如果多行或多列地复制公式，绝对引用也不作调整。

例如，在如图 7-2 所示的工作表中的 F4 单元格中输入公式"=$D$4*$E$4"，按 Enter 键完成输入。然后将 F4 单元格中的公式复制到 F5 中，会发现 F5 单元格中的公式也是"=$D$4*$E$4"，如图 7-3 所示。也就是说，复制绝对公式后，公式中所引用的仍然是原单元格数据。

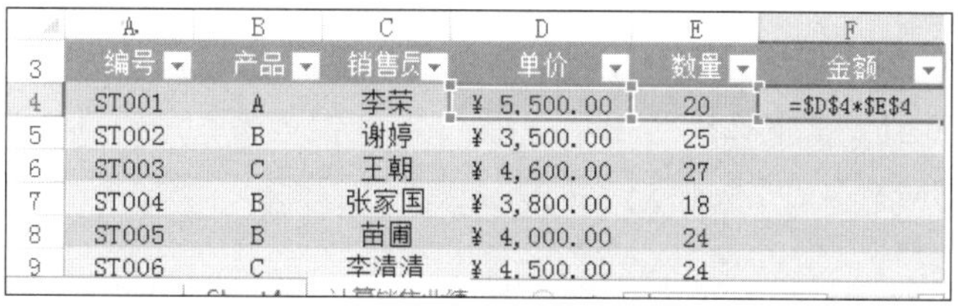

图 7-2　输入公式

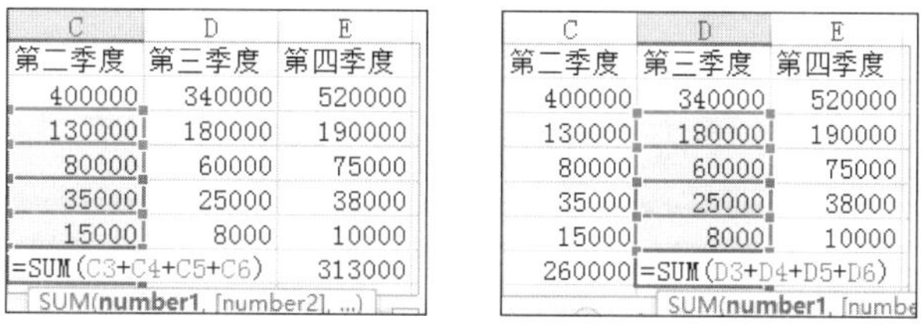

图 7-3　复制公式

3. 混合引用

混合引用具有绝对列和相对行，或是绝对行和相对列。绝对引用行采用 A$1、B$1 等形式；绝对引用列采用 $A1、$B1 等形式。

如果公式所在单元格的位置改变，相对引用改变，而绝对引用不变。如果多行或多列复制公式，相对引用自动调整，而绝对引用不作调整。例如，如果将一个混合引用 "=A\$3" 从 B3 复制到 C4，它将调整为 "=B\$3"。

7.2.2 引用同一工作簿中不同工作表中的单元格

如果要引用其他工作表中的单元格，则在引用的单元格名称前面加上要引用的区域所处的工作表名称和 "！" 号。

例如，使用 SUM 函数计算同一个工作簿中名为 new 的工作表中 B1:B10 区域内的和，则在单元格中应输入 "=SUM(new!B1:B10)"。

提示：

工作表名称可以使用英文单引号引用，也可以省略。Excel 默认都会加上单引号。

 **知识拓展：**

三 维 引 用

如果要分析同一工作簿中多张工作表上的相同单元格或单元格区域中的数据，可以使用三维引用。三维引用包含单元格或区域引用，前面加上工作表名称的范围。Excel 使用存储在引用开始名和结束名之间的任何工作表。

例如，"=SUM(Sheet2:Sheet10!B5)" 计算包含在 B5 单元格内所有值的和，单元格取值范围为工作表 Sheet2 到工作表 Sheet10。

需要注意的是，三维引用不能与交叉引用运算符（空格）一起使用。

7.2.3 引用其他工作簿中的单元格

如果要引用其他工作簿中的单元格，除了要在引用的单元格名称前面加上引用的区域所处的工作表名称和 "！" 号，还要加上工作簿的名称，且名称使用英文的方括号 [ ] 引用。

例如，要在当前工作表中计算工作簿 "出纳 .xlsx" 中 "银行日记账" 工作表 C2：C9 单元格的总和，则应在单元格中输入 "=SUM（'[出纳 .xlsx] 银行日记账'!C2:C9)"。

提示：

工作簿及工作表名称可以使用英文单引号引用，也可以省略。Excel 默认都会加上单引号。

7.3　使用公式进行数据计算

工作表使用公式执行数据计算。公式是在工作表中对数据进行分析的等式，它可以对工作表数值进行加法、减法和乘法等运算，也可以在公式中使用各种函数。

公式可以引用同一工作表中的其他单元格、同一工作簿中不同工作表的单元格，或者其他工作簿的工作表中的单元格。

7.3.1 使用单元格引用计算数据

Excel 的公式有自己的语法规则，即以等号开头，后面紧跟操作数和运算符，其中操作数可以是常数、单元格名称或工作表函数。

　　如果要在公式中引用单元格，可以在输入公式时直接输入单元格的引用，也可以在需要引用单元格时，单击该单元格。

　　（1）打开或建立一张工作表，选中要引用单元格进行计算的单元格，如图 7-4 所示的单元格 E2。

　　（2）在编辑栏中输入"="，然后单击要引用的第一个单元格 B2，此时，编辑栏和 E2 单元格中自动出现"=B2"，如图 7-5 所示。

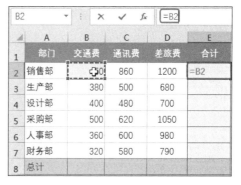

图 7-4　待计算的单元格　　　　　　　　图 7-5　引用单元格

 注意　　　　输入公式时必须先输入 =，否则只将输入的内容填入选定的单元格中。

　　（3）在编辑栏中输入运算符"+"，然后单击 C2 单元格。同样的方法，单击 D2 单元格。此时，编辑栏和 E2 单元格中都会显示自动生成的公式，如图 7-6 所示。

　　（4）在编辑栏单击"输入"按钮 ✔，或按 Enter 键得到计算结果，如图 7-7 所示。

图 7-6　引用单元格　　　　　　　　　　图 7-7　公式的计算结果

　　（5）再次选定单元格 E2，将鼠标指针指到选定单元格右下角，此时鼠标指标变成十字形 ✚。

　　（6）按住鼠标左键向下拖动到单元格 E7，释放鼠标，得到运算结果，如图 7-8 所示。

图 7-8　计算结果

在 Excel 中，单元格中的公式也可以像单元格中的其他数据一样进行编辑，例如，修改、复制和移动。操作方法与对单元格中数据的操作类似，本节不再赘述。

 注意　复制公式时，公式中的绝对引用不改变，但相对引用会自动更新；移动公式时，公式中的单元格引用不改变。

上机练习——设计销售工作表

 练习目标　本节练习使用 Excel 记录某销售员每个月的销售记录，从而计算当月的销售总额。通过对操作步骤的详细讲解，读者可以掌握直接输入公式、复制公式，以及在公式中使用单元格引用的操作方法。

7-1　上机练习——设计销售工作表

 设计思路　首先创建销售工作表，并格式化；然后在编辑栏输入公式计算销售金额；最后使用填充柄将公式复制到其他单元格，得到计算结果，结果如图 7-9 所示。

	A	B	C	D	E
1	编号	产品名称	单价	数量	金额
2	1	台式电脑	6188	2	12376
3	2	台式电脑	5480	1	5480
4	3	平板电脑	5600	1	5600
5	4	笔记本电脑	9888	1	9888
6	5	组装台式	4500	3	13500
7	6	台式电脑	5008	2	10016
8	7	笔记本电脑	10299	1	10299
9	8	组装台式	4280	2	8560
10	9	台式电脑	4998	2	9996
11					
12				总金额：	85715

图 7-9　销售工作表

操作步骤

首先创建销售工作表，并在工作表中输入基本数据。

（1）新建一个空白的 Excel 工作簿，保存为"销售工作表.xlsx"，然后在默认生成的工作表中输入数据，如图 7-10 所示。

接下来分别使用直接输入公式与复制公式的方法，填充"销售工作表"的其余数据。

（2）单击选中 E2 单元格，在编辑栏输入公式"=C2*D2"，如图 7-11 所示。

	A	B	C	D	E
1	编号	产品名称	单价	数量	金额
2	1	台式电脑	6188	2	
3	2	台式电脑	5480	1	
4	3	平板电脑	5600	1	
5	4	笔记本电脑	9888	1	
6	5	组装台式	4500	3	
7	6	台式电脑	5008	2	
8	7	笔记本电脑	10299	1	
9	8	组装台式	4280	2	
10	9	台式电脑	4998	2	

图 7-10　创建销售工作表

图 7-11　在编辑栏输入公式

（3）单击编辑栏上的"输入"按钮，或直接按 Enter 键，在 E2 单元格显示计算结果，如图 7-12 所示。

（4）单击选中 E2 单元格，将光标移动到单元格右下角，当光标变为十字 **+** 时，按下鼠标左键向下拖动至 E10 单元格，然后释放鼠标左键，即可将 E2 单元格中的公式复制到下方的单元格区域，并显示计算结果，如图 7-13 所示。

图 7-12　计算结果 　　　　　　　　　　　图 7-13　复制公式

下面在单元格中输入公式计算销售金额。

（5）选中 D12 单元格，在单元格中输入文本"总金额："，如图 7-14 所示。

图 7-14　输入文本

（6）选中 E12 单元格，在单元格中输入"="后，单击 E2 单元格；然后输入"+"，单击 E3 单元格。依此类推，直到 E10 单元格。此时单元格中显示公式"=E2+E3+E4+E5+E6+E7+E8+E9+E10"，如图 7-15 所示。

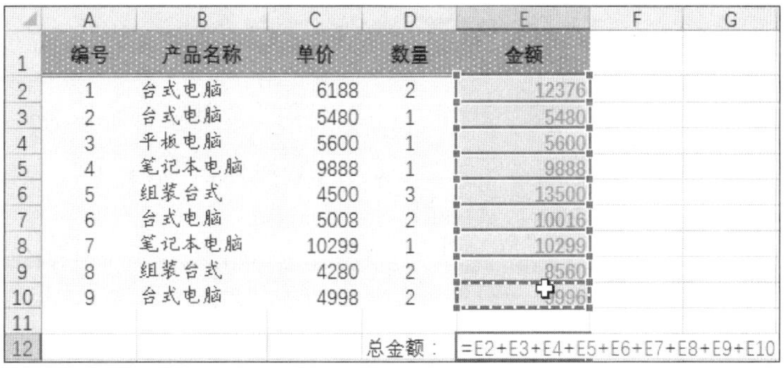

图 7-15　输入公式

（7）按 Enter 键，即可在 E12 单元格中显示计算结果，如图 7-9 所示。

7.3.2　使用名称计算数据

在公式中使用名称可以使访问者更容易理解公式的含义。例如，公式"=SUM(交通费)"要比公式

"=SUM(B2:B7)"更容易理解。

名称可用于所有的工作表。例如，如果名称"差旅费"引用了工作簿中第一个工作表的区域 D2:D7，则工作簿中的所有工作表都使用名称"差旅费"来引用第一个工作表中的区域 D2:D7。

（1）在工作表中选中要定义名称的单元格区域，如图 7-16 所示。如果已定义名称，则跳转到第（3）步。

（2）在"公式"菜单选项卡中单击"定义名称"命令按钮，弹出如图 7-17 所示的"新建名称"对话框。"名称"文本框中自动填充列标题，用户也可以自定义名称；"引用位置"显示选中的单元格区域。单击"确定"按钮关闭对话框。

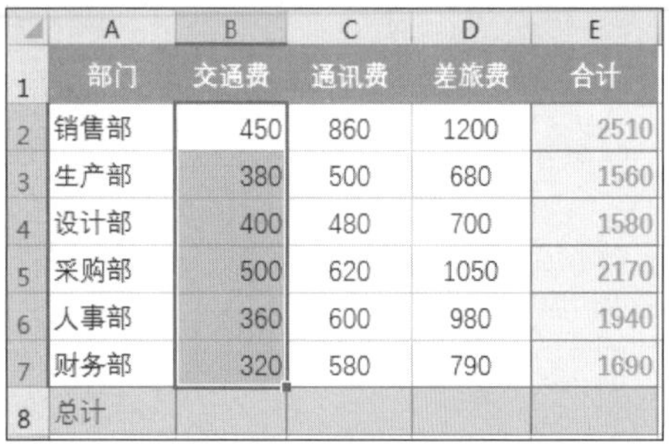

	A	B	C	D	E
1	部门	交通费	通讯费	差旅费	合计
2	销售部	450	860	1200	2510
3	生产部	380	500	680	1560
4	设计部	400	480	700	1580
5	采购部	500	620	1050	2170
6	人事部	360	600	980	1940
7	财务部	320	580	790	1690
8	总计				

图 7-16 选中要定义名称的区域

图 7-17 "新建名称"对话框

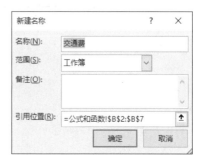

（3）选中要进行计算的单元格，例如 B8，在单元格中输入"=SUM(交通费)"，按 Enter 键，即可得到各部门交通费的总和，如图 7-18 所示。

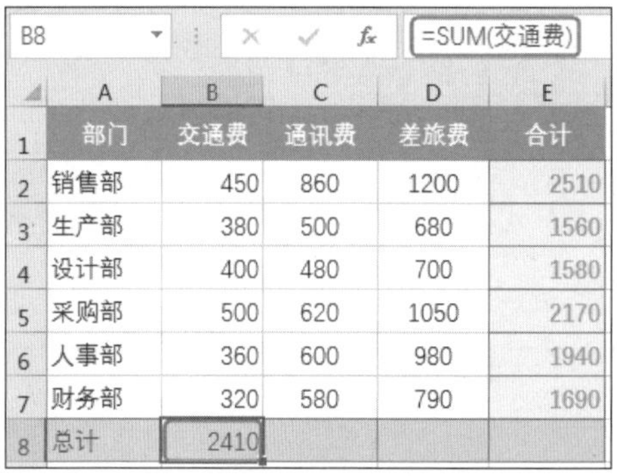

	A	B	C	D	E
1	部门	交通费	通讯费	差旅费	合计
2	销售部	450	860	1200	2510
3	生产部	380	500	680	1560
4	设计部	400	480	700	1580
5	采购部	500	620	1050	2170
6	人事部	360	600	980	1940
7	财务部	320	580	790	1690
8	总计	2410			

图 7-18 使用名称计算的结果

7.4 应用函数进行复杂计算

在 Excel 中，函数就是系统预定义的内置公式，通过使用一些称为参数的特定数值，并按特定的顺序或结构执行简单或复杂的计算。参数是运用函数进行计算所必需的初始值，可以是数字、文本、逻辑值或者单元格的引用，也可是常量公式或其他函数。

使用函数可以加快输入和计算速度，并减少错误的发生。用户还可以自定义常用的函数，完成特定的数据计算。

7.4.1 函数分类

Excel 中的函数按功能进行分类如表 7-8 所示。

表 7-8 函数按功能进行分类

分 类	功 能 简 介
数据库工作表函数	分析数据清单中的数值是否符合特定条件

续表

分 类	功 能 简 介
日期与时间函数	在公式中分析和处理日期值和时间值
工程函数	用于工程分析
信息函数	确定存储在单元格中数据的类型
财务函数	进行一般的财务计算
逻辑函数	进行逻辑判断或者进行复合检验
统计函数	对数据区域进行统计分析
查找和引用函数	在数据清单中查找特定数据或者找一个单元格的引用
文本函数	在公式中处理字符串
数学和三角函数	进行数学计算
多维数据集	用于处理由维度和度量值的集合定义的多维数组
兼容性	用于与 Excel 早期版本兼容
Web	用于返回 Intranet 或 Internet 上的特定数据

7.4.2　使用函数计算数据

　　如果要创建含有函数的公式，使用"插入函数"对话框有助于用户，尤其是初学者，了解函数结构，并正确设置函数参数。

　　（1）选中要插入公式的单元格。

　　（2）在"公式"菜单选项卡中单击"插入函数"按钮 f_x ，弹出如图 7-19 所示的"插入函数"对话框。

图 7-19　"插入函数"对话框

　　（3）在"或选择类别"下拉列表框中选择需要的函数类别，然后在"选择函数"列表框中选择需要的函数，例如"AVERAGE"函数，对话框底部将显示对应函数的语法和说明。

　　如果对需要使用的函数不太了解或者不会使用，可以在"插入函数"对话框顶部的"搜索函数"文本框中输入一条自然语言，例如"计算平均值"，然后单击"转到"按钮，将返回一个用于完成该任务的推荐函数列表，如图 7-20 所示。

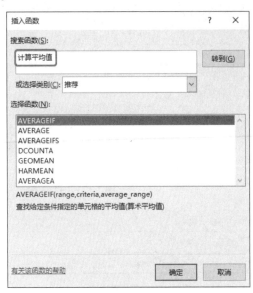

图 7-20 推荐函数列表

（4）单击"确定"按钮，弹出如图 7-21 所示的"函数参数"对话框。输入要计算的单元格名称或单元格区域。或者单击参数文本框右侧的 按钮，在工作表中选择要计算的数据区域，此时，"函数参数"对话框折叠到最小，单击对话框右侧的 按钮，即可展开对话框。

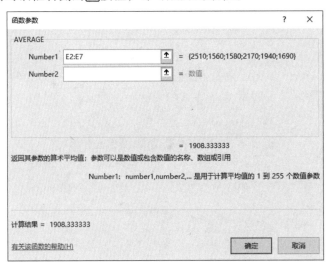

图 7-21 "函数参数"对话框

（5）单击"确定"按钮，即可输入函数，并计算结果，如图 7-22 所示。

部门	交通费	通讯费	差旅费	合计	
销售部	450	860	1200	2510	1908.333
生产部	380	500	680	1560	
设计部	400	480	700	1580	
采购部	500	620	1050	2170	
人事部	360	600	980	1940	
财务部	320	580	790	1690	
总计	2410				

图 7-22 函数的计算结果

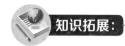

知识拓展：

函数参数

除了一部分不带参数的函数之外，大部分函数都需要输入一定数量的参数。参数主要有以下六类对象：

（1）名称。例如，“=SUMIF(销售 !$B$3:$B$50,B3, 销售 !$D$3:$D$100)”。

（2）整行或整列。例如，“=SUM(A:A)”表示对 A 列数据进行求和。

（3）常数。例如，“=SQRT(225)”就是使用值作为参数，表示求 225 的平方根。

（4）表达式。例如，“=SQRT((A1^2)+(A2^3))”，表示计算表达式 (A1^2)+(A2^3) 的计算结果的平方根。

（5）其他函数。例如，“=SIN(RADIANS(A1))”，表示先将 A1 单元格数据角度值转换为弧度值，再计算其正弦值。

（6）数组。例如，“=OR(B3={1,20,22,25})”，表示如果 B3 单元格的内容是 1、20、22 和 25 中的任意数字，则计算结果为 TRUE，否则返回 FALSE。

上机练习——评定销售人员的业绩

练习目标

本节练习使用 AND( ) 函数对销售人员的业绩进行评定，通过对操作步骤的讲解，读者可以掌握使用函数计算数据的方法。

7-2 上机练习——评定销售人员的业绩

设计思路

首先在编辑栏或单元格中直接输入 AND( ) 函数，通过设置函数参数，得到一个布尔型的计算结果；然后使用填充柄复制函数到其他单元格，得到其他计算结果。如图 7-23 所示，如果 3 种产品的销量均大于等于 30 件，则在“评定”栏中以 TRUE 标记；如果 3 种产品的销量中有一种小于 30 件，则标记为 FALSE。

操作步骤

（1）单击选中 E3 单元格，在编辑栏中输入函数“=AND(B3>=30,C3>=30, D3>=30)”，如图 7-24 所示。

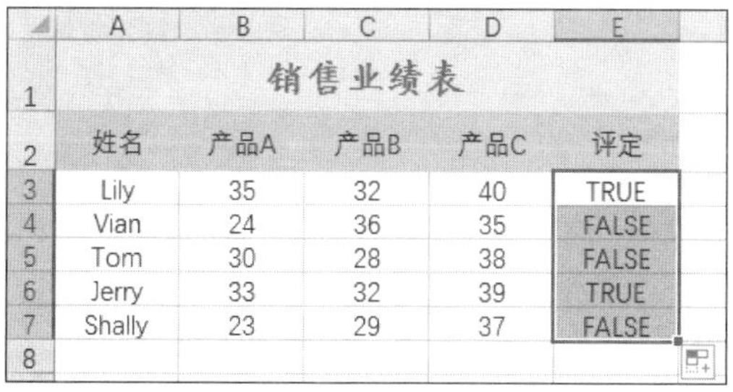

	A	B	C	D	E
1	销售业绩表				
2	姓名	产品A	产品B	产品C	评定
3	Lily	35	32	40	TRUE
4	Vian	24	36	35	FALSE
5	Tom	30	28	38	FALSE
6	Jerry	33	32	39	TRUE
7	Shally	23	29	37	FALSE
8					

图 7-23 销售业绩评定表

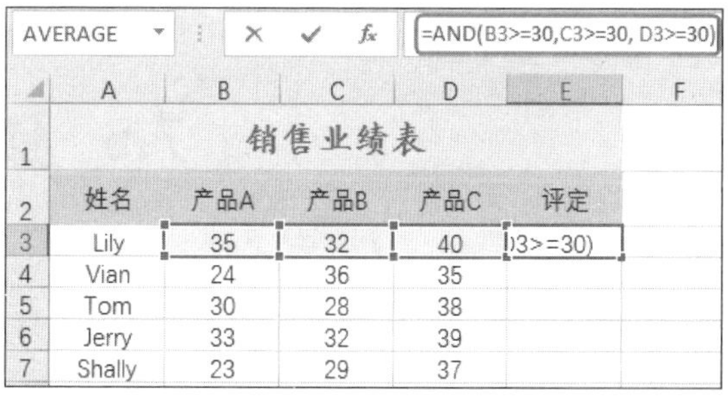

	A	B	C	D	E	F
1	销售业绩表					
2	姓名	产品A	产品B	产品C	评定	
3	Lily	35	32	40	D3>=30)	
4	Vian	24	36	35		
5	Tom	30	28	38		
6	Jerry	33	32	39		
7	Shally	23	29	37		

图 7-24 输入 AND() 函数

AND( ) 函数在所有参数的逻辑值为真时，返回 TRUE；只要一个参数的逻辑值为假，即返回 FALSE。

语法：AND(logical1,logical2, ...)

其中，logical1, logical2, ... 表示待检测的 1~30 个条件值，各个条件值必须是逻辑值 TRUE 或 FALSE，或者包含逻辑值的数组或引用。如果数组或引用参数中包含文本或空白单元格，则忽略这些值。如果指定的单元格区域内包括非逻辑值，则返回错误值 #VALUE!。

（2）单击编辑栏上的“输入”按钮，即可在 E3 单元格显示计算结果，如图 7-25 所示。

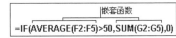

图 7-25　计算结果

（3）选中 E3 单元格，将光标移动到单元格右下角，当光标变为十字 **＋** 时，按下鼠标左键向下拖动至 E7，填充 E4：E7 单元格。结果如图 7-23 所示。

如果希望在评定栏填充自定义的评定等级，如"通过""未通过"，而不是默认的 TRUE 或 FALSE，则在单元格中输入公式"=AND(B3>=30,C3>=30, D3>=30),＂通过＂＂未通过＂"。

7.4.3　嵌套函数

函数还可以用作其他函数的参数，构成嵌套函数。嵌套函数返回的数值类型必须与参数使用的数值类型相同。例如，如果参数返回一个布尔值 TRUE 或 FALSE，那么嵌套函数也必须返回一个布尔值。否则，将显示 #VALUE! 错误。

图 7-26 中的公式嵌套使用 AVERAGE 函数，并将结果与值 50 进行比较。

```
          嵌套函数
=IF(AVERAGE(F2:F5)>50,SUM(G2:G5),0)
```

图 7-26　嵌套函数示例

> 提示：公式中最多可以包含七层嵌套。Excel 2019 新增了一些功能强大的多条件判断函数 IFS、MAXIFS、MINIFS，不需要层层嵌套，就可以很直观地表示多达 127 个不同条件和结果。此外，还新增了多列合并函数 CONCAT、多区域合并函数 TEXTJOIN 等，对经常处理庞大数据的用户来说，能极大地提高办公效率。使用新函数需要注意的是兼容性问题，即新函数只能在最新版 Office 365 或 Office 2019 中打开，否则会显示公式出错。

7.5　使用数组公式

本章前几节介绍的公式都是执行单个计算，并且返回单个结果。本节将介绍数组公式，可以同时执行多个计算并返回一个或多个结果。

Excel 中的数组公式分为两类：区域数组是一个矩形的单元格区域,该区域中的单元格共用一个公式；常量数组则是将一组给定的常量用作某个公式中的参数。

7.5.1　创建区域数组

（1）选中用于存放计算结果的单元格或单元格区域，例如，如图 7-27 所示的 G3:G10。

如果希望数组公式返回一个结果，则单击需要输入数组公式的单元格；如果希望数组公式返回多个结果，则选定需要输入数组公式的单元格区域。

图 7-27　需要建立的成绩工作表

（2）输入数组公式。例如，在编辑栏中输入公式"=B3:B10+C3:C10+D3:D10+E3:E10+F3:F10"，如图 7-28 所示。

图 7-28　在编辑栏中输入公式

注意　　数组公式中的每个数组参数必须有相同数量的行和列。

（3）按 Ctrl+ Shift+ Enter 键，得到计算结果，如图 7-29 所示。

图 7-29　数组公式的计算结果

提示:　　输入数组公式后，Excel 会自动在公式两侧插入大括号 {}。

如果在第（1）步选择单元格 G3，而不是单元格区域 G3:G10，输入第（2）步中的数组公式得到的计算结果只有一个，是所有成绩的总和，而不是某一名学员的成绩总分。

注意 如果数组公式返回多个结果，要删除该数组公式时，必须删除整个数组公式。

7.5.2 创建常量数组

在数组公式中，通常都使用单元格区域引用（例如 7.4 节的实例），当然也可以直接输入数值数组。直接输入的数值数组称为常量数组，可包含不同类型的数值。

数组公式可以按与非数组公式相同的方式使用常量，但是必须按以下特定格式输入常量数组：

❖ 直接在公式中输入数值，并且用大括号 {} 括起来。

❖ 不同列的数值用逗号分开。

❖ 不同行的数值用分号分开。

例如，可以在数组公式中输入 {1，3，4；TRUE，FALSE，TRUE}，来替换在两行的三列单元格中分别输入 1，3，4 和 TRUE，FALSE，TRUE。数组常量中的数字可以使用整数、小数或科学记数格式；文本必须包含在半角的双引号内，例如 "Tomas"。

注意 常量数组不能包含单元格引用、长度不等的行或列、公式或特殊字符 $（美元符号）、括弧或 %（百分号）。

7.6 审 核 公 式

使用"公式审核"工具栏提供的工具，可以检查公式与单元格之间的相互关系，并指出错误。在使用审核工具时，追踪箭头将指明哪些单元格为公式提供了数据，哪些单元格包含相关的公式。

在"公式"菜单选项卡的"公式审核"区域，即可查看公式审核工具，如图 7-30 所示。

利用工具栏上的相应按钮可以完成以下功能：追踪对活动单元格进行引用的公式、追踪为公式提供数据的单元格、显示当前工作表中的所有公式、错误检查、追踪含有错误值的单元格。

图 7-30 "公式审核"工具栏

7.6.1 追踪引用单元格

使用"追踪引用单元格"工具可以查看活动单元格引用了哪些单元格进行计算。

（1）单击引用了单元格的包含公式的单元格。

（2）在"公式审核"工具栏上单击"追踪引用单元格"按钮，将显示由直接为其提供数据的单元格指向活动单元格的追踪线，如图 7-31 所示。

E2			f_x	=B2+C2+D2
	A	B	C	D	E
1	部门	交通费	通讯费	差旅费	合计
2	销售部	450	860	1200	2510
3	生产部	380	500	680	1560
4	设计部	400	480	700	1580

图 7-31 追踪引用单元格

在"公式审核"工具栏上单击"移去箭头"按钮，可以隐藏追踪箭头。

7.6.2 追踪从属单元格

使用"追踪从属单元格"工具可以显示箭头,指示哪些单元格的值受活动单元格的影响。

(1)单击要追踪数据的单元格。

(2)在"公式审核"工具栏上单击"追踪从属单元格"按钮,将显示由活动单元格指向受其影响的单元格的追踪线,如图7-32所示。

图7-32 追踪从属单元格

双击追踪箭头可以选定该箭头另一端的单元格;使用"Ctrl+]"可以定位到所选单元格的引用单元格。

7.6.3 公式求值器

公式求值工具用于调试复杂的公式,分步计算公式的各个部分,帮助用户验证计算是否正确。

(1)选中要调试的公式所在的单元格。

(2)在"公式审核"工具栏上单击"公式求值"按钮,弹出如图7-33所示的对话框。

图7-33 "公式求值"对话框

(3)单击"求值"按钮,可以在"求值"文本框中看到带下划线的表达式的计算结果。单击"步入"按钮,可以显示当前正在求值的单元格的值,如图7-34所示。

(4)求值完成后,单击"关闭"按钮关闭对话框。

图 7-34　步入结果

7.7　实例精讲——计算销售业绩奖金

为了评判绩效奖金，需要把部门的所有销售员的业绩做一个对比，评出最优秀的销售员并给予奖励。销售工作表可以用来作为每个销售人员的必备工作表，以统计自己的工作量，也可以作为公司统计每个员工工作的一种方法。

本节练习在众多的销售记录中找到最优秀的销售员，并计算相应的业绩奖金。通过对操作步骤的详细讲解，读者可进一步理解格式化表格的方法，掌握各种公式和函数的基本操作，以及公式的引用方法。

7-3　实例精讲——计算
销售业绩奖金

首先格式化数据表，然后使用公式和填充柄计算每位销售员的销售金额，最后使用函数计算总的销售金额、找到最高销售额和相应的奖金，结果如图 7-35 所示。

	A	B	C	D	E	F
1			销售业绩分析表			
2	日期：	年　月			系数：	2%
3	编号 ▼	产品 ▼	销售员 ▼	单价 ▼	数量 ▼	金额 ▼
4	ST001	A	李荣	¥ 5,500.00	20	¥ 110,000.00
5	ST002	B	谢婷	¥ 3,500.00	25	¥ 87,500.00
6	ST003	C	王朝	¥ 4,600.00	27	¥ 124,200.00
7	ST004	B	张家国	¥ 3,800.00	18	¥ 68,400.00
8	ST005	B	苗圃	¥ 4,000.00	24	¥ 96,000.00
9	ST006	C	李清清	¥ 4,500.00	24	¥ 108,000.00
10	ST007	A	范文	¥ 5,300.00	16	¥ 84,800.00
11	ST008	B	李想	¥ 3,600.00	25	¥ 90,000.00
12	ST009	C	陈材	¥ 4,800.00	22	¥ 105,600.00
13	ST010	C	文龙	¥ 4,850.00	20	¥ 97,000.00
14	ST011	A	谢婷	¥ 5,400.00	18	¥ 97,200.00
15	ST012	C	苗圃	¥ 4,900.00	23	¥ 112,700.00
16						
17				总金额：		¥ 1,181,400.00
18				最高销售额：		¥ 124,200.00
19				奖金：		¥ 2,484.00

图 7-35　工作表

操作步骤
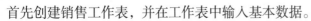

首先创建销售工作表，并在工作表中输入基本数据。

（1）创建一个销售工作表并格式化，然后将其保存为"销售工作表 .xlsx"，如图 7-36 所示。

图 7-36　创建销售工作表

接下来利用公式的直接输入与复制，完成"销售工作表"的其余数据的填充。

（2）单击选中 F4 单元格，将光标移动到编辑栏单击，然后在编辑栏输入公式"=D4*E4"，如图 7-37 所示。

图 7-37　在编辑栏输入公式

（3）按 Enter 键，即可在 E2 单元格填充数据结果。

（4）单击选中 F4 单元格，并将光标移动到其边框右下角的位置，当光标变为黑色十字时，按下鼠标左键向下拖动至 F15 单元格。释放鼠标左键，即可将 F4 单元格中的公式复制到其下方的单元格区域，并显示计算结果，如图 7-38 所示。

图 7-38　复制公式

在如图 7-37 所示的图中，选中 F4:F15 单元格区域，在编辑栏输入公式"=D4*E4"后，按组合键 Ctrl+Enter，也可得到如图 7-38 所示的结果。

接下来输入公式计算销售总额。

（5）单击选中 E17 单元格，输入文本内容"总金额："，如图 7-39 所示。

（6）双击 F17 单元格，光标变为闪烁的竖线形式，直接在 F17 单元格中输入公式"=SUM(F4:F15)"，如图 7-39 所示。

	A	B	C	D	E	F
3	编号	产品	销售员	单价	数量	金额
4	ST001	A	李荣	¥ 5,500.00	20	¥ 110,000.00
5	ST002	B	谢婷	¥ 3,500.00	25	¥ 87,500.00
6	ST003	C	王朝	¥ 4,600.00	27	¥ 124,200.00
7	ST004	B	张家国	¥ 3,800.00	18	¥ 68,400.00
8	ST005	B	苗圃	¥ 4,000.00	24	¥ 96,000.00
9	ST006	C	李清清	¥ 4,500.00	24	¥ 108,000.00
10	ST007	A	范文	¥ 5,300.00	16	¥ 84,800.00
11	ST008	B	李想	¥ 3,600.00	25	¥ 90,000.00
12	ST009	C	陈材	¥ 4,800.00	22	¥ 105,600.00
13	ST010	C	文龙	¥ 4,850.00	20	¥ 97,000.00
14	ST011	A	谢婷	¥ 5,400.00	18	¥ 97,200.00
15	ST012	C	苗圃	¥ 4,900.00	23	¥ 112,700.00
16						
17					总金额：	=SUM(F4:F15)

图 7-39　输入公式

（7）输入完成后，按 Enter 键，显示结果。

接下来通过计算找出销售业绩最好的销售员。

（8）在 E18 单元格中输入文本"最高销售额："，然后在 F18 单元格中输入公式"=MAX(F4:F15)"，按 Enter 键即可显示结果。

（9）使用条件格式突出显示符合条件的单元格。选中单元格区域 F4：F15，在"开始"菜单选项卡的"样式"区域单击"条件格式"按钮，在弹出的下拉菜单中选择"突出显示单元格规则"子菜单中的"等于"命令，弹出如图 7-40 所示的"等于"对话框。

图 7-40　"等于"对话框

（10）单击第一个文本框右侧的选择按钮，在工作表中选择 F18 单元格，或直接在文本框中输入 "=$F$18"，然后在"设置为"下拉列表框中选择"浅红填充色深红色文本"。单击"确定"按钮关闭对话框。此时的工作表如图 7-41 所示。

下面的步骤计算销售业绩最好的销售员可以拿到的奖金。

（11）在 E2 单元格中输入文本"系数："，在 F2 单元格中输入本单位的奖励系数，假设为 2%。在 E19 单元格中输入文本"奖金："。

（12）选中 F19 单元格，切换到"公式"菜单选项卡，单击"插入函数"按钮，在弹出的"插入函数"对话框中选择函数"PRODUCT"，如图 7-42 所示。

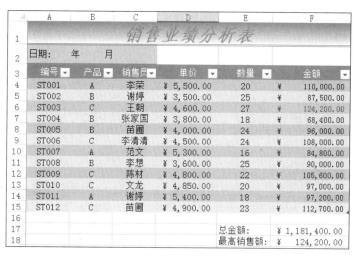

图 7-41 应用条件格式

图 7-42 选择函数

（13）单击"确定"按钮，在弹出的"函数参数"对话框中单击参数右侧的"选择"按钮，在工作表中分别选择 F6 和 F2，如图 7-43 所示。

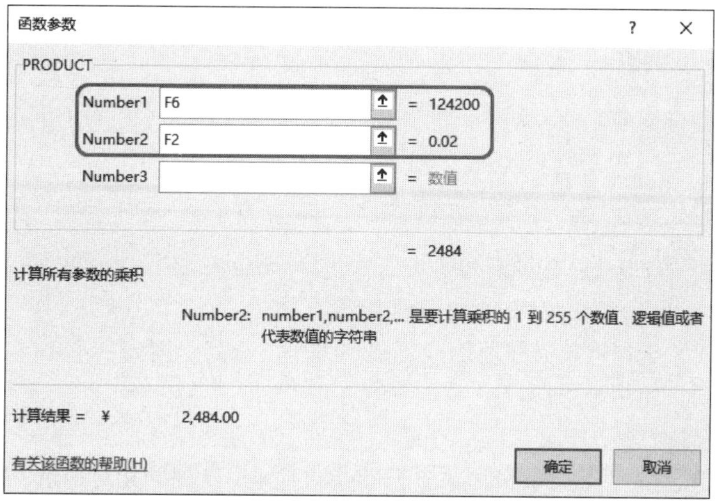

图 7-43 设置函数参数

（14）单击"确定"按钮关闭对话框，最终的工作表如图 7-35 所示。

答 疑 解 惑

1. 相对引用和绝对引用有什么区别？

答：相对引用在复制时，引用会随着复制的方向不同而发生变化；而绝对引用无论公式复制到什么位置，引用都不会发生变化。

2. 公式中一般包括哪几部分内容？

答：在公式中，一般包括下列部分或全部内容：函数、引用、运算符和常量。

3. 在输入函数公式时，经常由于不熟练或输入错误等，出现错误提示，并且显示的错误提示不尽相同，这是为什么？

答：计算公式和函数时，如果在相关单元格中显示的不是计算结果，而是表 7-1 所示的错误提示，表示公式和函数的语法有错误。

4. 怎样快速进行求和运算？

答：选择要进行求和的单元格区域，按快捷键"Alt+="，不仅可以快速输入函数名称，同时还能确认函数的参数。

5. 怎样取消公式记忆式输入？

答：打开"Excel 选项"对话框，单击"公式"分类，在"使用公式"区域取消选中"公式记忆式键入"复选框。

6. 怎样在计算结果的单元格中始终显示公式？

答：在"公式"菜单选项卡的"公式审核"区域选中"显示公式"命令按钮。

7. 如何隐藏单元格中的零值？

答：打开"Excel 选项"对话框，单击"高级"分类，在"此工作表中显示选项"区域，取消选中"在具有零值的单元格中显示零"复选框。

学习效果自测

一、选择题

1. 在单元格中输入 "=" 中国 "&"China"" 按 Enter 键，在该单元格中显示结果为（　　）。

    A. 中国 "&" China   B. 中国 China

    C. #NAME？   D. 中国 &China

2. 单元格引用方式不包括（　　）。

    A. 相对引用   B. 绝对引用

    C. 混合引用   D. 直接引用

3. Excel 绝对地址引用的符号是（　　）。

    A.？   B. $ C.#   D.！

4. 下列有关"引用"的说法正确的有（　　）。

    A. 单元格的引用可以分为绝对引用和相对引用

    B. 采用相对引用，无论将单元格剪切或复制到哪里，都将引用同一个单元格

    C. 采用相对引用，使用 $ 号标记

    D. 以上选项都正确

5. 在 Excel 的公式运算中，如果要引用第 6 行的绝对地址，D 列的相对地址，则地址表示为（　　）。

    A. D$6   B. D6   C. $D6   D. $D6

6. 关于 Excel 单元格中公式的说法，不正确的是（　　　）。

    A. 只能显示公式的值，不能显示公式

    B. 能自动计算公式的值

    C. 公式值随所引用的单元格的值的变化而变化

    D. 公式中可以引用其他工作簿中的单元格

7. D3 单元格中的数值为 70，若公式为"=D3<=60"，则运算结果为（　　　）。

    A. FALSE   B. TRUE   C. N   D. Y

8. 在 Excel 2019 中，输入结束按 Enter 键、Tab 键或用鼠标单击编辑栏的（　　　）按钮均可确认输入。

    A. Esc   B. =   C. ×   D. √

9. 在 Excel 的一个工作表中，A1 和 B1 单元格里的数值分别为 6 和 3，如果在 C1 单元格的编辑框中输入"=A1*B1"并按 Enter 键，则在 C1 单元格显示的内容是（　　　）。

    A. 18   B. A1*B1   C. 63   D. 9

10. 在 Excel 中，设 A1 单元格的值为李明，B2 单元格的值为 89，若在 C3 单元格输入"=A1"数学"B2"，则显示值为（　　　）。

    A. A1 数学 B2   B. 李明"数学"89

    C. "李明"数学"89"   D. 李明数学 89

11. 在单元格 F3 中，求 A3、B3 和 C3 三个单元格数值的和，不正确的形式是（　　　）。

    A. =$A$3+$B$3+$C$3   B. SUM(A3，C3)

    C. =A3+B3+C3   D. SUM(A3：C3)

12. "=AVERAGE（A4：D16）"表示求单元格区域 A4：D16 的（　　　）。

    A. 平均值   B. 和   C. 最大值   D. 最小值

13. 在单元格中输入"=6+16+MIN（16，6）"，将显示（　　　）。

    A. 38   B. 28   C. 22   D. 44

14. 在 C2 单元格中输入公式"=A1*0.5+B1*0.5"，正确的操作步骤是（　　　）。

    ① 输入 A1*0.5+B1*0.5   ② 按 Enter 键

    ③ 在编辑栏输入"="   ④ 把光标放在 C2 单元格

    A. ①②③④   B. ②①③④   C. ④③②①   D. ④③①②

15. 在文明班级卫生得分统计表中，总分和平均分是通过公式计算出来的，如果改变二班卫生得分，则（　　　）。

    A. 要重新修改二班的总分和平均分

    B. 重新输入计算公式

    C. 总分和平均分会自动更正

    D. 会出现错误信息

16. 在 Excel 中进行公式复制时，（　　　）发生改变。

    A. 相对地址中的地址偏移量   B. 相对地址中所引用的单元格

    C. 绝对地址中的地址表达式   D. 绝对地址中所引用的单元格

17. 已知 A1 单元格中的公式为："=AVERAGE(B1:F6)"，将 B 列删除之后，A1 单元格中的公式将调整为（　　　）。

    A. =AVERAGE (#REF!)   B. =AVERAGE (C1:F6)

    C. =AVERAGE (B1:E6)   D. =AVERAGE (B1:F6)

18. 已知 A1 单元格中的公式为："=D2*$E3"，如果在 D 列和 E 列之间插入一个空列，在第 2 行和第 3 行之间插入一个空行，则 A1 单元格中的公式调整为（　　　）。

    A. =D2*$E2   B. =D2*$F3   C. =D2*$E4   D. =D2*$F4

19.制作九九乘法表。在工作表的表格区域 B1：J1 和 A2：A10 中分别输入数值 1~9 作为被乘数和乘数，B2：J10 用于存放乘积。在 B2 单元格中输入公式（　　　），然后将该公式复制到表格区域 B2：J10 中，便可生成九九乘法表。

A. =$B1*$A2　　　　　B. =$B1*A$2　　　　　C. =B$1*$A2　　　　　D. =B$1*A$2

20.已知 B1 单元格和 C1 单元格中存放有不同的数值，并且 B1 单元格已命名为"总量"，B2 单元格中有公式"=A2/总量"。若重新将"总量"指定为 C1 单元格的名字，则 B2 单元格中的（　　　）。

A. 公式与内容均变化　　　　　　　　　B. 公式变化，内容不变

C. 公式不变，内容变化　　　　　　　　D. 公式与内容均不变

21.设 B3 单元格中的数值为 20，在 C3，D4 单元格中分别输入 "="B3"+8" 和 "=B3+"8""，则（　　　）。

A. C3 单元格与 D4 单元格中均显示 28

B. C3 单元格中显示 #VALUE！，D4 单元格中显示 28

C. C3 单元格中显示 8，D4 单元格中显示 20

D. C3 单元格中显示 8，D4 单元格中显示 #VALUE！

22.在 Excel 中，各运算符的优先级由高到低的顺序为（　　　）。

A. 算术运算符、比较运算符、字符串连接符

B. 算术运算符、字符串连接符、比较运算符

C. 比较运算符、字符串连接符、算术运算符

D. 字符串连接符、算术运算符、比较运算符

二、填空题

1. Excel 2019 中主要有 _____、_____、_____ 和 _____ 4 种运算符。

2. 在 Excel 中，在输入数据时输入前导符 _____ 表示要输入公式。

3. 在 Excel 中，若在某单元格内输入 5 除以 7 的计算结果，可输入 _____。

4. 在 Excel 2019 中，单元格地址根据它被复制到其他单元格后是否会改变，分为 _____、_____ 和 _____ 三种引用方式。

5. Excel 中的"："为区域运算符，表示 B5 到 B10 所有单元格的引用为 _____。

6. SUM（B2:B10）表示意思为 _____。

7. 公式 "=100+2>200" 的计算结果为 _____。

8. 若单元格 B2=10，B3=20，B4=30，则函数 SUM（B2,B4）的值为 _____；函数 SUM（B2:B4）的值为 _____。

第 8 章

使 用 图 表

本章导读

图表是 Excel 日常办公中最常用的工具之一，能将工作表数据之间的复杂关系用图形表示出来，使数据易于阅读和评价。与工作表相比，它能够更加直观、形象地反映数据的趋势和对比关系。

学习要点

- ❖ 创建图表
- ❖ 更改图表的类型和格式
- ❖ 添加及改变图表中的文本和数据
- ❖ 添加趋势线和误差线

8.1　认　识　图　表

在开始学习创建 Excel 图表之前，有必要先对图表的结构和类型有一个初步的认识。

8.1.1　图表结构

图表的基本组成示例如图 8-1 所示。

❖ 图表区：整个图表及其包含的元素。

❖ 绘图区：以坐标轴为界并包含全部数据系列的区域。

❖ 网格线：可添加到图表中以易于查看和计算数据的线条，是坐标轴上刻度线的延伸，并穿过绘图区。主要网格线标出了轴上的主要间距，用户还可在图表上显示次要网格线，用以标示主要间距之间的间隔。

❖ 数据标志：图表中的条形、面积、圆点、扇面或其他符号，代表源于数据表单元格的单个数据点或值，例如图 8-1 中的条形。具有相同样式的数据标志代表一个数据系列。

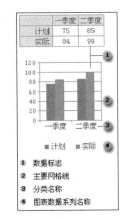

图 8-1　图表的基本组成示例

❖ 数据系列：源自数据表的行或列的相关数据点。图表中的每个数据系列具有唯一的颜色或图案，并且在图表的图例中表示。例如，图 8-1 中的图表有两个数据系列，绿色的条形代表计划产量，紫色的条形代表实际产量。

❖ 分类名称：通常将工作表数据中的行或列标题作为分类名称。例如，在图 8-1 中的图表中，"一季度"和"二季度"为分类名称。

❖ 图例：图例是一个方框，用于标识数据系列或分类的图案或颜色。

❖ 图表数据系列名称：通常将工作表数据中的行或列标题作为系列名称，出现在图表的图例中。在图 8-1 的图表中，行标题"计划"和"实际"以系列名称出现。

8.1.2　图表类型

选择要创建图表的数据单元格区域之后，在"插入"菜单选项卡的"图表"区域单击右下角的扩展按钮，弹出"插入图表"对话框。切换到"所有图表"选项卡，可以看到 Excel 2019 提供了丰富的图表类型，每种图表类型还包含一种或多种子类型，如图 8-2 所示。

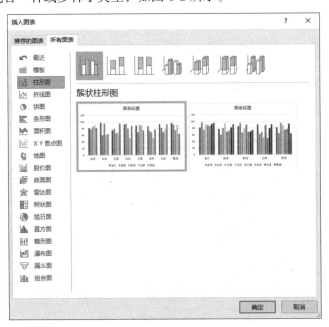

图 8-2　"插入图表"对话框

Excel 2019 内置的图表类型简要介绍如下：

1. 柱形图

柱形图可以显示一段时间内数据的变化，或者描述各项数据之间的差异；堆积柱形图用来显示各项与整体的关系；三维柱形图可以沿两条坐标轴对数据点进行比较，如图 8-3 所示。

在柱形图中，通常沿水平轴（即 X 轴）组织类别，沿垂直轴（即 Y 轴）组织数值。

2. 折线图

折线图以等间隔显示数据的变化趋势，如图 8-4 所示。在折线图中，类别数据沿水平轴均匀分布，数值数据沿垂直轴均匀分布。

图 8-3　柱形图示例　　　　　　　　　　　　　　　图 8-4　折线图示例

3. 饼图

饼图以圆心角不同的扇形显示某一数据系列中每一项数值与总和的比例关系，在需要突出某个重要项时十分有用，如图 8-5 所示。

如果要使一些小的扇区更容易查看，可以在紧靠主图表的一侧生成一个较小的饼图或条形图，用来放大较小的扇区。

4. 条形图

条形图用于显示特定时间内各项数据的变化情况，或者比较各项数据之间的差别，如图 8-6 所示。

　　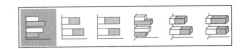

图 8-5　饼图示例　　　　　　　　　　　　　　　图 8-6　条形图示例

在条形图中，类别数据通常显示在垂直轴上，数值显示在水平轴上，以突出数值的比较。

5. 面积图

面积图强调幅度随时间的变化量，如图 8-7 所示。在面积图中，类别数据通常显示在水平轴上，数值数据显示在垂直轴上。

6. XY 散点图

散点图（图 8-8）有两个数值轴，沿水平轴（X 轴）方向显示一组数值数据，沿垂直轴（Y 轴）方向显示另一组数值数据。它可以按不等间距显示出数据，有时也称为簇。XY 散点图多用于科学数据，显示和比较数值。

图 8-7　面积图示例　　　　　　　　　　　　　　图 8-8　XY 散点图示例

7. 地图

地图是 Excel 2019 新增的一种图表类型，通过在地图上以深浅不同的颜色标识地理位置，实现跨地理区域分析和对比数据，如图 8-9 所示。目前可以实现省一级（不必加入"省"字）的地理位置识别，制作销售业绩报表非常方便，可读性高、一目了然。

8. 股价图

股价图用于描述股票价格走势，如图8-10所示。也可以用于科学数据，例如随温度变化的数据。在生成这种图形时，必须注意以正确的顺序组织数据。

图8-9　地图示例

图8-10　股价图示例

9. 曲面图

曲面图与拓扑图形类似，在寻找两组数据之间的最佳组合时很有用。曲面图的颜色和图案用来指示在同一个取值范围内的区域，如图8-11所示。

10. 雷达图

雷达图中的每个分类都拥有自己的数值坐标轴，这些坐标轴由中点向外辐射，并由折线将同一系列中的值连接起来，如图8-12所示。可以用来比较若干数据系列的总和值。

图8-11　曲面图示例

图8-12　雷达图示例

11. 树状图

树状图按数值的大小比例进行划分，而且每个方格显示不同的色彩，清晰明了，如图8-13所示。

12. 旭日图

旭日图也称为太阳图，是一种圆环镶接图，可以清晰表达层级和归属关系，便于进行细分溯源分析，了解事物的构成情况，如图8-14所示。

每一个圆环代表同一级别的比例数据，离原点越近的圆环级别越高，最内层的圆表示层次结构的顶级。除了圆环，旭日图还有若干从原点放射出去的"射线"，用于展示不同级别数据之间的脉络关系。

13. 直方图

直方图是用于展示数据的分组分布状态的一种图形，常用于分析数据分布比重和分布频率。使用方块（称为"箱"）代表各个数据区间内的数据分布情况，如图8-15左图所示。

图8-13　树状图示例

图8-14　旭日图示例

图8-15　直方图示例

此外，还可以为已经生成的直方图增加累积频率排列曲线，代表各个数据区间所占比重逐级累积上升的趋势，如图8-15右图所示，该图也称为排列图。

14. 箱形图

箱形图可以很方便地一次看到一批数据的最大值、3/4 四分值、1/2 四分值、1/4 四分值、最小值和离散值，是一种查看数据分布的有效方法，如图 8-16 所示。

15. 瀑布图

瀑布图采用绝对值与相对值相结合的方式，用于展示多个特定数值之间的数量变化关系，如图 8-17 所示，适用于分析财务数据。

16. 漏斗图

漏斗图也称倒三角图，是 Excel 2019 新增的一种图表类型，由堆积条形图演变而来，适用于对比显示流程中多个阶段的值。通常情况下，值逐渐减小，从而使条形图呈现出漏斗形状，如图 8-18 所示。

图 8-16　箱形图示例　　　　　　图 8-17　瀑布图示例　　　　　　图 8-18　漏斗图示例

 注意　在创建漏斗图之前，应该先降序排列数据。

17. 组合图

组合图是将两个或两个以上的数据系列用不同类型的图表显示，如图 8-19 所示。因此要创建组合图，必须至少选择两个数据系列。

图 8-19　组合图示例

8.1.3　创建图表

在 Excel 中创建图表很方便，只需在图表工具栏上选择需要的图表类型即可。图表工具栏位于"插入"菜单选项卡的"图表"区域，如图 8-20 所示。

插入图表步骤如下。

（1）选定数据。选择图表中要包含的数据单元格，例如选择图 8-21 工作表中的数据区域 A2:F10。

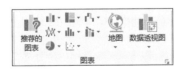

图 8-20　图表工具栏

	A	B	C	D	E	F
1	某班期末考试成绩统计表					
2	姓名	语文	数学	物理	化学	英语
3	吴用	82	78	85	91	82
4	刘洋	98	60	95	62	64
5	王朝	75	80	66	68	95
6	马汉	92	94	80	51	88
7	王强	89	69	90	89	74
8	赵四	87	73	68	50	77
9	文武	93	82	69	79	92
10	程绪	96	91	74	91	63

图 8-21　示例工作表

（2）选择图表类型。在图表工具栏中单击一个图表按钮，在弹出的下拉列表中选择子图表类型，例如"三维簇状柱形图"，如图 8-22 所示。将鼠标移到某一种图表类型上时，工作表中将显示该类型的图表预览。

如果不知道选择什么类型的图表，可以单击"推荐的图表"按钮，在弹出的对话框中选择需要的类型。如图 8-23 所示为创建的图表。

图 8-22　选择图表类型

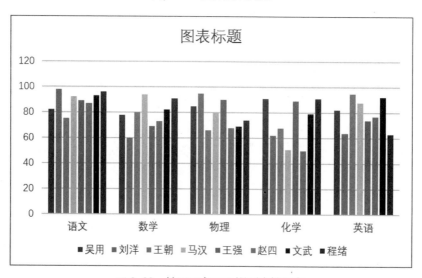

图 8-23　使用图表工具栏创建的图表

Excel 默认的图表类型为柱形图，如果不作修改的话，可以在工作表上选定要绘制的数据，然后按下 F11 键，可快速创建一张图表工作表。

将鼠标悬停在某个数据标志上，显示该数据标志代表的值及有关信息，如图 8-24 所示。

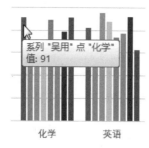

图 8-24　显示数据标志的值及有关信息

创建的图表与图形对象一样，可以移动位置、改变大小，具体的操作方法与图形的操作方法类似，本节不再介绍。

教你一招

Excel 提供了移动图表的功能，可以将图表移动到其他工作表中。选中要移动的图表，单击鼠标右键，在快捷菜单中选择"移动图表"命令，然后在弹出的"移动图表"对话框中进行相关设置，如图 8-25 所示。

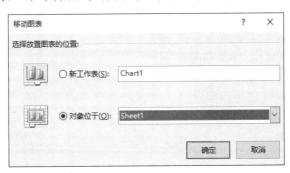

图 8-25 "移动图表"对话框

上机练习——制作产品合格率示意图

本节练习使用图表直观地展示某车间一个季度内各个工人的成品合格情况，方便了解工人生产成品的合格率，同时让工人了解自己的工作效率及与其他工人之间的差别。通过对操作步骤的详细讲解，读者可以掌握创建嵌入式图表和图表工作表的操作方法。

8-1 上机练习——制作产品合格率示意图

首先选中要创建图表的单元格区域，分别创建柱形图和折线图，效果如图 8-26 所示。然后使用快捷键 F11，基于选中的单元格区域在工作簿中插入一个图表工作表，创建 Excel 默认的图表。

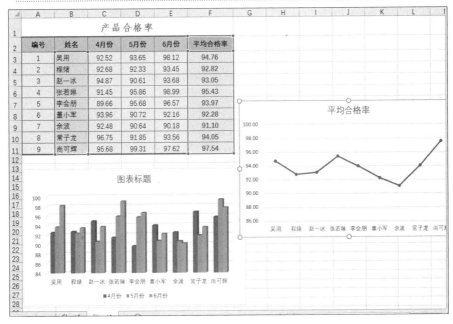

图 8-26 产品合格率示意图

操作步骤

（1）新建一个名为"产品合格率示意图"的工作簿，在工作表中输入数据，并对工作表进行格式设置，如图 8-27 所示。

编号	姓名	4月份	5月份	6月份	平均合格率
		产品合格率			
1	吴用	92.52	93.65	98.12	94.76
2	程绪	92.68	92.33	93.45	92.82
3	赵一冰	94.87	90.61	93.68	93.05
4	张若琳	91.45	95.86	98.99	95.43
5	李会朋	89.66	95.68	96.57	93.97
6	董小军	93.96	90.72	92.16	92.28
7	余波	92.48	90.64	90.18	91.10
8	常子龙	96.75	91.85	93.56	94.05
9	尚可辉	95.68	99.31	97.62	97.54

图 8-27　创建工作表

（2）选中要创建图表的 B2：E11 单元格区域，在"插入"菜单选项卡的"图表"区域单击"插入柱形图或条形图"按钮，在弹出的下拉列表中选择"三维簇状柱形图"，即可在工作表中插入指定类型的图表，如图 8-28 所示。

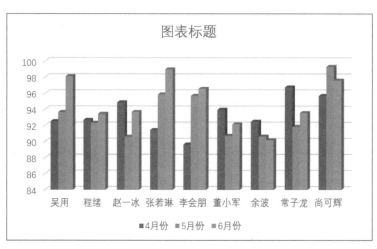

图 8-28　插入的三维簇状柱形图

（3）按住 Ctrl 键选中 B2：B11 和 F2：F11 单元格区域，然后单击"插入"菜单选项卡"图表"区域右下角的级联按钮，弹出"插入图表"对话框，如图 8-29 所示。

（4）切换到"所有图表"选项卡，在左侧分类中选择"折线图"，在右侧的图表类型中选择"带数据标记的折线图"，如图 8-30 所示。

（5）单击"确定"按钮，即在工作表中插入一个嵌入式折线图表，如图 8-31 所示。

除了创建嵌入式的图表之外，用户还可以使用快捷键快速建立图表。

（6）选中需要建立图表的 B2：F11 单元格区域，按下功能键 F11，将在工作簿中插入一个名为"Chart1"的图表工作表，创建的图表为 Excel 默认图表格式，如图 8-32 所示。

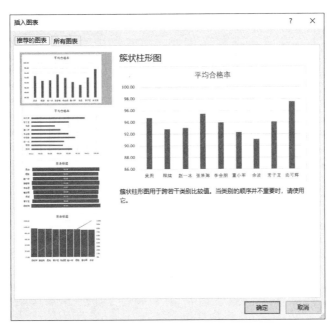

图 8-29 "插入图表"对话框

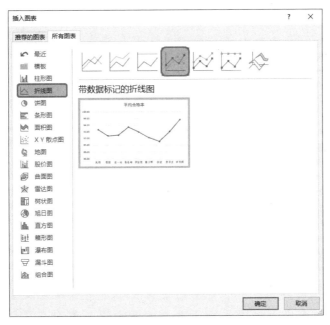

图 8-30 选择图表类型

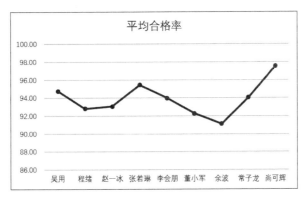

图 8-31 插入折线图

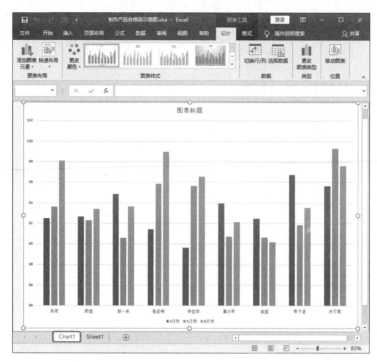

图 8-32　插入图表工作表

8.2　修改图表的格式

如果要进一步美化图表，或使图表与工作表的整体风格一致，就要修改图表的格式。

8.2.1　更改图表类型

图表类型的选择很重要，选择一个能最佳表现数据的图表类型，有助于更清晰地反映数据的差异和变化。

（1）右击图表区，在弹出的快捷菜单中选择"更改图表类型"命令，打开如图 8-33 所示的"更改图表类型"对话框。

（2）选择需要的图表类型。

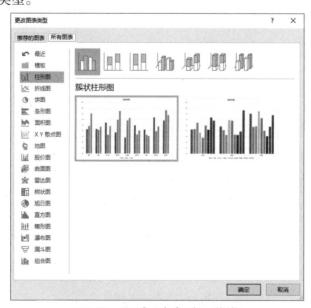

图 8-33　"更改图表类型"对话框

（3）单击"确定"按钮完成修改。

8.2.2　调整图表尺寸

（1）选中图表，图表边框上会出现 8 个控制点。

（2）将鼠标指针移至控制点上，当鼠标指针变为双向箭头时，按下鼠标左键拖动，即可调整图表的大小，如图 8-34 所示。

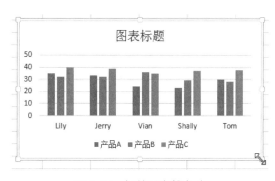

图 8-34　调整图表的大小

8.2.3　设置图表背景和边框

（1）双击图表的空白区域，打开"设置图表区格式"面板，如图 8-35 所示。

（2）在"填充"区域可以设置图表背景的填充样式。例如，将图表区的填充设置渐变的效果，如图 8-36 所示。

图 8-35　"设置图表区格式"面板

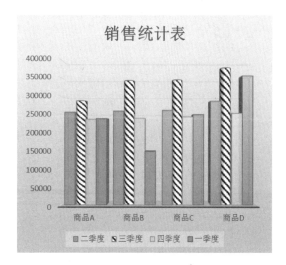

图 8-36　填充图表区

（3）在"边框"区域可以详细设置图表边框的样式。

8.3 设置图表元素的格式

选中图表后，图表右侧会显示三个图标，如图 8-37 所示，分别为图表元素、图表样式和图表筛选器。利用"图表元素"按钮和"图表样式"按钮，可以很便捷地设置图表元素的格式。

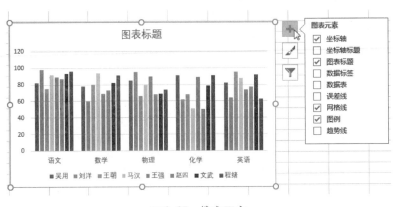

图 8-37 选中图表

8.3.1 设置坐标轴

双击图表中的横坐标轴或纵坐标轴，即可打开如图 8-38 所示的"设置坐标轴格式"面板。在这里，可以设置坐标轴的类型和位置、刻度线标记、标签位置等选项。

坐标轴上的刻度指定了数值的范围、数值出现的间隔和坐标轴之间相互交叉的位置。若要修改数值坐标轴的刻度，可以在图 8-38 的"坐标轴选项"区域设置最大值、最小值、主要刻度单位、次要刻度单位等选项。

如果要设置沿坐标轴的文本格式，可以切换到"文本选项"选项卡，如图 8-39 所示。在这里可以设置坐标轴文本的对齐方式和旋转角度。例如，旋转坐标轴文本的效果如图 8-40 所示。

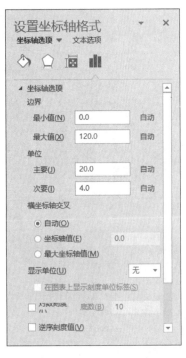

图 8-38 "设置坐标轴格式"面板

图 8-39 设置文本选项

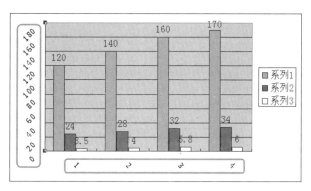

图 8-40　旋转文本后的效果

8.3.2　设置数据系列

（1）在图表中右击要修改的数据系列，在弹出的下拉菜单中选择"设置数据系列格式"命令，打开如图 8-41 所示的"设置数据系列格式"面板。

图 8-41　"设置数据系列格式"面板

（2）设置数据系列的位置和分类间隔。

（3）切换到"填充与线条"选项，设置数据系列的填充效果和边框样式。例如，设置图表中一个数据系列的填充方式为"图案填充"，效果如图 8-42 所示。

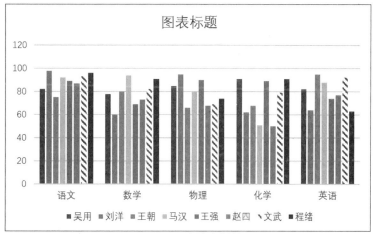

图 8-42　图案填充的效果

如果在第（1）步弹出的下拉菜单中选择"更改系列图表类型"命令，在"更改图表类型"对话框中选择"组合图"分类，可以修改各个数据系列的图表类型和次坐标轴，如图 8-43 所示。

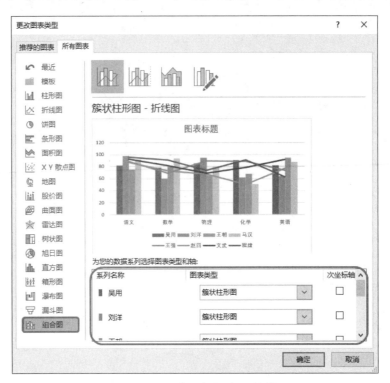

图 8-43　"更改图表类型"对话框

　　例如，将其中一个数据系列的图表类型修改为"带数据标记的折线图"，其他数据系列的图表类型为"簇状柱形图"，效果如图 8-44 所示。

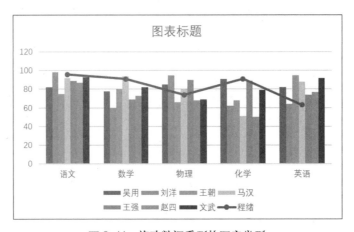

图 8-44　修改数据系列的图表类型

8.3.3　设置数据标签

　　默认情况下，图表不显示数据标签。在有些实际应用中，显示数据标签可以增强图表数据的可读性、更直观。

　　（1）选中图表，图表右侧将显示三个按钮，单击最上方的"图表元素"按钮，显示如图 8-45 所示的"图表元素"列表。

　　（2）选中"数据标签"复选框。此时，图表中将显示数据标签，如图 8-46 所示。如果只选中了一个数据系列，则只在指定的数据系列上显示数据标签。

　　（3）如果默认的数据标签不满足设计需要，可以在"图表元素"列表中单击"数据标签"右侧的级联按钮▶，在弹出的级联菜单中选择"更多选项"，打开如图 8-47 所示的"设置数据标签格式"面板。

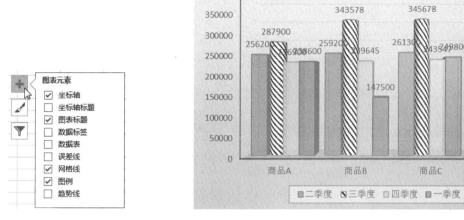

图 8-46　显示数据标签

图 8-45　"图表元素"列表

在这里,可以设置数据标签的填充和边框样式、效果、大小、对齐属性、标签选项以及数字格式。例如,设置"三季度"各种商品销量的数据标签填充蓝色、边框为白色、显示系列名称和类别名称,效果如图 8-48所示。

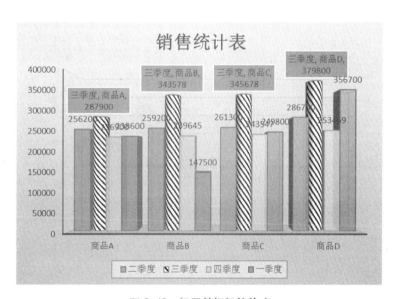

图 8-48　设置数据标签格式

图 8-47　"设置数据标签格式"面板

8.3.4　设置图例

图例用于标识图表中的数据系列或者分类指定的图案或颜色。双击图表中的图例,即可打开如图 8-49所示的"设置图例格式"面板。在这里可以设置图例的填充、边框、效果以及图例位置。例如,设置"边框"为"实线"的图例效果如图 8-50 所示。

图 8-49 "设置图例格式"面板

图 8-50 设置图例边框效果

上机练习——格式化产品合格率示意图

本节练习格式化产品合格率示意图，通过详细讲解操作步骤，读者可以掌握使用"图表工具设计"菜单选项卡修改图表数据、样式和布局的操作方法。

8-2 上机练习——格式化产品合格率示意图

首先切换图表的行数据和列数据，然后使用内置的样式和图表布局快速格式化图表，最后设置图表标题的形状样式和艺术字效果、图表的图案填充样式，使图表更加美观，效果如图 8-51 所示。

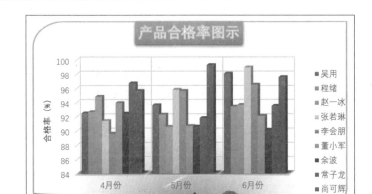

图 8-51 图表的格式化效果

操作步骤

（1）改变图表数据。选中图表，在"图表工具设计"菜单选项卡的"数据"区域单击"切换行/列"按钮，图表中的行和列数据变换，数据按月份分为三部分，每部分显示所有员工的成品合格率，如图 8-52 所示。

（2）改变图表样式。选中图表，在"图表工具设计"菜单选项卡的"图表样式"区域单击"其他"下拉按钮，在弹出的图表样式列表中选择"样式 11"，效果如图 8-53 所示。

接下来修改图表的布局，包括图表标签、坐标轴、网格线等。

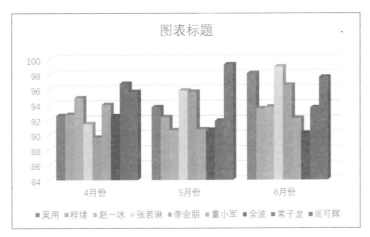

图 8-52 切换行/列效果

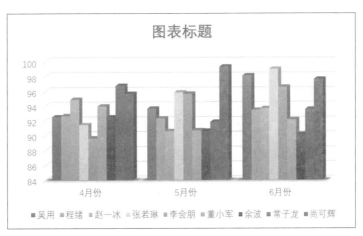

图 8-53 修改图表样式的结果

（3）在"图表工具设计"菜单选项卡中的"图表布局"区域单击"快速布局"按钮，在弹出的下拉菜单中选择"布局9"命令，将图例显示在图表右侧，且显示坐标轴标题，如图 8-54 所示。

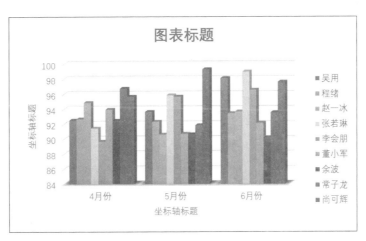

图 8-54 修改图表布局

（4）选中图表标题的占位文本，修改标题名称为"产品合格率图示"，如图 8-55 所示。

（5）选中横坐标轴标题，并修改标题名称为"月份"；选中纵坐标轴标题，修改标题名称为"合格率（%）"，效果如图 8-56 所示。

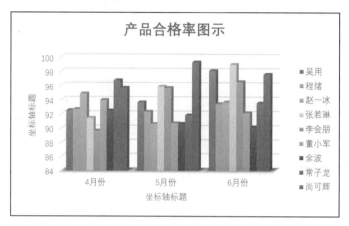

图 8-55　修改标题

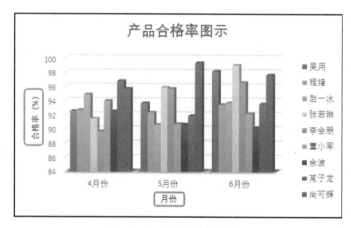

图 8-56　修改横、纵坐标轴标题

（6）单击图表右侧的"图表元素"按钮，在弹出的列表中选中"网格线"复选框，然后单击右侧的级联菜单按钮，在弹出的级联菜单中选中"主轴主要垂直网格线"复选框，如图 8-57 所示，可在图表中显示主要网格线，效果如图 8-58 所示。

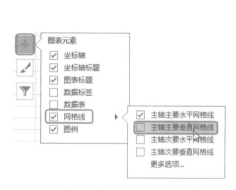

图 8-57　设置主要垂直网格线

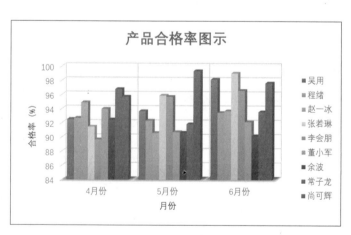

图 8-58　设置网格线的效果

　　对于已有图表，还可以设置图表元素的格式，例如图表标题的形状样式和艺术字样式、图表的图案填充样式等，从而使图表更加美观。

　　（7）选中图表标题，在"图表工具格式"菜单选项卡中单击"形状样式"列表框上的下拉按钮，在弹出的样式列表中选择一种样式，效果如图 8-59 所示。

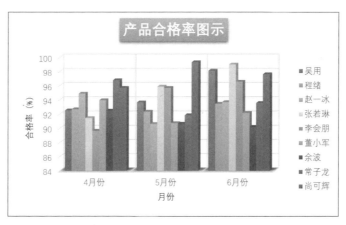

图 8-59 设置标题的形状样式

用户还可以通过"形状填充"按钮、"形状轮廓"按钮和"形状效果"按钮自定义样式。

（8）在"艺术字样式"区域单击"文本填充"按钮，设置填充颜色为白色；单击"文本轮廓"按钮，设置轮廓线为橙色，效果如图 8-60 所示。

（9）双击图表打开"设置图表区格式"面板，在"填充"选项区域选中"图片或纹理填充"单选按钮，然后单击"文件"按钮，如图 8-61 所示。

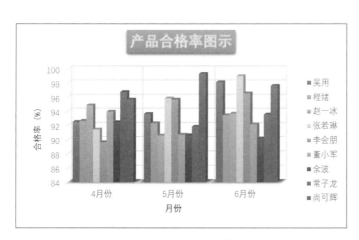

图 8-60 选择艺术字样式

图 8-61 选择填充方式

（10）在弹出的"插入图片"对话框中选择图表背景，单击"插入"按钮，使用指定的图片填充图表，效果如图 8-51 所示。

8.4 编辑图表数据

创建图表后，可以随时根据需要在图表中添加、更改和删除数据。本节介绍图表中常用元素的一些常见操作，希望读者能仔细体会，举一反三。

8.4.1 在图表中添加数据

在图表中添加数据可采用以下两种方法之一。

1. 复制、粘贴数据

在图表中添加数据最简单的方法是复制工作表中的数据，然后粘贴到图表中。

（1）选择要添加到图表中的数据单元格区域。

（2）在"开始"菜单选项卡中单击"复制"按钮。

（3）单击图表，然后在"开始"菜单选项卡中单击"粘贴"按钮。

在图表中添加数据前、后的效果如图 8-62 所示。

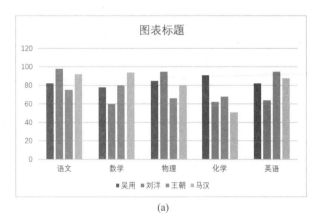
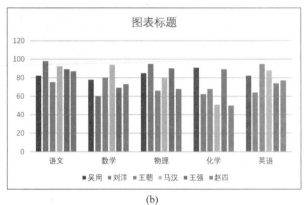

图 8-62　添加数据前、后的图表效果

2. 选择数据源

（1）在图表区单击鼠标右键，在弹出的快捷菜单中单击"选择数据"命令，打开如图 8-63 所示的"选择数据源"对话框。

（2）在"图例项（系列）"列表框中单击"添加"按钮，打开"编辑数据系列"对话框。

（3）单击"系列名称"文本框右侧的按钮，选择要添加的数据区域；单击"系列值"文本框右侧的按钮，选择要引用的数据单元格，如图 8-64 所示。

图 8-63　"选择数据源"对话框　　　　　图 8-64　"编辑数据系列"对话框

（4）单击"确定"按钮关闭对话框。此时，"选择数据源"对话框的"图例项（系列）"列表框中将显示添加的数据系列；"图表数据区域"文本框中将显示添加数据后的图表数据区域，如图 8-65 所示。

在图 8-65 中可以看到，添加的数据系列的轴标签显示为默认的数字，而不是实际的分类标签。接下来修改轴标签。

（5）单击"水平（分类）轴标签"下方的"编辑"按钮，弹出"轴标签"对话框。单击文本框右侧的按钮，在工作表中选择分类标签所在的数据区域，如图 8-66 所示。

（6）单击"确定"按钮返回"选择数据源"对话框，在"水平（分类）轴标签"区域可以看到设置的轴标签，如图 8-67 所示。

图 8-65　添加数据系列

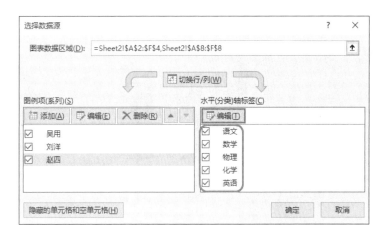

图 8-66　"轴标签"对话框　　　　　　图 8-67　"选择数据源"对话框

（7）单击"确定"按钮关闭对话框。图表中即可显示已添加的数据系列和图例，如图 8-68 所示。

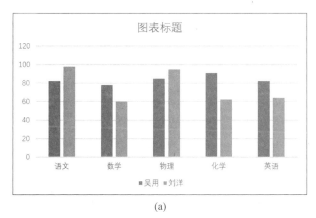

(a)

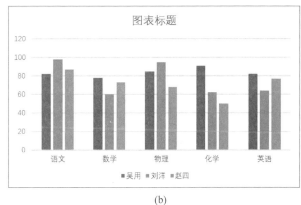

(b)

图 8-68　添加数据前、后的图表效果

8.4.2　在图表中删除数据

（1）右击图表区，在弹出的快捷菜单中单击"选择数据"命令，打开如图 8-69 所示的"选择数据源"对话框。

（2）在"图例项（系列）"列表框中选中要删除的数据系列，然后单击"删除"按钮，即可在图表中删除指定的数据。例如，删除第四个数据系列前、后的效果如图 8-70 所示。

图 8-69 "选择数据源"对话框

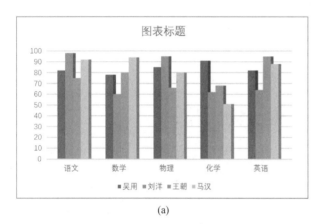

(a)

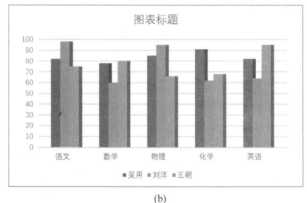

(b)

图 8-70 删除数据前、后的图表效果

8.5 添加趋势线和误差线

在统计、分析一些特殊的数据时，会用到趋势线和误差线。趋势线以图形的方式表示数据系列的趋势，用于问题预测研究，又称为回归分析。误差线显示潜在的误差或相对于系列中每个数据标志的不确定程度，通常用于统计或科学数据。

8.5.1 添加趋势线

趋势线利用图表具有的功能对数据进行检测，然后以此为基础绘制一条趋势线，从而达到对以后的数据进行检测的目的。在图表中添加趋势线能够非常直观地对数据的变化趋势进行分析预测。

> **提示：** 三维图表、堆积图表、雷达图、饼图不能添加趋势线。此外，如果更改了图表或数据序列，原有的趋势线将丢失。

（1）在图表中单击要添加趋势线的数据系列。

（2）单击鼠标右键，在弹出的快捷菜单中选择"添加趋势线"命令，打开如图 8-71 所示的"设置趋势线格式"面板。

（3）在"趋势线选项"区域选择需要的趋势线类型。

图 8-71 "设置趋势线格式"面板

Excel 提供的 6 种类型的趋势线形式各异，计算方法也各不相同，用户可以根据需要选择不同的类型。

❖ **指数**：适合增长或降低速率持续增加，且增加幅度越来越大的数据情况。

❖ **线性**：适合增长或降低的速率比较稳定的数据情况。

❖ **对数**：适合增长或降低幅度一开始比较快，逐渐趋于平缓的数据。

❖ **多项式**：适合增长或降低幅度波动较多的数据。

❖ **乘幂**：适合增长或降低速率持续增加，且增加幅度比较恒定的数据情况。

❖ **移动平均**：在已知的样本中选定一定样本量做数据平均，平滑处理数据中的微小波动，以更清晰地显示趋势。

（4）在"趋势预测"中，选择前推或后推的周期。

（5）切换到"填充线条"选项卡，设置趋势线的样式。

如果要删除趋势线，选中后按 Delete 键即可。

上机练习——员工学历统计表

　　如果单用数据展示公司员工的学历情况，不仅枯燥，而且很难看出数据的变化，使用图表可以更直观地查看数据。本节练习使用图表展示员工的学历统计表，并添加趋势线预测本科学历的走向。通过对操作步骤的详细讲解，读者应能掌握添加趋势线，并设置趋势线格式的方法。

8-3　上机练习——员工学历统计表

　　首先基于选定区域创建二维簇状柱形图，并使用内置的图表布局设置快速布局，设置图表区的背景图像；然后添加本科学历的趋势线，设置趋势线名称并显示公式；最后修改趋势线的标签格式，结果如图 8-72 所示。

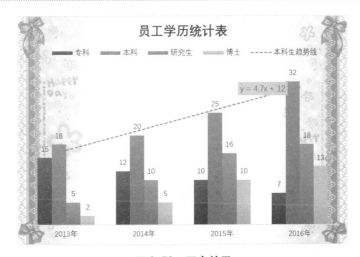

图 8-72　图表效果

操作步骤

（1）创建一个员工学历统计表，如图 8-73 所示。

（2）选中 A2:E6 单元格区域，在"插入"菜单选项卡的"图表"区域单击"插入柱形图或条形图"按钮，在弹出的下拉列表框中选择"簇状柱形图"，即可在工作表中插入指定类型的图表，如图 8-74 所示。

（3）选中图表，在"图表工具设计"菜单选项卡的"图表布局"区域单击"快速布局"按钮，在弹出的下拉列表框中单击第 2 种布局方式。此时的图表如图 8-75 所示。

图 8-73 员工学历统计表

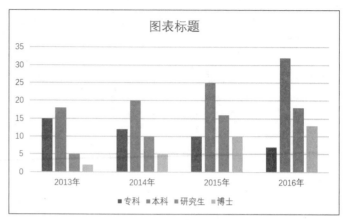

图 8-74 插入的簇状柱形图

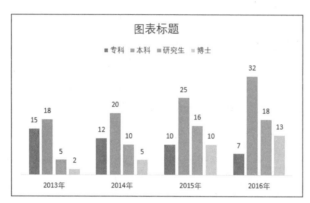

图 8-75 快速布局效果

（4）选中图表标题中的占位文本，输入"员工学历统计表"。然后在"图表工具格式"菜单选项卡的"形状样式"区域单击"形状填充"按钮，在弹出的下拉列表框中选择"图片"命令，并选择需要的图片。此时的图表效果如图 8-76 所示。

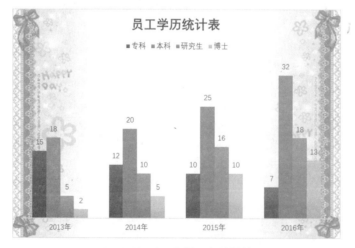

图 8-76 设置图表背景之后的效果

接下来添加趋势线。

（5）在图表中选择"本科"作为要添加趋势线的数据系列，单击鼠标右键，在弹出的快捷菜单中选择"添加趋势线"命令，即可在图表上添加一条趋势线，如图 8-77 所示，并打开"设置趋势线格式"面板。

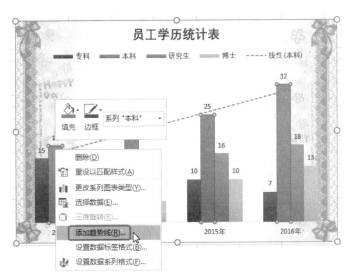

图 8-77 添加趋势线

（6）在"趋势线选项"选项卡中，在"趋势线名称"区域选中"自定义"单选按钮，然后在文本框中输入"本科生趋势线"，如图 8-78 所示。

（7）在"趋势预测"选项组中选中"显示公式"复选框，可以在趋势线上显示公式，如图 8-79 所示。

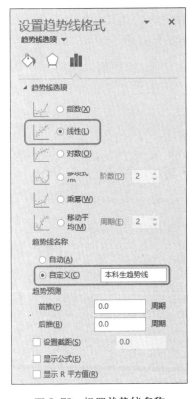

图 8-78 设置趋势线名称

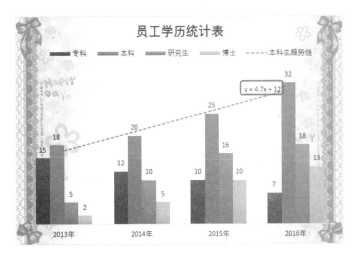

图 8-79 显示公式

（8）选中显示的公式，单击鼠标右键，在弹出的快捷菜单中选择"设置趋势线标签格式"命令，打开"设置趋势线标签格式"对话框。设置填充方式为"纯色填充"，颜色为浅橙色，如图 8-80 所示。

（9）在"开始"菜单选项卡的"字体"区域，设置字号为 10，颜色为红色，此时的图表效果如图 8-72 所示。

图 8-80　设置趋势线标签的填充格式

8.5.2　添加误差线

误差线是代表数据系列中数据与实际值偏差的图形线条，通常用于统计科学数据。

（1）在图表中单击要添加误差线的数据系列。

（2）单击图表右侧的"图表元素"按钮，在弹出的图表元素列表中选中"误差线"复选框，然后在级联菜单中选择"更多选项"命令，打开"设置误差线格式"面板，如图 8-81 所示。

（3）设置误差线的样式和误差量。

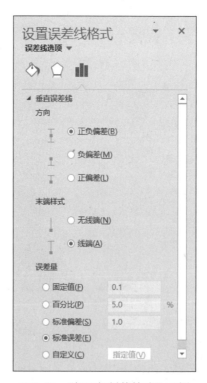

图 8-81　"设置误差线格式"面板

上机练习——月收入对比图

本节练习使用图表和误差线制作月收入对比图，通过对操作步骤的讲解，读者可掌握在图表中添加误差线的操作方法。

首先基于选定的数据源创建折线图，并添加垂直方向的网络线，然后添加误差线，设置误差线格式，结果如图 8-82 所示。

8-4　上机练习——月收入对比图

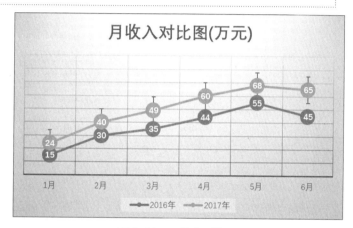

图 8-82　月收入对比图

操作步骤

（1）创建一个"月收入对比图"工作表，如图 8-83 所示。

月收入对比图(万元)						
年度	1月	2月	3月	4月	5月	6月
2016年	15	30	35	44	55	45
2017年	24	40	49	60	68	65

图 8-83　"月收入对比图"工作表

（2）选中图表要包含的数据区域 A2:G4，在"插入"菜单选项卡的"图表"区域单击"折线图"按钮，在弹出的下拉列表框中选择"带数据标记的折线图"，工作区将显示对应的图表，如图 8-84 所示。

图 8-84　插入的折线图

（3）选中图表，在"图表工具设计"菜单选项卡的"图表样式"区域选择"样式2"，如图8-85所示。

（4）在"图表工具设计"菜单选项卡的"图表布局"区域单击"添加图表元素"按钮，在弹出的下拉菜单中选择"网格线"下的"主轴主要垂直网格线"命令，如图8-86所示，添加垂直方向的网格线。

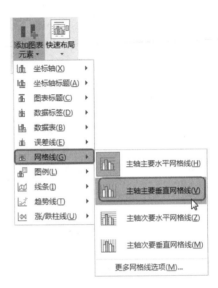

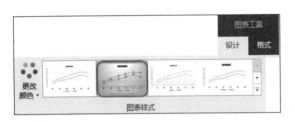

图8-85　选择图表样式　　　　　　　　　　图8-86　添加垂直方向的网格线

（5）选中图表标题，将标题修改为"月收入对比图（万元）"。

至此，折线图创建完毕，如图8-87所示。

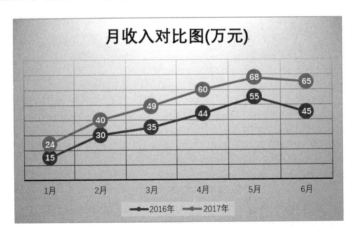

图8-87　创建折线图

误差线是代表数据系列中每一数据与实际值偏差的图形线条，常用的误差线是Y误差线。接下来在图表中添加误差线。

（6）在图表中选中数据系列"2017年"，在"图表工具设计"菜单选项卡的"图表布局"区域单击"添加图表元素"按钮，在弹出的下拉菜单中单击"误差线"下的"其他误差线选项"命令，如图8-88所示。

（7）在弹出的"设置误差线格式"面板中选择"正负偏差"选项，在"误差量"选项组中选择"固定值"单选按钮，然后在右侧的文本框中输入"10"，如图8-89所示。

至此，误差线添加完成，效果如图8-82所示。

图 8-88　选择"误差线"命令

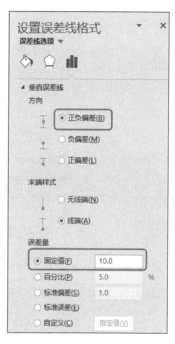

图 8-89　设置误差线格式

8.6　实例精讲——预测商品的销售趋势

为即将到来的一年制订销售预测是一件令人望而却步的工作,它涉及较多复杂的数学计算。幸运的是,如果有过去的销售数据,使用 Excel 2019 就可以预测未来的销售情况。

本节练习使用图表和趋势线预测商品的销售趋势,通过对操作步骤的详细讲解,读者可进一步掌握创建图表、设置图表布局、格式化图表,以及添加趋势线的操作方法。

8-5　实例精讲——预测商品的销售趋势

首先基于以往的销售记录创建图表,设置图表标题、添加纵坐标轴标题和水平网格线,并格式化图表元素;然后添加趋势线,设置趋势线的线条格式,最后通过比较趋势线的 R 平方值,找到最佳的趋势线,结果如图 8-90 所示。

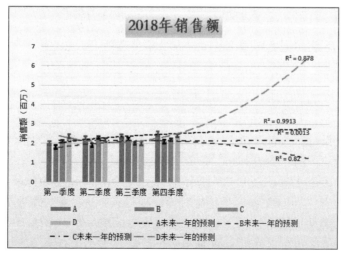

图 8-90　最终效果图

操作步骤

1. 创建图表

（1）创建一个工作表，重命名为"销售数据"。在工作表中输入数据，并进行格式设置，如图 8-91 所示。

商品	第一季度	第二季度	第三季度	第四季度
\multicolumn{5}{c}{2018年销售额（百万）}				
A	2	2.25	2.35	2.5
B	1.8	1.9	2.2	2.1
C	2.1	2.3	2	2.2
D	2.35	2.15	2	2.4

图 8-91　创建工作表

（2）选中要创建图表的 A2：E6 单元格区域，在"插入"菜单选项卡"图表"区域单击"柱形图"按钮，在弹出的柱形图列表中选择"二维柱形图"中的"簇状柱形图"，即可在工作表中插入图表，如图 8-92 所示。

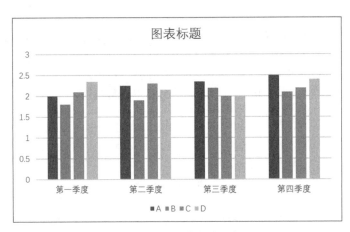

图 8-92　插入嵌入式图表

选中图表时，在功能区将出现"图表工具"的两个菜单选项卡。在这里，用户可以移动图表的位置、改变图表类型、图表样式等。

2. 设置图表布局

接下来修改图表布局，首先设置图表标题。

（1）打开"图表工具设计"菜单选项卡，在"图表布局"区域单击"添加图表元素"按钮弹出下拉菜单。选择"图表标题"命令下的"图表上方"命令，如图 8-93 所示。

（2）选中图表标题的占位文本，输入"2018 年销售额"。然后双击图表标题，打开"设置图表标题格式"面板。设置填充方式为"渐变填充"，然后在预设渐变列表中选择一种渐变效果，如图 8-94 所示。

（3）切换到"开始"菜单选项卡，在"字体"区域修改标题文字的字体为"华文仿宋"，字号为 20，加粗，颜色为紫色。此时的图表效果如图 8-95 所示。

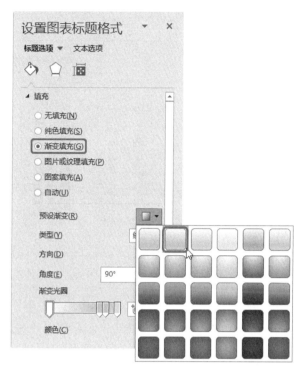

图 8-93   选择图表标题的显示位置   图 8-94   设置图表标题格式

图 8-95   图表标题格式

（4）单击图表右上角的"图表元素"按钮✚，在弹出的下拉列表框中选中"坐标轴标题"复选框，
然后单击右侧的级联按钮，在弹出的级联菜单中选中"主要纵坐标轴"复选框，如图 8-96 所示。此时，
在纵坐标左侧将显示坐标轴标题。

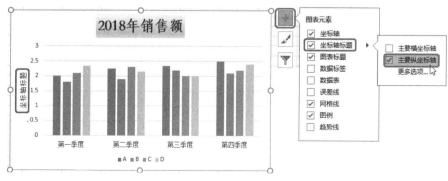

图 8-96   设置纵坐标轴标题

（5）修改纵坐标轴标题名称为"销售额（百万）"，如图 8-97 所示。

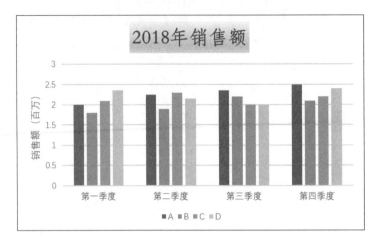

图 8-97　添加纵坐标轴标题

（6）设置网格线。单击图表右上角的"图表元素"按钮，在弹出的下拉列表框中选中"网格线"复选框，然后单击右侧的级联按钮，在弹出的级联菜单中选中"主轴主要水平网格线"和"主轴次要水平网格线"复选框，在图表中显示主要和次要水平网格线，如图 8-98 所示。

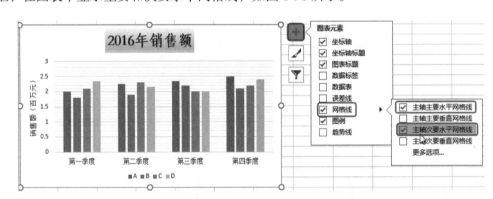

图 8-98　选择网格线样式

接下来设置图表区的格式。

（7）双击图表边框，打开"设置图表区格式"面板。在"填充与线条" 选项卡中，展开"填充"选项，选中"渐变填充"单选按钮，然后在"渐变光圈"区域设置渐变颜色。选中第一个渐变光圈，单击"颜色"右侧的下拉按钮 ，在弹出的颜色面板中选择金色；选中最后一个渐变光圈，设置为蓝色。

（8）分别选中第二个和第三个渐变光圈，单击"删除渐变光圈"按钮 ，此时的"设置图表区格式"面板如图 8-99 所示。图表效果如图 8-100 所示。

3. 添加趋势线

趋势线是数据趋势的图形表示形式，可用于分析预测问题，这种分析又称为回归分析。通过使用回归分析，可以将图表中的趋势线延伸至事实数据以外，预测未来值。

（1）单击图表边框选择图表。在"图表工具设计"菜单选项卡的"图表布局"区域单击"添加图表元素"按钮，在弹出的下拉菜单中选择"趋势线"，然后选择子菜单中的"线性"命令，弹出如图 8-101 所示的"添加趋势线"对话框。

（2）在"添加基于系列的趋势线"列表框中选择"A"，然后单击"确定"按钮，即可为商品 A 添加一条趋势线，如图 8-102 所示。

默认的趋势线颜色为蓝色，在本例图表中并不醒目，接下来设置趋势线的线条格式。

图 8-99 "设置图表区格式"面板

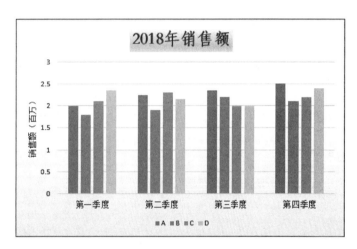

图 8-100 图表效果

图 8-101 "添加趋势线"对话框

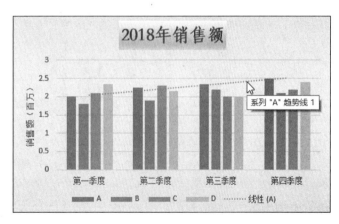

图 8-102 添加趋势线

（3）双击图表中的趋势线，打开"设置趋势线格式"面板。在"填充与线条" 选项卡中，展开"线条"选项，单击"颜色"右侧的下拉按钮，在弹出的颜色面板中选择深蓝色。

（4）单击"宽度"右侧的微调按钮，设置线条宽度为 1.5 磅；单击"短划线类型"右侧的下拉按钮，在弹出的列表中选择"方点"，如图 8-103 所示。此时的图表效果如图 8-104 所示。

（5）在"设置趋势线格式"面板中单击"趋势线选项"按钮 ，在"趋势预测"区域的"前推"文本框中输入"4"，即向前四个季度。此时的趋势线如图 8-105 所示。

至此，商品 A 的趋势线添加完毕。

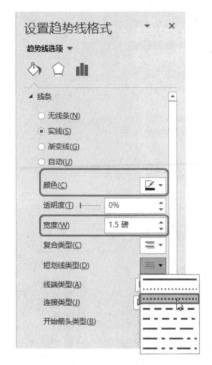

图 8-103　设置短划线类型

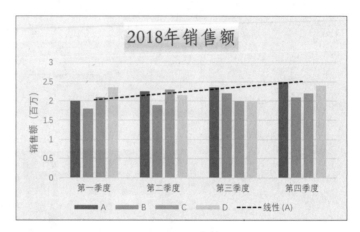

图 8-104　图表效果

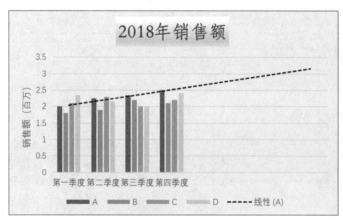

图 8-105　趋势线

知识拓展：

趋势线的 R 平方值

　　添加趋势线之后，怎样评价趋势线的可靠性呢？这就要用到趋势线的 R 平方值。

　　R 平方值是一个介于 0 和 1 之间的神奇的数字。当趋势线的 R 平方值为 1 或者接近 1 时，趋势线最可靠。如果用趋势线拟合数据，Excel 会根据公式自动计算它的 R 平方值。如果需要，还可以在图表中显示该值。

　　特定类型的数据具有特定类型的趋势线。如要获得最精确的预测，为数据选择最合适的趋势线非常重要。例如，对于简单线性数据集，线性趋势线是最适合的拟合直线。如果数据点图案类似于一条直线，则表明数据是线性的。线性趋势线通常表示分析对象以稳定的速率增加或减少。

　　对数趋势线是拟合曲线，如果数据急剧增减，然后又渐趋平稳，那么使用对数趋势线最合适。对数趋势线可使用负值、正值或二者同时使用。

（6）在"设置趋势线格式"面板底部选中"显示 R 平方值"复选框,可以在图表的趋势线上显示 R 平方值,如图 8-106 所示。

从图 8-106 可以看出,如果趋势线类型为"线性",R 平方值为 0.966,相当接近 1。读者可以尝试不同的趋势线,看看 R 平方值是否更加接近 1,以获得数据的最佳趋势线。

（7）将趋势线类型更改为"指数"。选中趋势线,在"设置趋势线格式"面板的"趋势线选项"列表中单击"指数"单选按钮,此时的趋势线如图 8-107 所示。

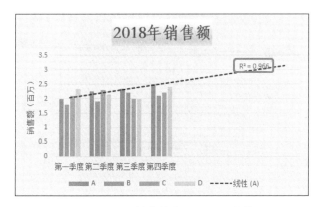

图 8-106　在趋势线上显示 R 平方值

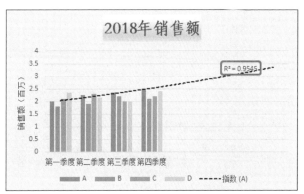

图 8-107　指数类型趋势线

从图 8-107 可以看到,R 平方值为 0.9545,不如使用线性趋势线接近 1。这说明,相对于"线性"回归分析类型,"指数"回归分析类型与数据的符合情况不太好。

（8）按照与上一步同样的方法,将趋势线类型更改为"对数",此时的趋势线如图 8-108 所示。

从图 8-108 可以看到,R 平方值为 0.9893,更加接近 1。这说明,相对于"线性"回归分析类型,"对数"回归分析类型与数据的符合情况更好。

（9）按照与上一步同样的方法,分别将趋势线类型更改为"多项式""乘幂"和"移动平均"。趋势线分别如图 8-109、图 8-110、图 8-111 所示。

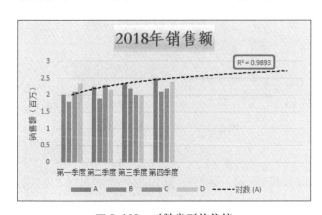

图 8-108　对数类型趋势线

图 8-109　"多项式"类型的趋势线

从图 8-109~图 8-111 可以看出,"多项式"类型的 R 平方值为 0.9849;"乘幂"类型的 R 平方值为 0.9913;"移动平均"类型的趋势线不提供 R 平方值。通过比较上述趋势线的 R 平方值可以看出,"乘幂"趋势预测类型可以更好地预测未来的销售情况。

为了帮助使用者对趋势线有更直观的了解,可以为趋势线命名。

（10）在"设置趋势线格式"面板中切换到"趋势线选项"选项卡。在"趋势线名称"区域单击"自定义"按钮,然后在文本框中输入"A 未来一年的预测",如图 8-112 所示。此时,图表中的图例将显示自定义的名称,如图 8-113 所示。

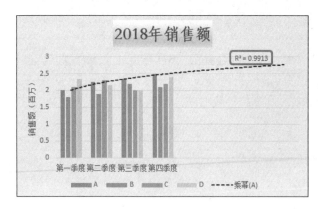

图 8-110　"乘幂"类型的趋势线

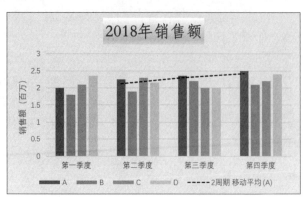

图 8-111　"移动平均"类型的趋势线

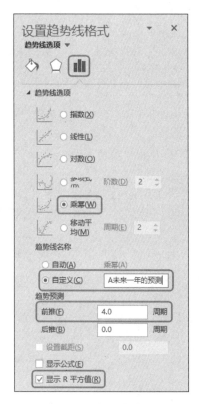

图 8-112　自定义趋势线名称

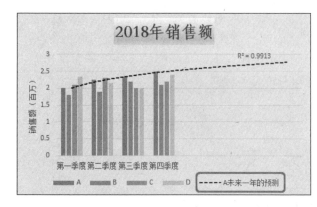

图 8-113　显示自定义的名称

接下来为商品 B 添加趋势线。

（11）按照与上述同样的方法，为商品 B 添加一条趋势线。通过比较，为 B 商品选择最适合的趋势线类型"多项式"，然后格式化趋势线，如图 8-114 所示。

（12）按照同样的方法，为商品 C、商品 D 添加趋势线，结果如图 8-115 所示。

4. 添加误差线

（1）选中图表，在"图表工具设计"菜单选项卡的"图表布局"区域单击"添加图表元素"按钮，在弹出的下拉菜单中选择"误差线"，然后选择子菜单中的"标准误差"命令。图表中每个数据系列的顶端显示标准误差线，如图 8-116 所示。

（2）双击商品 A 的误差线，打开"设置误差线格式"面板。设置误差线的线条样式为"实线"，颜色为"红色"，宽度为"2 磅"，此时的图表如图 8-117 所示。

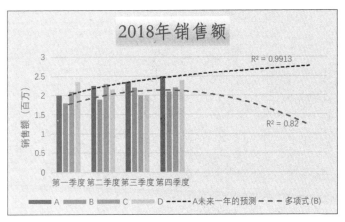

图 8-114　为商品 B 添加趋势线

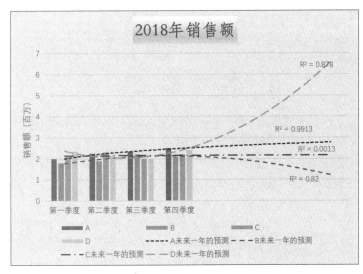

图 8-115　商品 C、商品 D 的趋势线

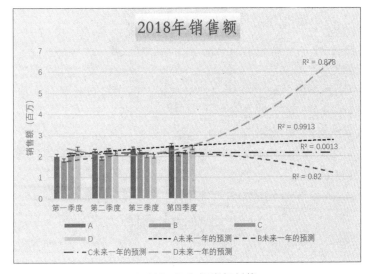

图 8-116　添加标准误差线

（3）按照上一步的方法，设置商品 B、商品 C 和商品 D 的误差线格式，结果如图 8-90 所示。

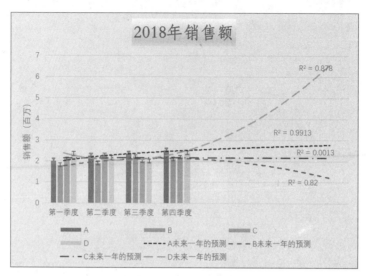

图 8-117　设置误差线的线条格式

答 疑 解 惑

1. 在 Excel 中,最适合反映单个数据在所有数据构成的总和中所占比例的图表类型是哪种图表类型？最适合反映数据之间量的变化快慢的是哪种图表类型？

答: 最适合反映单个数据在所有数据构成的总和中所占比例的图表类型是饼图; 最适合反映数据之间量的变化快慢的一种图表类型是折线图。

2. 如何只打印图表而不打印其他数据？

答: 选中图表, 单击"文件"菜单选项卡中的"打印"命令, 打开"打印"任务窗格, 此时"打印选定图表"选项处于选中状态, 表示仅打印所选图表。

3. 旭日图与树状图作用类似, 什么时候用旭日图, 什么时候用树状图呢？

答: 只要仔细观察这两种图就可以看出: 树状图更适合类别少、层级少的比例数据关系; 旭日图更适合层级多的比例数据关系。

4. 为什么沿图表水平坐标轴的文字不显示, 或显示不完整？

答: 可能是图表上没有足够的空间显示所有的坐标轴标志。

5. 怎样从图表中删除数据？

答: 可以从工作表中的数据源区域直接删除部分数据, 图表将自动更新。也可以直接从图表中删除数据系列, 但工作表中的源数据并不会随之删除。

6. 如何更改图表数据点之间的间距？

答: 双击图表中需要设置的数据系列, 打开"设置数据点格式"对话框, 在"系列选项"选项卡的"分类间距"选项中可以设置间距效果。

学习效果自测

一、选择题

1. 在 Excel 2019 中系统默认的图表类型是（　　　）。

　　A. 柱形图　　　　　　　B. 饼形图　　　　　　　C. 面积图　　　　　　　D. 折线图

2. 在 Excel 2019 中, 如果要直观地表达数据中的发展趋势, 应使用（　　）图表。

　　A. 散点图　　　　　　　B. 折线　　　　　　　C. 柱形图　　　　　　　D. 饼图

3. 在使用图表呈现分析结果时，要描述全校男女同学的比例关系，最好使用（　　　　）。

　　A. 柱形图　　　　　　　　B. 条形图　　　　　　　　C. 折线图　　　　　　　　D. 饼图

4. 在 Excel 中，产生图表的数据发生变化后，图表（　　　　）。

　　A. 会发生相应的变化　　　　　　　　　　B. 会发生变化，但与数据无关

　　C. 不会发生变化　　　　　　　　　　　　D. 必须进行编辑后才会发生变化

5. 在 Excel 中删除工作表中与图表链接的数据时，图表将（　　　　）。

　　A. 被删除　　　　　　　　　　　　　　　B. 必须用编辑器删除相应的数据点

　　C. 不会发生变化　　　　　　　　　　　　D. 自动删除相应的数据点

6. 在 Excel 2019 中建立图表时，一般（　　　　）。

　　A. 先输入数据，再建立图表　　　　　　　B. 建完图表后，再输入数据

　　C. 在输入数据的同时，建立图表　　　　　D. 首先建立一个图表标签

7. 在工作表中创建图表时，若选定的区域有文字，则文字一般作为（　　　　）。

　　A. 图表中图的数据　　　　　　　　　　　B. 图表中行或列的坐标

　　C. 说明图表中数据的含义　　　　　　　　D. 图表的标题

8. 在 Excel 2019 的图表中，通常使用水平 X 轴作为（　　　　）。

　　A. 排序轴　　　　　　　　B. 数值轴　　　　　　　　C. 分类轴　　　　　　　　D. 时间轴

9. 在 Excel 2019 的图表中，通常使用垂直 Y 轴作为（　　　　）。

　　A. 分类轴　　　　　　　　B. 数值轴　　　　　　　　C. 文本轴　　　　　　　　D. 公式轴

10. 移动 Excel 图表的方法是（　　　　）。

　　A. 将鼠标指针放在绘图区边线上，按鼠标左键拖动

　　B. 将鼠标指针放在图表控点上，按鼠标左键拖动

　　C. 将鼠标指针放在图表内，按鼠标左键拖动

　　D. 将鼠标指针放在图表内，按鼠标右键拖动

第 9 章

数据排序与筛选

本章导读

　　Excel 的强大功能之一就是分析和处理数据。工作表中的数据通常都有规律，使用排序功能可以根据特定列中的内容重新排列数据区域中的行；使用筛选功能可以快速查找符合条件的数据子集。

学习要点

❖ 掌握数据排序的方法
❖ 学会使用筛选的方法得到满足特定要求的数据

9.1 对数据进行排序

使用 Excel 的数据排序功能，可以使数据按照用户的需要来排列。在排序时可以使用两种方法：按关键字排序、自定义排序。

9.1.1 默认排序顺序

在进行排序之前，读者有必要了解 Excel 的默认排列顺序。Excel 默认根据单元格中数据进行排序，在按升序排序时，遵循以下规则：

❖ 数字从最小的负数到最大的正数进行排序。

❖ 文本以及包含数字的文本按 0~9~a~z~A~Z 的顺序排序，也就是：0 1 2 3 4 5 6 7 8 9（空格）!" # $ % & ( ) *，. / : ; ? @ [\ ] ^ _ ` { | } ~ + < = > A B C D E F G H I J K L M N O P Q R S T U V W X Y Z，撇号（'）和连字符（-）会被忽略。

 注意 如果两个文本字符串除了连字符不同，其余都相同，则带连字符的文本排在后面。

❖ 在按字母先后顺序对文本进行排序时，从左到右逐个字符进行排序。例如，如果一个单元格中含有文本"A100"，则这个单元格将排在含有"A1"的单元格的后面，含有"A11"的单元格的前面。

❖ 在逻辑值中，False 排在 True 前面。

❖ 所有错误值的优先级相同。

❖ 空格始终排在最后。

 注意 在 Excel 中排序时可以指定是否区分大、小写。在对汉字排序时，既可以根据汉语拼音的字母顺序进行排序，也可以根据汉字的笔画顺序进行排序。

在按降序排序时，除了空白单元格总是在最后以外，其他的排列次序反转。

9.1.2 按单关键字排序

单关键字排序是按数据区域中某一列的关键字进行排序，是排序中最常用也是最简单的一种排序方法。

（1）打开要排序的数据表，选定数据区域中的任意单元格。

（2）在"数据"菜单选项卡的"排序和筛选"区域，单击"排序"按钮，打开如图 9-1 所示的"排序"对话框。

图 9-1 "排序"对话框

（3）对"排序"对话框进行设置。在"主要关键字"下拉列表框中选择排序的关键字；在"排序依据"下拉列表框中选择排序依据，如图9-2所示；在"次序"下拉列表框中选择排序方式。

图9-2　排序依据

（4）单击"确定"按钮，完成排序操作。

使用"排序和筛选"工具栏中的排序按钮，也能快捷地按单列关键字进行排序。

（1）单击待排序数据列中的任意一个单元格。

（2）在"数据"菜单选项卡的"排序和筛选"区域单击"升序" ↓ 或"降序" ↓ 命令按钮，如图9-3所示，即可按指定列进行升序或降序排列。

图9-3　选择排序方式

上机练习——按采购数量排序进货管理表

　　本节练习对进货管理表按"采购数量"进行升序排列，通过对操作步骤的详细讲解，读者可进一步掌握按单关键字对数据表进行排序的方法。

9-1　上机练习——按采购数量排序进货管理表

　　首先选中待排序数据表中的任意一个单元格，然后打开"排序"对话框，设置排序的关键字、排序依据和次序，结果如图9-4所示。

图9-4　按采购数量升序排列

操作步骤

（1）新建一个工作簿，在默认新建的工作表中输入进货管理表数据，并进行格式化，如图9-5所示。

	A	B	C	D	E	F	G
1	某家具销售公司6月份商品进货管理表						
2	名称	型号	生产厂	单价	采购数量	总价	进货日期
3	沙发	S001	天成沙发厂	1000	3	3000	2016年6月2日
4	椅子	Y001	永昌椅业	230	6	1380	2016年6月4日
5	沙发	S002	天成沙发厂	1200	8	9600	2016年6月6日
6	茶几	C001	新时代家具城	500	9	4500	2016年6月7日
7	桌子	Z001	新时代家具城	600	6	3600	2016年6月10日
8	茶几	C002	新时代家具城	360	12	4320	2016年6月14日
9	椅子	Y002	永昌椅业	550	15	8250	2016年6月17日
10	沙发	S003	新世界沙发城	2300	11	25300	2016年6月20日
11	椅子	Y003	永昌椅业	500	8	4000	2016年6月21日
12	椅子	Y004	新时代家具城	550	6	3300	2016年6月24日
13	沙发	S004	新世界沙发城	2900	3	8700	2016年6月26日
14	茶几	C003	新时代家具城	850	8	6800	2016年6月28日
15	桌子	Z002	新时代家具城	560	9	5040	2016年6月30日

图 9-5　排序前的原始表

（2）选中 E3 单元格,在"数据"菜单选项卡的"排序和筛选"区域单击"排序"按钮,如图 9-6 所示,打开"排序"对话框。

（3）在"主要关键字"下拉列表框中选择"采购数量"选项,其他选项保留默认设置, 如图 9-7 所示。

（4）单击"确定"按钮关闭对话框,工作表即可按采购数量进行升序排列,如图 9-4 所示。

此外,选中 E3 单元格之后,直接单击"排序和筛选"区域的"升序"按钮,如图 9-8 所示,可以对工作表进行快速排序。

图 9-6　选择"排序"命令

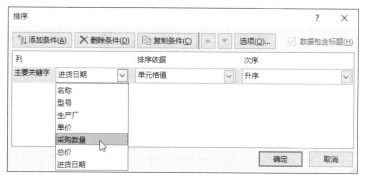

图 9-7　设置排序主关键字

图 9-8　使用"升序"按钮排序

9.1.3　按多关键字排序

按单关键字进行排序时, 经常会遇到两个或多个关键字相同的情况。如果要分出这些关键字相同的记录的顺序, 就需要使用多关键字排序。例如, 在总分相同的情况下, 按其他课程的成绩进行排序。

（1）选中待排序数据区域的任意单元格。

（2）在"数据"菜单选项卡的"排序和筛选"区域, 单击"排序"按钮, 打开"排序"对话框。

（3）在"主要关键字"列表框中选择排序的主关键字, 然后选择排序依据和排序方式。

（4）单击"添加条件"按钮, 按上一步的方法设置次要关键字、排序依据和排序方式, 如图 9-9 所示。

（5）重复上一步的操作, 可以添加其他次要关键字和排序方式。

（6）单击"确定"按钮, 完成操作。

图 9-9 设置次要关键字

如果要删除排序条件，可以选中要删除的条件，然后单击"排序"对话框顶部的"删除条件"按钮。

上机练习——按单价和总价查看进货管理表

简单排序只能针对某一个字段进行排序，要进行两个字段或者两个以上的字段排序，就要用到复杂排序。本节练习对进货管理表按"单价"和"总价"进行升序排列，通过对操作步骤的详细讲解，读者可进一步掌握对数据表按多个关键字进行排序的方法。

9-2 上机练习——按单价和总价查看进货管理表

首先打开"排序"对话框，设置排序的主要关键字、排序依据和次序；然后添加条件，设置次要关键字、排序依据和次序。结果如图 9-10 所示，首先按"单价"进行升序排列，如果单价相同，则按"总价"进行升序排列。

图 9-10 排序结果

操作步骤

（1）在数据表中选择任意一个单元格，然后在"数据"菜单选项卡的"排序和筛选"区域单击"排序"按钮，弹出"排序"对话框。在"主要关键字"下拉列表框中选择"单价"，"排序依据"和"次序"保留默认设置，如图 9-11 所示。

（2）单击对话框左上角的"添加条件"按钮，添加一行次要关键字条件，如图 9-12 所示。

（3）在"次要关键字"的下拉列表框中选择"总价""排序依据"和"次序"保留默认设置，如图 9-13

所示。

（4）单击"确定"按钮，工作表按照设置的方式进行排序，如图9-10所示。

图9-11 设置主要关键字

图9-12 添加条件

图9-13 设置次要关键字

9.1.4 按行排序

默认情况下，Excel对指定的数据区域按列的内容排序，如果要按行的内容排序，执行以下操作：

（1）在待排序的数据区域单击任意一个单元格。

（2）在"数据"菜单选项卡中选择"排序"命令，然后单击"排序"对话框中的"选项"按钮，弹出如图9-14所示的对话框。

（3）在"方向"区域，单击"按行排序"单选按钮，然后单击"确定"按钮。

（4）在主要关键字和次要关键字下拉列表框中选择需要的排序数据行，单击"确定"按钮关闭对话框。

图9-14 "排序选项"对话框

9.1.5　自定义条件排序

Excel 默认按照字母的顺序对数据排序，用户还可以自定义序列对数据进行排序。例如：将工作表以班次为关键字，按照"远望、东风、神州"的顺序进行排序。

（1）在待排序的数据区域选中任意一个单元格。

（2）在"数据"菜单选项卡中单击"排序"命令，打开"排序"对话框。

（3）在"主要关键字"列表中选择排序的关键字（例如，"班次"），"排序依据"选择"单元格值"，然后在"次序"下拉列表框中选择"自定义序列"，如图 9-15 所示，打开"自定义序列"对话框。

图 9-15　选择"自定义序列"命令

（4）在"输入序列"文本框中输入自定义序列，如图 9-16 所示。

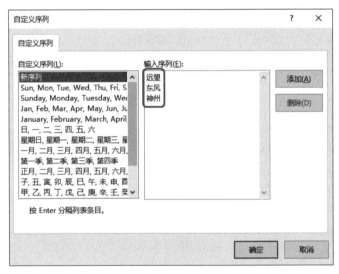

图 9-16　"自定义序列"对话框

（5）单击"添加"按钮，再单击"确定"按钮关闭对话框，此时的排序次序显示为指定的序列，如图 9-17 所示。

图 9-17　按指定序列进行排序

（6）单击"确定"按钮，显示排序后的结果。

 注意 自定义排序只能作用于"主要关键字"下拉列表框中指定的数据列。如果要使用自定义排序顺序对多个数据列排序，应分别对每一个列执行一次排序操作。

上机练习——按生产商排序进货管理表

 练习目标 本节练习通过自定义生产商序列对进货管理表进行排序，提取出相应的信息，通过对操作步骤的详细讲解，使读者进一步掌握按自定义序列排序数据表的方法。

9-3 上机练习——按生产商排序进货管理表

 设计思路 首先打开"排序"对话框，设置排序次序为"自定义序列"，然后在打开的"自定义序列"对话框中输入序列，"排序"对话框中的排序次序将自动设置为指定的序列，结果如图9-18所示。

	A	B	C	D	E	F	G
1	某家具销售公司6月份商品进货管理表						
2	名称	型号	生产厂	单价	采购数量	总价	进货日期
3	沙发	S001	天成沙发厂	1000	3	3000	2016年6月2日
4	沙发	S002	天成沙发厂	1200	8	9600	2016年6月6日
5	沙发	S003	新世界沙发城	2300	11	25300	2016年6月20日
6	沙发	S004	新世界沙发城	2900	3	8700	2016年6月26日
7	椅子	Y001	永昌椅业	230	6	1380	2016年6月4日
8	椅子	Y002	永昌椅业	550	15	8250	2016年6月17日
9	椅子	Y003	永昌椅业	500	8	4000	2016年6月21日
10	茶几	C001	新时代家具城	500	9	4500	2016年6月7日
11	桌子	Z001	新时代家具城	600	6	3600	2016年6月10日
12	茶几	C002	新时代家具城	360	12	4320	2016年6月14日
13	椅子	Y004	新时代家具城	550	6	3300	2016年6月24日
14	茶几	C003	新时代家具城	850	8	6800	2016年6月28日
15	桌子	Z002	新时代家具城	560	9	5040	2016年6月30日

图9-18 排序结果

操作步骤

（1）在数据表中选择任意一个单元格，然后单击"数据"菜单选项卡"排序和筛选"区域的"排序"按钮，弹出"排序"对话框。

（2）在"主要关键字"列表中选择排序的关键字"生产厂"，"排序依据"选择"单元格值"，然后在"次序"下拉列表框中选择"自定义序列"，如图9-19所示，打开"自定义序列"对话框。

图9-19 选择"自定义序列"命令

（3）在"输入序列"列表框中输入自定义序列"天成沙发厂""新世界沙发城""永昌椅业""新时代家具城"，按 Enter 键换行分隔，如图 9-20 所示。

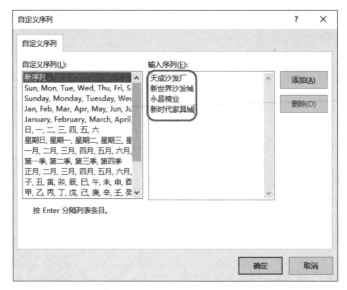

图 9-20　自定义序列

（4）单击"添加"按钮，可将输入的序列添加到"自定义序列"列表框中。单击"确定"按钮关闭对话框，此时的排序次序将显示为指定的序列，如图 9-21 所示。

图 9-21　按指定序列进行排序

（5）单击"确定"按钮，显示排序后的结果，如图 9-18 所示。

9.2　对数据进行筛选

筛选是查找和分析符合特定条件的数据的快捷方法，经过筛选的数据表只显示满足用户针对某列指定条件的记录，暂时隐藏不满足条件的记录。

Excel 提供了两种筛选命令："自动筛选"和"高级筛选"。"自动筛选"是一种很简便的方法，能满足大部分的工作需要。如果筛选条件比较复杂，就要用到"高级筛选"。

9.2.1　自动筛选

自动筛选就是按选定的内容进行筛选，适用于简单的数据筛选条件。

（1）单击要筛选的数据表中的任意一个单元格。

（2）在"数据"菜单选项卡的"排序和筛选"区域单击"筛选"命令 ▼。此时，列标志右侧显示下拉箭头按钮，如图 9-22 所示。

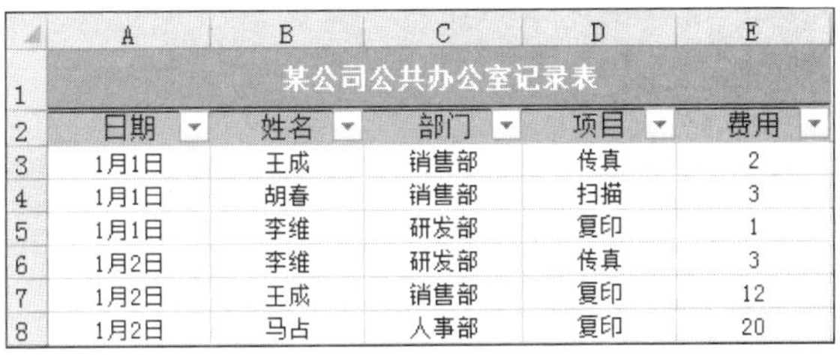

图 9-22 筛选字段

（3）如果只要显示含有特定值的数据行，可单击含有待显示数据的数据列上端的下拉箭头，然后选择所需的内容或子集分类。如图 9-23 所示，选中"复印"复选框，则只显示"项目"为"复印"的记录。

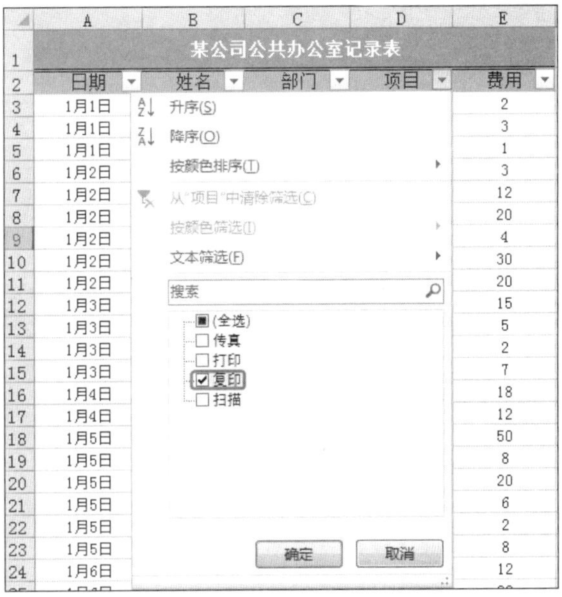

图 9-23 对数据清单进行筛选

在自动筛选下拉列表中包括了"升序""降序"和"按颜色排序"三种筛选结果的排序方式。

（4）单击"确定"按钮，即可显示筛选结果，如图 9-24 所示。从图中可以看出，筛选结果的行号以蓝色显示，使用自动筛选的字段名称右侧显示筛选图标。自动筛选时，可以设置多个筛选条件。

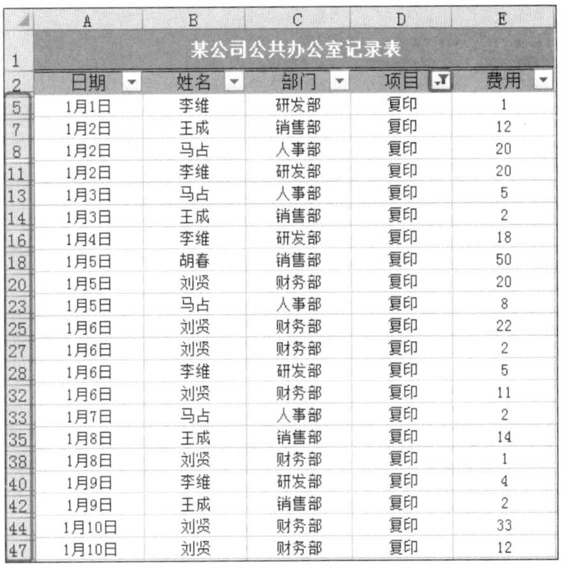

图 9-24 数据筛选结果

（5）在另一个数据列中重复第（3）步，可以指定第2个筛选条件，结果如图9-25所示。

某公司公共办公室记录表				
日期 ▽	姓名 ▽	部门 ▼	项目 ▼	费用 ▽
1月2日	马占	人事部	复印	20
1月3日	马占	人事部	复印	5
1月5日	马占	人事部	复印	8
1月7日	马占	人事部	复印	2

图9-25　指定多个筛选条件

　　如果要在指定的范围内筛选数据，例如"费用"介于20~50之间的记录、"姓名"以V开头的记录，等等，可以使用Excel内置的筛选条件。

　　（6）单击要自定义筛选条件的列标志右侧的下拉箭头，在弹出的列表中选择"数字筛选"或"文本筛选"命令，弹出筛选条件列表，如图9-26或图9-27所示。

图9-26　数字筛选条件

图9-27　文本筛选条件

> **提示：**　　如果要筛选数据的列是数字，则弹出如图9-26所示的条件列表；如果要筛选数据的列是文本，则弹出如图9-27所示的条件列表。

　　（7）在筛选条件中选择需要的条件，然后在弹出的条件设置对话框中进行设置。例如，筛选费用前10项的记录，且按降序排列的结果如图9-28所示。

某公司公共办公室记录表				
日期 ▼	姓名 ▼	部门 ▼	项目 ▼	费用 ▼
1月5日	胡春	销售部	复印	50
1月10日	刘贤	财务部	复印	33
1月2日	王成	销售部	打印	30
1月6日	刘贤	财务部	复印	22
1月2日	马占	人事部	复印	20
1月2日	李维	研发部	复印	20
1月5日	刘贤	财务部	复印	20
1月4日	李维	研发部	复印	18
1月3日	马占	人事部	扫描	15
1月9日	刘贤	财务部	传真	15

图9-28　筛选结果

9.2.2 自定义筛选

如果要使用同一列中的两个条件筛选数据，或者两个条件之一进行筛选，可以使用自定义筛选功能。对同一列数据，最多可以应用两个筛选条件。

（1）单击要筛选的数据表中的任意一个单元格。

（2）在"数据"菜单选项卡的"排序和筛选"区域单击"筛选"命令 ▼。此时，列标志右侧显示下拉箭头按钮。

（3）单击要自定义筛选条件的数据列右侧的下拉箭头，在弹出的列表中选择"数字筛选"命令下的"自定义筛选"命令，或"文本筛选"下的"自定义筛选"命令，弹出如图 9-29 所示的"自定义自动筛选方式"对话框。

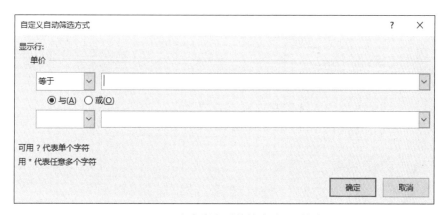

图 9-29 "自定义自动筛选方式"对话框

（4）在"显示行"下方的条件下拉列表框中选择筛选条件，以及条件之间的逻辑关系，然后单击"确定"按钮关闭对话框。

用 Excel 筛选并删除重复的数据。单击要删除的数据所在列的下拉箭头，打开如图 9-29 所示的"自定义自动筛选方式"对话框，在"等于"右侧的文本框中输入数据，单击"确定"按钮，可以看到数据相同的所有条目，此时直接删除行即可。

9.2.3 高级筛选

如果需要进行筛选的数据列表中的字段较多，筛选条件又比较复杂，这时就可以使用高级筛选简化筛选工作，提高工作效率。

使用高级筛选时，必须先建立一个条件区域，指定筛选的数据要满足的条件。条件区域中不一定包含数据表中的所有字段，但条件区域中的字段必须是数据表中的字段，且首行中包含的字段必须与数据表中的字段保持一致。

1. 单条件高级筛选

（1）在工作表的空白位置设置条件标志，并在条件标志的下一行中输入要匹配的条件，如图 9-30 所示。

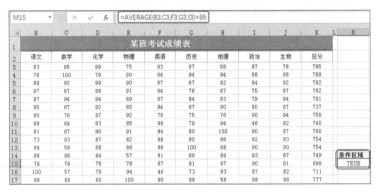

图 9-30　设置筛选条件区域

 注意　在创建高级筛选条件时，应将条件区域构建在数据区域的起始位置或旁边，最好不要在数据区域的下方构建条件区域，以免后续添加数据行时覆盖条件区域；要建立条件区域的数据表必须要有标题行；用于作为条件的公式在引用时必须使用相对引用，并且公式需要计算出 True 或 False 之类的结果。

（2）在"数据"菜单选项卡的"排序和筛选"区域单击"高级"命令
🔽高级，弹出"高级筛选"对话框，选择保存筛选结果的位置和条件区域，如图 9-31 所示。

- ❖ "在原有区域显示筛选结果"：将筛选结果显示在原有数据区域，筛选结果与自动筛选结果完全一样。
- ❖ "将筛选结果复制到其他位置"：这是高级筛选与自动筛选的一个最主要的区别，可以在进行高级筛选操作的同时，将筛选后的数据直接复制到其他单元格区域中保存。
- ❖ "选择不重复记录"：不筛选重复记录。

 注意　在输入条件区域的引用时，一定要包含条件标志。

图 9-31　"高级筛选"对话框

（3）单击"确定"按钮，在"复制到"文本框中指定的单元格区域显示筛选结果的第一行，如图 9-32 所示。

图 9-32　筛选结果

从图 9-32 中可以看到，使用复制的方法，可以在工作表中保留原始数据的同时，显示筛选结果，非常直观。

2. 多条件高级筛选

（1）在空白单元格区域设置高级筛选的多个条件，且各个条件并排，表示各个条件是交叉关系"与"，如图 9-33 所示。

	A	B	C	D	E	F	G	H	I	J	K	L	M
1						某班考试成绩表							
2	姓名	语文	数学	化学	物理	英语	历史	地理	政治	生物	总分		
3	王彦	83	95	99	75	93	87	88	87	78	785		
4	马涛	78	100	79	90	68	94	94	88	98	789		
5	郑义	89	92	99	90	87	67	92	84	92	792		
6	王乾	97	87	88	91	94	76	87	75	87	782		
7	李二	87	94	94	89	67	84	93	79	94	781		
8	孙思	95	67	92	85	94	67	90	80	67	737		
9	刘夏	90	76	87	92	78	75	76	90	94	758		
10	夏雨	69	84	93	85	98	79	94	46	92	740		
11	白菊	81	67	90	91	94	80	100	90	87	780		
12	张虎	73	93	87	82	88	90	66	82	93	754		
13	马一	88	58	88	86	86	100	68	90	90	754		
14	赵望	98	96	84	57	81	69	84	93	87	749	语文	总分
15	刘留	76	76	75	76	67	81	67	90	91	699	>=85	>=780
16	乾红	100	57	79	94	46	73	93	87	82	711		
17	王虎	98	89	80	100	90	88	58	88	86	777		

图 9-33　设置高级筛选条件

（2）在"数据"菜单选项卡的"排序和筛选"区域单击"高级"命令 ，弹出"高级筛选"对话框，选择保存筛选结果的位置和条件区域，如图 9-34 所示。

图 9-34　"高级筛选"对话框

（3）单击"确定"按钮，在指定的单元格区域显示筛选结果的第一行，如图 9-35 所示。

	A	B	C	D	E	F	G	H	I	J	K	L	M
1						某班考试成绩表							
2	姓名	语文	数学	化学	物理	英语	历史	地理	政治	生物	总分		
3	王彦	83	95	99	75	93	87	88	87	78	785		
4	马涛	78	100	79	90	68	94	94	88	98	789		
5	郑义	89	92	99	90	87	67	92	84	92	792		
6	王乾	97	87	88	91	94	76	87	75	87	782		
7	李二	87	94	94	89	67	84	93	79	94	781		
8	孙思	95	67	92	85	94	67	90	80	67	737		
9	刘夏	90	76	87	92	78	75	76	90	94	758		
10	夏雨	69	84	93	85	98	79	94	46	92	740		
11	白菊	81	67	90	91	94	80	100	90	87	780		
12	张虎	73	93	87	82	88	90	66	82	93	754		
13	马一	88	58	88	86	86	100	68	90	90	754		
14	赵望	98	96	84	57	81	69	84	93	87	749	语文	总分
15	刘留	76	76	75	76	67	81	67	90	91	699	>=85	>=780
16	乾红	100	57	79	94	46	73	93	87	82	711		
17	王虎	98	89	80	100	90	88	58	88	86	777		
18													
19						筛选结果							
20	姓名	语文	数学	化学	物理	英语	历史	地理	政治	生物	总分		
21	郑义	89	92	99	90	87	67	92	84	92	792		
22	王乾	97	87	88	91	94	76	87	75	87	782		
23	李二	87	94	94	89	67	84	93	79	94	781		

图 9-35　显示筛选结果

显示所有语文成绩大于等于85，且总分大于等于780的数据行。

（4）如果筛选条件为并列条件"或"，则将条件列在不同的行内，如图9-36所示。表示筛选语文成绩大于等于85，或者总分大于等于780的数据行。筛选结果如图9-37所示。

19	筛选结果									
20	姓名	语文	数学	化学	物理	英语	历史	地理	政治	生物	总分
21	王彦	83	95	99	75	93	87	88	87	78	785
22	马涛	78	100	79	90	68	94	94	88	98	789
23	郑义	89	92	99	90	87	67	92	84	92	792
24	王乾	97	87	88	91	94	76	87	75	87	782
25	李二	87	94	94	89	67	84	93	79	94	781
26	孙思	95	67	92	85	94	67	90	80	67	737
27	刘夏	90	76	87	92	78	75	76	90	94	758
28	白菊	81	67	90	91	94	80	100	90	87	780
29	马一	88	58	88	86	86	100	68	90	90	754
30	赵望	98	96	84	57	81	69	84	93	87	749
31	乾红	100	57	79	94	46	73	93	87	82	711
32	王虎	98	89	80	100	90	88	58	88	86	777

语文	总分
>=85	
	>=780

图9-36　设置筛选条件　　　　　　　　图9-37　并列条件的筛选结果

9.2.4　清除筛选

如果要取消筛选某列数据，可执行以下两种操作之一：

（1）在列标志右侧单击筛选图标，在弹出的下拉列表中选中"全选"复选框，如图9-38所示。

图9-38　取消筛选

（2）单击"数据"菜单选项卡"排序和筛选"区域的"清除"按钮。

如果要对所有列取消筛选，可以在"数据"菜单选项卡中单击"筛选"命令按钮。

上机练习——设计职员年度考核表

　　各公司在年底都会整理职员年度考核表，如何从年度考核表中筛选出想要的信息呢？本节练习利用 Excel 2019 的筛选功能设计职员年度考核表，通过对操作步骤的详细讲解，读者应能掌握使用自动筛选和高级筛选功能查看需要的数据的方法。

9-4　上机练习——设计职员年度考核表

　　首先使用自动筛选功能选择出勤情况得分为12分的职工记录，然后使用自定义筛选功能筛选工作作风情况得分在29~32分之间的记录，最后通过高级筛选方式筛选出勤情况得分大于或等于12，履行职责情况得分大于42的记录，结果如图9-39所示。

	A	B	C	D	E	F	G
1				职员年度考核表			
2	工号	姓名	出勤	履行职责	工作作风	奖惩	总计
3	SW101	周若冰	13	42	30	2	87
4	SW102	贺哲峰	12	45	34	-2	89
5	SW103	李子华	10	44	33	1	88
6	SW104	姚太美	13	42	29	-3	81
7	SW105	李平平	12	43	31	2	88
8	SW106	谢一辉	11	46	32	3	92
9	SW107	王子涵	12	43	33	1	89
10							
11							
12			出勤	履行职责			
13			>=12	>42			
14							
15	工号	姓名	出勤	履行职责	工作作风	奖惩	总计
16	SW102	贺哲峰	12	45	34	-2	89
17	SW105	李平平	12	43	31	2	88
18	SW107	王子涵	12	43	33	1	89

图9-39　高级筛选结果

操作步骤

1. 自动筛选

自动筛选主要用于简单条件的筛选。首先用自动筛选功能选择出勤情况得分为12分的职工记录。

（1）打开"职员年度考核表"工作簿，如图9-40所示。

	A	B	C	D	E	F	G
1				职员年度考核表			
2	工号	姓名	出勤	履行职责	工作作风	奖惩	总计
3	SW101	周若冰	13	42	30	2	87
4	SW102	贺哲峰	12	45	34	-2	89
5	SW103	李子华	10	44	33	1	88
6	SW104	姚太美	13	42	29	-3	81
7	SW105	李平平	12	43	31	2	88
8	SW106	谢一辉	11	46	32	3	92
9	SW107	王子涵	12	43	33	1	89

图9-40　职员年度考核表

（2）在数据表中选中任意一个单元格，在"数据"菜单选项卡的"排序和筛选"区域单击"筛选"命令。此时，各个列标志右侧显示一个下拉箭头按钮，如图9-41所示。

	A	B	C	D	E	F	G
1				职员年度考核表			
2	工号 ▾	姓名 ▾	出勤 ▾	履行职责 ▾	工作作风 ▾	奖惩 ▾	总计 ▾
3	SW101	周若冰	13	42	30	2	87
4	SW102	贺哲峰	12	45	34	-2	89
5	SW103	李子华	10	44	33	1	88
6	SW104	姚太美	13	42	29	-3	81
7	SW105	李平平	12	43	31	2	88
8	SW106	谢一辉	11	46	32	3	92
9	SW107	王子涵	12	43	33	1	89

图9-41　筛选字段

（3）筛选字段。单击"出勤"字段右侧的下拉箭头按钮，在下拉列表框中取消选中"全选"复选框，然后选中"12"复选框，如图 9-42 所示。

（4）单击"确定"按钮，在数据表中将仅显示"出勤"为 12 的记录，且筛选结果的行标题变为蓝色，其他记录自动隐藏，如图 9-43 所示。

（5）选中筛选结果中的任意一个单元格，在"数据"菜单选项卡的"排序和筛选"区域单击"清除"按钮，如图 9-44 所示，即可清除当前数据范围的筛选和排序状态，显示全部记录。

图 9-42　数字筛选

图 9-43　显示筛选结果

2. 自定义筛选

接下来使用自定义筛选功能，筛选工作作风情况得分在 29~32 分之间的记录。

（1）单击"工作作风"字段右侧的下拉箭头按钮，在弹出的下拉列表框中选择"数字筛选"命令下的"自定义筛选"命令，如图 9-45 所示，弹出"自定义自动筛选方式"对话框。

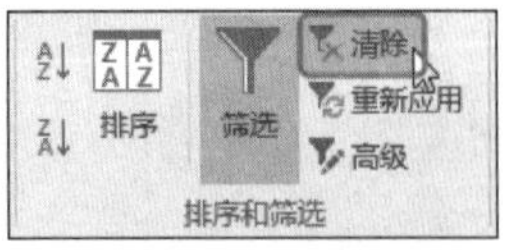

图 9-44　清除筛选

图 9-45　选择"自定义筛选"命令

（2）在第一个条件的第一个文本框的下拉列表框中选择"大于或等于"，在右边的下拉列表框中输入"29"作为条件值，如图 9-46 所示。

（3）选择"与"单选按钮，表示同时满足两个条件。在第二个条件左边的下拉列表框中选择"小于或等于"选项，在右边的下拉列表框中输入"32"作为条件值，如图 9-47 所示。

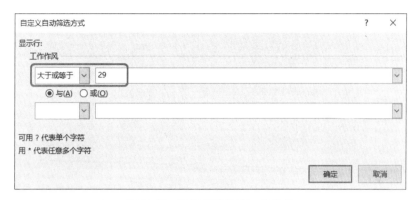

图 9-46   设置筛选的第一个条件

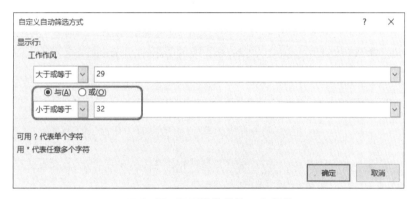

图 9-47   设置筛选的第二个条件

（4）单击"确定"按钮关闭对话框，即可筛选出工作作风得分在 29~32 之间的记录，如图 9-48 所示。

	A	B	C	D	E	F	G
1	职员年度考核表						
2	工号	姓名	出勤	履行职责	工作作风	奖惩	总计
3	SW101	周若冰	13	42	30	2	87
6	SW104	姚太美	13	42	29	-3	81
7	SW105	李平平	12	43	31	2	88
8	SW106	谢一辉	11	46	32	3	92

图 9-48   自定义筛选结果

（5）选中筛选结果中的任意一个单元格，在"数据"菜单选项卡的"排序和筛选"区域单击"筛选"按钮，显示全部记录。

3. 高级筛选

接下来通过高级筛选方式筛选出勤情况得分大于或等于 12，履行职责情况得分大于 42 的记录。

（1）在 C12:D13 单元格区域输入筛选条件，如图 9-49 所示。

（2）选中要进行数据筛选的数据区域中的任一单元格，在"数据"菜单选项卡的"排序和筛选"区域单击"高级"按钮，打开"高级筛选"对话框，如图 9-50 所示。

（3）"列表区域"保留默认设置；单击"条件区域"右侧的"选择"按钮 ⬆，在数据表中选择 C12:D13，然后单击对话框中的 ▣ 按钮，此时"条件区域"文本框中自动填充选中的区域，如图 9-51 所示。

	A	B	C	D	E	F	G
1			职员年度考核表				
2	工号	姓名	出勤	履行职责	工作作风	奖惩	总计
3	SW101	周若冰	13	42	30	2	87
4	SW102	贺哲峰	12	45	34	-2	89
5	SW103	李子华	10	44	33	1	88
6	SW104	姚太美	13	42	29	-3	81
7	SW105	李平平	12	43	31	2	88
8	SW106	谢一辉	11	46	32	3	92
9	SW107	王子涵	12	43	33	1	89
10							
11							
12			出勤	履行职责			
13			>=12	>42			

图 9-49　输入筛选条件

（4）在"方式"区域选中"将筛选结果复制到其他位置"单选按钮，单击"复制到"右侧的"选择"按钮，在数据表中选择 A15:G15，然后单击对话框中的按钮，此时"复制到"文本框中自动填充选中的区域，如图 9-52 所示。

图 9-50　"高级筛选"对话框

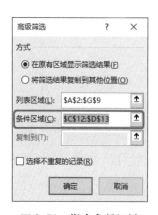

图 9-51　指定条件区域

图 9-52　指定筛选结果的显示位置

（5）单击"确定"按钮，将在指定的单元格区域显示筛选结果，如图 9-39 所示。

答 疑 解 惑

1. 什么是升序排列？什么是降序排列？

答：升序排列是以某个字段的数据为标准，按照从小到大的顺序进行排列；降序排列是以某个字段的数据为标准，按照从大到小的顺序进行排列。

2. 排序没有达到预期效果，该怎样处理？

答：（1）检查数据是否为数字格式；（2）检查数据是否设置为文本格式；（3）检查日期和时间的格式是否正确；（4）取消隐藏行和列。

3. 在对文本进行排序时，是基于什么排序的？

答：在对文本进行排序时，Excel 将根据文本第一个汉字的声母进行排序。

4. 怎样用 Excel 2019 筛选并删除重复的数据？

答：在"数据"菜单选项卡的"排序和筛选"区域选中"筛选"命令，可以看到每一列的第一个单元格右侧都会出现一个下拉按钮。单击要删除的列右侧的下拉按钮，在弹出的下拉菜单中选择"数字筛选"命令下的"等于"命令，或"文本筛选"命令下的"等于"命令，在弹出的对话框中输入数据，单击"确定"按钮，可以看到数据相同的所有条目，此时直接删除行就可以了。

5. 如何在"自动筛选"菜单中取消对日期层次结构的分组？

答：打开"Excel 选项"对话框，然后单击"高级"分类，在"此工作簿的显示选项"区域，取消选中"使用'自动筛选'菜单分组日期"复选框。

学习效果自测

一、选择题

1. 在 Excel 中，如果只需要查看数据列表中记录的一部分，可以使用 Excel 提供的（　　）功能。

　A. 排序　　　　　　　　B. 自动筛选　　　　　　C. 分类汇总　　　　　　D. 以上全部

2. 在 Excel 中有一个高一年级全体学生的学分记录表，表中包含"学号、姓名、班别、学科、学分"五个字段，如果要选出高一（2）班信息技术学科的所有记录，则最快捷的操作方法是（　　）。

　A. 排序　　　　　　　　B. 筛选　　　　　　　　C. 汇总　　　　　　　　D. 透视

3. 想快速找出"成绩表"中成绩前 20 名学生，合理的方法是（　　）。

　A. 对成绩表进行排序　　　　　　　　　　　B. 成绩输入时严格按高低分录入

　C. 只能一条一条看　　　　　　　　　　　　D. 进行分类汇总

4. 在 Excel 2019 中，下列关于排序的说法错误的是（　　）。

　A. 可以按日期进行排序　　　　　　　　　　B. 可以按多个关键字进行排序

　C. 不可以自定义排序序列　　　　　　　　　D. 可以按行进行排序

5. 关于数据筛选，下列说法正确的是（　　）。

　A. 筛选条件只能是一个固定值

　B. 筛选的表格中，只含有符合条件的行，其他行被隐藏

　C. 筛选的表格中，只含有符合条件的行，其他行被删除

　D. 筛选条件不能由用户自定义，只能由系统设定

6. 一个数据表中只有"姓名""年龄"和"身高"三个字段，对其设置了除"姓名"之外的两个关键字排序后的结果如下：

姓　名	年　龄	身　高
李永宁	16	1.67
王晓军	18	1.72
林文皓	17	1.72
赵　城	17	1.75

则此排序操作的第二关键字是按（　　）设置的。

　A. 身高的升序　　　　B. 身高的降序　　　　　C. 年龄的升序　　　　D. 年龄的降序

7. 对数据排序时，下列操作错误的是（　　）。

　A. 选中数据列表中任意一个单元格

　B. 选中整个数据列表进行排序操作

　C. 选中数据列表中任意一行排序

　D. 选中工作表中任意一个单元格排序

8. Excel 中取消工作表的自动筛选后，（　　）。

　A. 工作表的数据消失　　　　　　　　　　　B. 工作表恢复原样

　C. 只剩下符合筛选条件的记录　　　　　　　D. 不能取消自动筛选

9. 在 Excel 2019 中，下列关于"筛选"的正确叙述是（ 　　 ）。

A. 自动筛选和高级筛选都可以将结果筛选至另外的区域中

B. 不同字段之间进行"或"运算的条件必须使用高级筛选

C. 自动筛选的条件只能是一个，高级筛选的条件可以是多个

D. 如果所选条件出现在多列中，并且条件之间是"与"的关系，必须使用高级筛选

第 10 章

分类汇总数据

本章导读

　　Excel 提供了一套功能强大的操作和处理数据的有效工具，如排序、筛选、分类汇总等。分类汇总是分析数据的一种常用方法，Excel 自动对指定的数据进行分类，并在数据表底部插入一个"总计"行汇总选定的数据。对数据列表行分类汇总之后，如果修改了其中的明细数据，汇总数据也将随之自动进行更新。

　　在 Excel 中对数据进行汇总有两种方法：一种是在数据表中添加自动分类汇总；另一种是用数据透视表汇总和分析数据。本章只介绍第一种方法，第二种方法将在第 11 章中进行介绍。

学习要点

- ❖ 掌握在数据中插入分类汇总的方法
- ❖ 掌握创建多级分类汇总的方法
- ❖ 学会分级显示汇总结果
- ❖ 学会隐藏分类汇总

10.1 创建分类汇总

对数据进行分类汇总是按照不同类别进行统计的一个重要功能。对数据分类汇总后，Excel 可自动计算数据表中的分类汇总和总计值，并且分级显示数据，以便为每个分类汇总显示或隐藏明细数据行。

10.1.1 创建一级分类汇总

（1）选中要进行汇总的数据列，并将数据列表按该列关键字进行排序，如图 10-1 所示，按"销售网点"进行排序。

日期	销售网点	销售员	产品名称	型号	单价	数量	总额
\multicolumn{8}{c}{某电脑公司一周销售情况统计表}
2017/1/1	王府井店	刘三	IBM	T43	9700	4	38800
2017/1/2	王府井店	刘三	IBM	T43	9800	6	58800
2017/1/5	王府井店	刘三	惠普	3821	5400	8	43200
2017/1/5	王府井店	吴平	惠普	3821	5500	7	38500
2017/1/5	王府井店	马俊	IBM	T46	9800	3	29400
2017/1/6	王府井店	吴平	惠普	3821	5800	5	29000
2017/1/7	王府井店	马俊	惠普	2353	6100	9	54900
2017/1/1	西单店	王二	宏基	2920	6700	3	20100
2017/1/1	西单店	王二	惠普	3912	6000	6	36000
2017/1/2	西单店	吴学飞	宏基	2922	7000	1	7000
2017/1/3	西单店	吴学飞	宏基	2922	7100	3	21300
2017/1/3	西单店	王二	惠普	3821	5600	3	16800
2017/1/4	西单店	王二	宏基	2920	6800	6	40800
2017/1/5	西单店	王二	宏基	2922	7800	12	93600
2017/1/6	西单店	王二	宏基	2922	6900	6	41400
2017/1/6	西单店	吴学飞	IBM	T46	12000	9	108000
2017/1/2	中关村店	程为	惠普	3912	6100	4	24400
2017/1/3	中关村店	程为	IBM	T46	9800	1	9800
2017/1/4	中关村店	程为	IBM	T43	8700	10	87000
2017/1/5	中关村店	程为	IBM	X80	9200	9	82800
2017/1/6	中关村店	程为	IBM	X80	9100	3	27300
2017/1/7	中关村店	程为	IBM	T46	10000	7	70000
2017/1/7	中关村店	程为	宏基	2920	7200	4	28800

图 10-1 按"销售网点"进行排序的数据表

在插入分类汇总之前，首先需要对数据列表进行排序，以便将要进行分类汇总的行组合到一起，然后对包含数字的列进行分类汇总。

注意 在使用分类汇总之前，需要保证数据表的各列有列标题，并且同一列中应该包含相同的数据，同时在数据区域中没有空行或者空列。Excel 根据列标题来确定如何创建数据组以及如何计算总和。

（2）单击要汇总的数据表中的任意一个单元格。

（3）在"数据"菜单选项卡的"分级显示"区域，单击"分类汇总"命令，弹出如图 10-2 所示的"分类汇总"对话框。

（4）在"分类字段"下拉列表框中，选择要进行分类汇总的数据列。选定的数据列一定要与执行排序的数据列相同。例如，选择"销售网点"。

（5）在"汇总方式"下拉列表框中，单击需要用于计算分类汇总的函数。

（6）在"选择汇总项"列表框中，选择需要对其进行汇总计算的数值列对应的复选框。

同时选中"选定汇总项"列表框中的多个复选框，可以对多列进行分类汇总。例如，选择"数量"和"总额"。

（7）选中"替换当前分类汇总"复选框，可以替换已对数据列表执行的分类汇总。

（8）如果选中"每组数据分页"复选框，Excel 将把每类数据分页显示。

图 10-2 "分类汇总"对话框

（9）单击"确定"按钮。结果如图 10-3 所示。

日期	销售网点	销售员	产品名称	型号	单价	数量	总额
			某电脑公司一周销售情况统计表				
2017/1/1	王府井店	刘三	IBM	T43	9700	4	38800
2017/1/2	王府井店	刘三	IBM	T43	9800	6	58800
2017/1/5	王府井店	刘三	惠普	3821	5400	8	43200
2017/1/5	王府井店	吴平	惠普	3821	5500	7	38500
2017/1/5	王府井店	马俊	IBM	T46	9800	3	29400
2017/1/6	王府井店	吴平	惠普	3821	5800	5	29000
2017/1/7	王府井店	马俊	惠普	2353	6100	9	54900
	王府井店 汇总						292600
2017/1/1	西单店	王二	宏基	2920	6700	3	20100
2017/1/1	西单店	王二	惠普	3912	6000	6	36000
2017/1/2	西单店	吴学飞	宏基	2922	7000	1	7000
2017/1/3	西单店	吴学飞	宏基	2922	7100	3	21300
2017/1/3	西单店	王二	惠普	3821	5600	3	16800
2017/1/4	西单店	王二	宏基	2920	6800	6	40800
2017/1/5	西单店	王二	宏基	2922	7800	12	93600
2017/1/6	西单店	王二	宏基	2922	6900	6	41400
2017/1/6	西单店	吴学飞	IBM	T46	12000	9	108000
	西单店 汇总						385000
2017/1/2	中关村店	程为	惠普	3912	6100	4	24400
2017/1/3	中关村店	程为	IBM	T46	9800	1	9800
2017/1/4	中关村店	程为	IBM	T43	8700	10	87000
2017/1/5	中关村店	程为	IBM	X80	9200	9	82800
2017/1/6	中关村店	程为	IBM	X80	9100	3	27300
2017/1/7	中关村店	程为	T46	10000		7	70000
2017/1/7	中关村店	程为	宏基	2920	7200	4	28800
	中关村店 汇总						330100
	总计						1007700

图 10-3　汇总数据结果

Excel 自动计算数据列表中的分类汇总和总计值。

10.1.2　创建多级分类汇总

多级汇总是指在原有普通的分类汇总的基础上，再对其他的字段进行分类汇总。

（1）在设置了分类汇总的基础上，选中数据区域中的任意一个单元格，选择"分类汇总"命令，打开"分类汇总"对话框。

（2）在"分类字段"下拉列表框中，选择要进行分类的字段，例如"销售员"。

（3）在"汇总方式"下拉列表框中，选择计算分类汇总的汇总函数。

（4）取消选择"替换当前分类汇总"复选框。

（5）单击"确定"按钮，即可实现多级汇总，结果如图 10-4 所示。

图 10-4　多级分类汇总结果

上机练习——汇总销售记录表

练习目标　　每个销售员的销售记录表最后都要汇总起来,这样才能进行对比。本节汇总销售记录表,通过对操作步骤的详细讲解,使读者进一步掌握分类汇总数据的操作方法。

10-1　上机练习——汇总销售记录表

设计思路　　首先将"销售记录表"按照产品名称进行排序,然后先后使用平均值和求和方式,对数量和销售总额进行分类汇总,结果如图 10-5 所示。

	销售员	产品名称	销售单价	数量	销售总额
1			销售记录表		
2	销售员	产品名称	销售单价	数量	销售总额
3	郑义	A	¥2,800.00	25	¥70,000.00
4	李凯	A	¥3,000.00	22	¥66,000.00
5		A 平均值		23.5	¥68,000.00
6		A 汇总		47	¥136,000.00
7	马力	B	¥3,200.00	18	¥57,600.00
8	张若水	B	¥3,100.00	23	¥71,300.00
9		B 平均值		20.5	¥64,450.00
10		B 汇总		41	¥128,900.00
11	朱华	C	¥2,500.00	28	¥70,000.00
12	金飞燕	C	¥2,600.00	32	¥83,200.00
13		C 平均值		30	¥76,600.00
14		C 汇总		60	¥153,200.00
15	林秀兰	D	¥3,500.00	16	¥56,000.00
16	苏苗苗	D	¥3,600.00	12	¥43,200.00
17		D 平均值		14	¥49,600.00
18		D 汇总		28	¥99,200.00
19		总计平均值		22	¥64,662.50
20		总计		176	¥517,300.00

图 10-5　显示汇总结果

操作步骤

(1)打开"销售记录表"工作簿,如图 10-6 所示。

图 10-6　销售记录表

(2)选中要进行分类汇总的数据列中的任意一个单元格,在"数据"菜单选项卡的"排序和筛选"区域,单击"排序"按钮打开"排序"对话框。

（3）在"主要关键字"下拉列表框中选择"产品名称"，排序依据和次序保留默认设置，如图 10-7 所示。

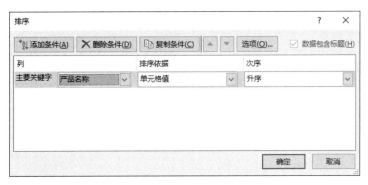

图 10-7　设置排序选项

（4）单击"确定"按钮关闭对话框。此时工作表按"产品名称"进行升序排列，如图 10-8 所示。

	A	B	C	D	E
1	销售记录表				
2	销售员	产品名称	销售单价	数量	销售总额
3	郑义	A	¥2,800.00	25	¥70,000.00
4	李凯	A	¥3,000.00	22	¥66,000.00
5	马力	B	¥3,200.00	18	¥57,600.00
6	张若水	B	¥3,100.00	23	¥71,300.00
7	朱华	C	¥2,500.00	28	¥70,000.00
8	金飞燕	C	¥2,600.00	32	¥83,200.00
9	林秀兰	D	¥3,500.00	16	¥56,000.00
10	苏苗苗	D	¥3,600.00	12	¥43,200.00

图 10-8　显示升序排列结果

（5）选中要进行分类汇总的数据列中的任意一个单元格，在"数据"菜单选项卡的"分级显示"区域单击"分类汇总"按钮，打开"分类汇总"对话框，如图 10-9 所示。

（6）在"分类字段"下拉列表框中选择"产品名称"；在"汇总方式"下拉列表框中选择"求和"；在"选定汇总项"列表框中选择"数量"和"销售总额"，如图 10-10 所示。

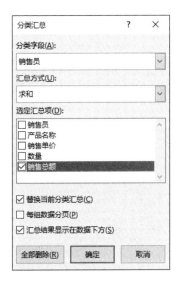

图 10-9　"分类汇总"对话框

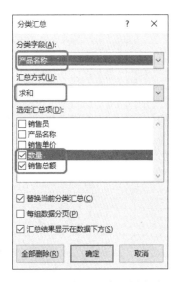

图 10-10　设置分类汇总方式

（7）单击"确定"按钮关闭对话框，工作表按照指定的汇总方式显示汇总结果，如图 10-11 所示。

（8）选中数据区域中的任意一个单元格，单击"分类汇总"按钮，打开"分类汇总"对话框。在"汇总方式"下拉列表框中选择"平均值"，并取消选择"替换当前分类汇总"复选框，如图 10-12 所示。

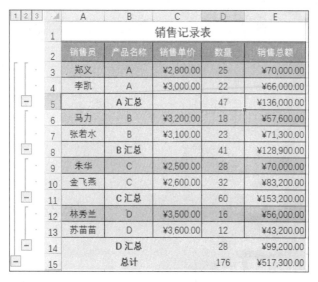

图 10-11　显示汇总结果

图 10-12　设置分类汇总

（9）单击"确定"按钮关闭对话框，工作表按设置的方式显示汇总的平均值和求和值，如图 10-5 所示。

 **知识拓展：**

自动计算与合并计算

Excel 2019 提供的分类汇总功能还包括自动计算和合并计算。

1. 自动计算

利用自动计算功能可以方便地查看选定单元格区域的汇总值。

例如，选中 C3:C10 单元格区域，在状态栏上将默认自动显示选定单元格区域的平均值、计数和求和三种汇总值，如图 10-13 所示。

选中单元格区域之后，在状态栏上单击鼠标右键，在弹出的"自定义状态栏"下拉列表框中可以选择其他的汇总方式，如数值计数、最小值和最大值，如图 10-14 所示。

图 10-13　自动计算汇总值

图 10-14　选择汇总方式

2. 合并计算

利用合并计算功能可以将汇总结果单独显示在指定的单元格区域。

（1）打开一个要合并计算的工作表，如图 10-15 所示。

	A	B	C	D	E	F	G
1			销售记录表				
2	工号	姓名	部门	1月	2月	3月	总得分
3	S001	王成	销售部	6.7	7.8	8.2	22.7
4	S002	胡春	销售部	7.2	8.9	7.8	23.9
5	S003	李维	研发部	6.9	7.5	8	22.4
6	S004	陈明	研发部	7.8	7.9	7.7	23.4
7	S005	苏静	销售部	9.2	8.3	8.5	26
8	S006	林风	销售部	8.5	7.4	9	24.9
9	S009	刘贤	财务部	7.2	9.2	8.4	24.8
10	S010	孟云	财务部	8.4	7.6	8.8	24.8

图 10-15 数据表

（2）选中将放置合并计算结果的单元格（例如 A13），在"数据"菜单选项卡的"数据工具"区域单击"合并计算"按钮，弹出"合并计算"对话框。

（3）在"函数"下拉列表框中选择"平均值"选项；单击"引用位置"文本框右侧的"选择"按钮，选择数据表中要参与合并计算的单元格区域（例如 C2:G10）；在"标签位置"区域选中"首行"和"最左列"复选框，如图 10-16 所示。

（4）单击"确定"按钮关闭对话框，即可在指定区域显示合并计算的结果，如图 10-17 所示。

图 10-16 设置合并计算方式

图 10-17 合并计算结果

10.2 查看分类汇总

建立分类汇总之后，Excel 分级显示数据列表，用户可以根据不同的需要，使用不同的分级显示或隐藏每个分类汇总的明细数据。

10.2.1 分级显示汇总结果

创建一级分类汇总后的数据表分为三级显示，如果创建了多级汇总，就不仅仅显示三级了。此时，利用数据表左上角的分级按钮 1 2 3 4 可以很方便地在各级数据之间进行切换。

一级数据按钮 1 ：单击该按钮显示一级数据。图 10-18 所示的汇总数据的一级数据如图 10-19 所示，只显示总计数。

1 2 3		A	B	C	D	E	F	G	H
	1	某电脑公司一周销售情况统计表							
	2	日期	销售网点	销售员	产品名称	型号	单价	数量	总额
	3	2017/1/1	王府井店	刘三	IBM	T43	9700	4	38800
	4	2017/1/2	王府井店	刘三	IBM	T43	9800	6	58800
	5	2017/1/5	王府井店	刘三	惠普	3821	5400	8	43200
	6	2017/1/5	王府井店	吴平	惠普	3821	5500	7	38500
	7	2017/1/5	王府井店	马俊	IBM	T46	9800	3	29400
	8	2017/1/6	王府井店	吴平	惠普	3821	5800	5	29000
	9	2017/1/7	王府井店	马俊	惠普	2353	6100	9	54900
	10	王府井店 汇总							292600
	11	2017/1/1	西单店	王二	宏基	2920	6700	3	20100
	12	2017/1/1	西单店	王二	惠普	3912	6000	6	36000
	13	2017/1/2	西单店	吴学飞	宏基	2922	7000	1	7000
	14	2017/1/3	西单店	吴学飞	宏基	2922	7100	3	21300
	15	2017/1/3	西单店	王二	惠普	3821	5600	3	16800
	16	2017/1/4	西单店	王二	宏基	2920	6800	6	40800
	17	2017/1/5	西单店	王二	宏基	2922	7800	12	93600
	18	2017/1/6	西单店	王二	宏基	2922	6900	6	41400
	19	2017/1/6	西单店	吴学飞	IBM	T46	12000	9	108000
	20	西单店 汇总							385000
	21	2017/1/2	中关村店	程为	惠普	3912	6100	4	24400
	22	2017/1/3	中关村店	程为	IBM	T46	9800	1	9800
	23	2017/1/4	中关村店	程为	IBM	T43	8700	10	87000
	24	2017/1/5	中关村店	程为	IBM	X80	9200	9	82800
	25	2017/1/6	中关村店	程为	IBM	X80	9100	3	27300
	26	2017/1/7	中关村店	程为	IBM	T46	10000	7	70000
	27	2017/1/7	中关村店	程为	宏基	2920	7200	4	28800
	28	中关村店 汇总							330100
	29	总计							1007700

图 10-18 汇总数据结果

1 2 3 4		A	B	C	D	E	F	G	H
	1	某电脑公司一周销售情况统计表							
	2	日期	销售网点	销售员	产品名称	型号	单价	数量	总额
	39	总计							1007700

图 10-19 显示一级数据

二级数据按钮 2 ：单击该按钮显示一级和二级数据。如图 10-20 所示，在显示一级数据的基础上，还显示各个销售网点的销售总额。

1 2 3 4		A	B	C	D	E	F	G	H
	1	某电脑公司一周销售情况统计表							
	2	日期	销售网点	销售员	产品名称	型号	单价	数量	总额
	15	王府井店 汇总							292600
	29	西单店 汇总							385000
	38	中关村店 汇总							330100
	39	总计							1007700

图 10-20 显示前二级数据

三级数据按钮 3 ：单击该按钮显示前三级的数据。如图 10-21 所示，在原来显示前两级的基础上还显示各网点销售员的销售总额。

一般情况下，第 3 级数据是数据列表中的原始数据。如果创建了多级分类汇总，就会有更多级数据，最后一级数据才是数据列表中的原始数据。

1 2 3 4		A	B	C	D	E	F	G	H
	1	某电脑公司一周销售情况统计表							
	2	日期	销售网点	销售员	产品名称	型号	单价	数量	总额
	6			刘三 汇总					140800
	8			吴平 汇总					38500
	10			马俊 汇总					29400
	12			吴平 汇总					29000
	14			马俊 汇总					54900
	15		王府井店 汇总						292600
	18			王二 汇总					56100
	21			吴学飞 汇总					28300
	26			王二 汇总					192600
	28			吴学飞 汇总					108000
	29		西单店 汇总						385000
	37			程为 汇总					330100
	38		中关村店 汇总						330100
	39		总计						1007700

图 10-21　显示前三级数据

10.2.2 隐藏和显示明细数据

在分级显示中，除了可以使用分级按钮显示各级数据，还可以使用分级按钮下方树状结构上的展开按钮 **+** 和折叠按钮 **−**，显示或隐藏指定分类的明细数据。

显示明细数据按钮 **+**：单击该按钮显示明细数据。例如，单击"刘三"左侧的按钮 **+**，即可显示"刘三"的明细数据，展开按钮 **+** 变为折叠按钮 **−**，如图 10-22 所示。

1 2 3 4		A	B	C	D	E	F	G	H
	1	某电脑公司一周销售情况统计表							
	2	日期	销售网点	销售员	产品名称	型号	单价	数量	总额
	3	2017/1/1	王府井店	刘三	IBM	T43	9700	4	38800
	4	2017/1/2	王府井店	刘三	IBM	T43	9800	6	58800
	5	2017/1/5	王府井店	刘三	惠普	3821	5400	8	43200
	6			刘三 汇总					140800
	8			吴平 汇总					38500
	10			马俊 汇总					29400
	12			吴平 汇总					29000
	14			马俊 汇总					54900
	15		王府井店 汇总						292600
	18			王二 汇总					56100
	21			吴学飞 汇总					28300
	26			王二 汇总					192600
	28			吴学飞 汇总					108000
	29		西单店 汇总						385000
	37			程为 汇总					330100
	38		中关村店 汇总						330100
	39		总计						1007700

图 10-22　显示明细数据

隐藏明细数据按钮 **−**：单击该按钮隐藏明细数据。

 注意　如果修改明细数据，汇总数据自动更新。

此外，使用"分级显示"区域的"显示明细数据"和"隐藏明细数据"按钮，也可以很方便地显示或隐藏明细数据。例如，选中产品 C 销售记录中的任意一个单元格，单击"隐藏明细数据"按钮，如图 10-23 所示，即可隐藏产品 C 的明细数据，结果如图 10-24 所示。

1 2 3 4	◢	A	B	C	D	E
	1			销售记录表		
	2	销售员	产品名称	销售单价	数量	销售总额
	3	郑义	A	¥2,800.00	25	¥70,000.00
	4	李凯	A	¥3,000.00	22	¥66,000.00
	5		A 平均值		23.5	¥68,000.00
	6		A 汇总		47	¥136,000.00
	7	马力	B	¥3,200.00	18	¥57,600.00
	8	张若水	B	¥3,100.00	23	¥71,300.00
	9		B 平均值		20.5	¥64,450.00
	10		B 汇总		41	¥128,900.00
	13		C 平均值		30	¥76,600.00
	14		C 汇总		60	¥153,200.00
	15	林秀兰	D	¥3,500.00	16	¥56,000.00
	16	苏苗苗	D	¥3,600.00	12	¥43,200.00
	17		D 平均值		14	¥49,600.00
	18		D 汇总		28	¥99,200.00
	19		总计平均值		22	¥64,662.50
	20		总计		176	¥517,300.00

图 10-23 选择"隐藏明细数据"命令　　　　　图 10-24 隐藏产品 C 的明细数据

10.3 清除分类汇总

清除分类汇总的操作步骤如下：

（1）单击分类汇总数据表中的任意一个单元格。

（2）在"数据"菜单选项卡中单击"分类汇总"命令，弹出"分类汇总"对话框。

（3）在"分类汇总"对话框中单击"全部删除"按钮，如图 10-25 所示。

图 10-25 "分类汇总"对话框

（4）单击"确定"按钮完成操作。

10.4　实例精讲——制作工资表

练习目标　财务部要对所有职员 6 月份的工资表进行汇总，本节练习使用 Excel 2019 中的高级分类汇总和嵌套分类汇总制作工资表。通过对操作步骤的详细讲解，使读者从中掌握高级分类汇总和嵌套分类汇总的操作方法。

设计思路　首先通过高级分类汇总将"工资表"按照部门进行汇总，得到平均值和总和，然后在按部门对实发工资进行分类汇总结果的基础上，按照职位对工作表进行嵌套分类汇总。结果如图 10-26 所示。

工号	姓名	部门	职位	基本工资	工龄工资	出勤扣减	代扣社保	住房公积金	实发工资
						6月份工资表			
A001	张倩倩	财务部	部门经理	5,500.00	400.00	-	649.00	737.50	4,513.50
			部门经理 平均值						4,513.50
A008	王炎辉	财务部	会计	4,200.00	200.00	-	484.00	550.00	3,366.00
			会计 平均值						3,366.00
		财务部 平均值							3,939.75
A002	王梓	销售部	销售人员	4,000.00	200.00	110.84	462.00	525.00	3,102.16
A005	黄自立	销售部	销售人员	4,300.00	300.00	214.52	506.00	575.00	3,304.48
			销售人员 平均值						3,203.32
A009	苏羽君	销售部	部门经理	5,600.00	400.00		660.00	750.00	4,590.00
			部门经理 平均值						4,590.00
		销售部 平均值							3,665.55
A004	李红梅	信息部	工程师	4,500.00	300.00		528.00	600.00	3,672.00
			工程师 平均值						3,672.00
A006	夏怡菲	信息部	部门经理	8,500.00	500.00	-	990.00	1,125.00	6,885.00
			部门经理 平均值						6,885.00
		信息部 平均值							5,278.50
A003	赵璋	研发部	工程师	8,000.00	200.00	-	902.00	1,025.00	6,273.00
A007	高敏军	研发部	工程师	6,600.00	200.00	-	748.00	850.00	5,202.00
			工程师 平均值						5,737.50
A010	丁敏芝	研发部	部门经理	10,000.00	400.00	109.68	1,144.00	1,300.00	7,846.32
			部门经理 平均值						7,846.32
		研发部 平均值							6,440.44
		总计平均值							4,875.45

图 10-26　显示嵌套分类汇总

操作步骤

10.4.1　按照部门汇总平均值和总和

首先对"工资表"按部门汇总出平均值和总和。

（1）打开"工资表"工作簿，如图 10-27 所示。

10-2　按照部门汇总平均值和总和

工号	姓名	部门	职位	基本工资	工龄工资	出勤扣减	代扣社保	住房公积金	实发工资
				6月份工资表					
A001	张倩倩	财务部	部门经理	5,500.00	400.00	-	649.00	737.50	4,513.50
A002	王梓	销售部	销售人员	4,000.00	200.00	110.84	462.00	525.00	3,102.16
A003	赵璋	研发部	工程师	8,000.00	200.00	-	902.00	1,025.00	6,273.00
A004	李红梅	信息部	工程师	4,500.00	300.00	-	528.00	600.00	3,672.00
A005	黄自立	销售部	销售人员	4,300.00	300.00	214.52	506.00	575.00	3,304.48
A006	夏怡菲	信息部	部门经理	8,500.00	500.00	-	990.00	1,125.00	6,885.00
A007	高敏军	研发部	工程师	6,600.00	200.00	-	748.00	850.00	5,202.00
A008	王炎辉	财务部	会计	4,200.00	200.00	-	484.00	550.00	3,366.00
A009	苏羽君	销售部	部门经理	5,600.00	400.00	-	660.00	750.00	4,590.00
A010	丁敏芝	研发部	部门经理	10,000.00	400.00	109.68	1,144.00	1,300.00	7,846.32

图 10-27　工资表

（2）选中要进行分类汇总的数据中的任意一个单元格，在"数据"菜单选项卡的"排序和筛选"区域，单击"排序"按钮打开"排序"对话框。

（3）在"主要关键字"下拉列表框中选择"部门"，"次序"选择"升序"，然后单击"确定"按钮，如图 10-28 所示。

图 10-28　设置排序方式

（4）单击"确定"按钮关闭对话框，工作表按"部门"升序排列，如图 10-29 所示。

	工号	姓名	部门	职位	基本工资	工龄工资	出勤扣减	代扣社保	住房公积金	实发工资
					6月份工资表					
4	A001	张倩倩	财务部	部门经理	5,500.00	400.00	－	649.00	737.50	4,513.50
5	A008	王炎辉	财务部	会计	4,200.00	200.00	－	484.00	550.00	3,366.00
6	A002	王梓	销售部	销售人员	4,000.00	200.00	110.84	462.00	525.00	3,102.16
7	A005	黄自立	销售部	销售人员	4,300.00	300.00	214.52	506.00	575.00	3,304.48
8	A009	苏羽君	销售部	部门经理	5,600.00	400.00	－	660.00	750.00	4,590.00
9	A004	李红梅	信息部	工程师	4,500.00	300.00	－	528.00	600.00	3,672.00
10	A006	夏怡菲	信息部	部门经理	8,500.00	500.00	－	990.00	1,125.00	6,885.00
11	A003	赵璋	研发部	工程师	8,000.00	200.00	－	902.00	1,025.00	6,273.00
12	A007	高敏军	研发部	工程师	6,600.00	200.00	－	748.00	850.00	5,202.00
13	A010	丁敏芝	研发部	部门经理	10,000.00	400.00	109.68	1,144.00	1,300.00	7,846.32

图 10-29　按"部门"升序排列结果

（5）选中要进行分类汇总的数据中的任意一个单元格，在"数据"菜单选项卡的"分级显示"区域单击"分类汇总"按钮，打开"分类汇总"对话框，如图 10-30 所示。

图 10-30　"分类汇总"对话框

（6）在"分类字段"下拉列表框中选择"部门"；在"汇总方式"下拉列表框中选择"平均值"；在"选定汇总项"列表框中选择"实发工资"，如图 10-31 所示。

图 10-31　设置分类汇总方式

（7）单击"确定"按钮，工作表即按照要求显示汇总结果，如图 10-32 所示。

1 2 3		A B	C	D	E	F	G	H	I	J	K
	1				**6月份工资表**						
	2										
	3	工号	姓名	部门	职位	基本工资	工龄工资	出勤扣减	代扣社保	住房公积金	实发工资
	4	A001	张倩倩	财务部	部门经理	5,500.00	400.00	–	649.00	737.50	4,513.50
	5	A008	王炎辉	财务部	会计	4,200.00	200.00		484.00	550.00	3,366.00
	6			**财务部 平均值**							3,939.75
	7	A002	王梓	销售部	销售人员	4,000.00	200.00	110.84	462.00	525.00	3,102.16
	8	A005	黄自立	销售部	销售人员	4,300.00	300.00	214.52	506.00	575.00	3,304.48
	9	A009	苏羽君	销售部	部门经理	5,600.00	400.00		660.00	750.00	4,590.00
	10			**销售部 平均值**							3,665.55
	11	A004	李红梅	信息部	工程师	4,500.00	300.00	–	528.00	600.00	3,672.00
	12	A006	夏怡菲	信息部	部门经理	8,500.00			990.00	1,125.00	6,885.00
	13			**信息部 平均值**							5,278.50
	14	A003	赵璋	研发部	工程师	8,000.00	200.00	–	902.00	1,025.00	6,273.00
	15	A007	高毓军	研发部	工程师	6,600.00	200.00	–	748.00	850.00	5,202.00
	16	A010	丁毓芝	研发部	部门经理	10,000.00	400.00	109.68	1,144.00	1,300.00	7,846.32
	17			**研发部 平均值**							6,440.44
	18			**总计平均值**							4,875.45

图 10-32　显示汇总

（8）选中数据区域中的任意一个单元格，在"数据"菜单选项卡的"分级显示"区域单击"分类汇总"按钮，打开"分类汇总"对话框。在"汇总方式"下拉列表框中选择"求和"，并取消选中"替换当前分类汇总"复选框，如图 10-33 所示。

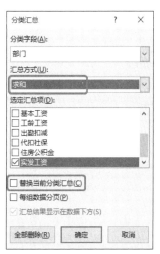

图 10-33　设置分类汇总方式

（9）单击"确定"按钮，即可显示汇总的平均值和求和值，如图 10-34 所示。

	工号	姓名	部门	职位	基本工资	工龄工资	出勤扣减	代扣社保	住房公积金	实发工资
					6月份工资表					
4	A001	张倩倩	财务部	部门经理	5,500.00	400.00	–	649.00	737.50	4,513.50
5	A008	王炎辉	财务部	会计	4,200.00	200.00	–	484.00	550.00	3,366.00
6			财务部 汇总							7,879.50
7			财务部 平均值							3,939.75
8	A002	王梓	销售部	销售人员	4,000.00	200.00	110.84	462.00	525.00	3,102.16
9	A005	黄自立	销售部	销售人员	4,300.00	300.00	214.52	506.00	575.00	3,304.48
10	A009	苏羽君	销售部	部门经理	5,600.00	400.00	–	660.00	750.00	4,590.00
11			销售部 汇总							10,996.64
12			销售部 平均值							3,665.55
13	A004	李红梅	信息部	工程师	4,500.00	300.00	–	528.00	600.00	3,672.00
14	A006	夏怡菲	信息部	部门经理	8,500.00	500.00	–	990.00	1,125.00	6,885.00
15			信息部 汇总							10,557.00
16			信息部 平均值							5,278.50
17	A003	赵璋	研发部	工程师	8,000.00	200.00	–	902.00	1,025.00	6,273.00
18	A007	高敏军	研发部	工程师	6,600.00	200.00	–	748.00	850.00	5,202.00
19	A010	丁敏芝	研发部	部门经理	10,000.00	400.00	109.68	1,144.00	1,300.00	7,846.32
20			研发部 汇总							19,321.32
21			研发部 平均值							6,440.44
22			总计							48,754.46
23			总计平均值							4,875.45

图 10-34　显示汇总结果

10.4.2　嵌套分类汇总

Excel 2019 允许在一个分类汇总结果的基础上，使用其他的分类字段再次进行
分类汇总，这种按多个字段进行多次分类汇总的情况称为分类汇总的嵌套。接下来，
在按部门对实发工资进行分类汇总结果的基础上，再按照职位情况对工作表进行嵌
套分类汇总。

10-3　嵌套分类汇总

（1）首先取消分类汇总的结果。在"数据"菜单选项卡的"分级显示"区域单击
"分类汇总"按钮，打开"分类汇总"对话框，单击"全部删除"按钮，如图 10-35 所示。

（2）选中数据区域中的任意一个单元格，在"数据"菜单选项卡的"分级显示"区域单击"分类汇总"
按钮，打开"分类汇总"对话框。在"分类字段"下拉列表框中选择"部门"；在"汇总方式"下拉列表
框中选择"平均值"；在"选定汇总项"列表框中选择"实发工资"复选框，如图 10-36 所示。

图 10-35　取消分类汇总结果

图 10-36　设置分类汇总

（3）单击"确定"按钮，工作表按部门对实发工资进行分类汇总，如图 10-37 所示。

	工号	姓名	部门	职位	基本工资	工龄工资	出勤扣减	代扣社保	住房公积金	实发工资
					6月份工资表					
4	A001	张倩倩	财务部	部门经理	5,500.00	400.00	-	649.00	737.50	4,513.50
5	A008	王炎辉	财务部	会计	4,200.00	200.00	-	484.00	550.00	3,366.00
6			**财务部 平均值**							3,939.75
7	A002	王梓	销售部	销售人员	4,000.00	200.00	110.84	462.00	525.00	3,102.16
8	A005	黄自立	销售部	销售人员	4,300.00	300.00	214.52	506.00	575.00	3,304.48
9	A009	苏羽君	销售部	部门经理	5,600.00	400.00	-	660.00	750.00	4,590.00
10			**销售部 平均值**							3,665.55
11	A004	李红梅	信息部	工程师	4,500.00	300.00	-	528.00	600.00	3,672.00
12	A006	夏怡菲	信息部	部门经理	8,500.00	500.00	-	990.00	1,125.00	6,885.00
13			**信息部 平均值**							5,278.50
14	A003	赵璋	研发部	工程师	8,000.00	200.00	-	902.00	1,025.00	6,273.00
15	A007	高敏军	研发部	工程师	6,600.00	200.00	-	748.00	850.00	5,202.00
16	A010	丁敏芝	研发部	部门经理	10,000.00	400.00	109.68	1,144.00	1,300.00	7,846.32
17			**研发部 平均值**							6,440.44
18			**总计平均值**							4,875.45

图 10-37　显示分类汇总结果

（4）选中数据区域中的任意一个单元格，打开"分类汇总"对话框。在"分类字段"中选择"职位"，并取消选择"替换当前分类汇总"，如图 10-38 所示。

图 10-38　设置分类汇总

（5）单击"确定"按钮，工作表即按照要求进行嵌套分类汇总，如图 10-26 所示。

从上面的步骤可以看出，嵌套分类汇总的结果由两层分类汇总构成，外层是按部门对员工的实发工资进行汇总，内层是在同一部门中按职位进行分类汇总。

答 疑 解 惑

1. 要进行分类汇总的数据列表需要符合什么条件？

答：在使用分类汇总之前，需要保证数据列表的各列有列标题，并且同一列中应该包含相同的数据，同时在数据区域中没有空行或者空列。

2. 在 Excel 中使用分类汇总操作，有时会出现错误，为什么？

答：若要在工作表中进行分类汇总操作，必须先对数据进行排序，以便将要进行分类汇总的行组合在一起，然后再为包含数字的列计算分类汇总。

3. 如果没有进行排序，直接对数据进行分类汇总，这样得出的汇总结果对吗？

答： 在进行分类汇总时，分类字段必须是已经排好序的字段，否则最后汇总的结果是不正确的。

4. 为什么选择了数据区域，"分类汇总"按钮显示为灰色的不可用？

答： 可能是数据表应用了套用格式。选中数据表中的任意一个单元格，单击鼠标右键，在弹出的快捷菜单中选择"表格"命令下的"转换为区域"命令就可以了。

5. 如何插入嵌套分类汇总？

答： 在已经设置了分类汇总的基础上，选中数据区域中的任意一个单元格，在"数据"菜单选项卡的"分级显示"区域单击"分类汇总"按钮，打开"分类汇总"对话框。

使用与创建分类汇总相同的方法设置"分类汇总"对话框，并取消选中"替换当前分类汇总"复选框，即可实现嵌套分类汇总。

6. 如何隐藏分级显示符号？

答： 打开"Excel 选项"对话框，单击"高级"分类，在"此工作表的显示选项"区域，取消选中"如果应用了分级显示，则显示分级显示符号"复选框。

学习效果自测

一、选择题

1. Excel 中分类汇总的默认汇总方式是（　　）。
   A. 求和　　　　　　　　B. 求平均　　　　　　　C. 求最大值　　　　　　D. 求最小值

2. 在进行分类汇总前必须对数据列表进行（　　）。
   A. 建立数据库　　　B. 排序　　　　　　　　C. 筛选　　　　　　　　D. 数据验证

3. 公司会计要统计公司各部门的工资总额，做了以下工作（　　）。
   ① 按员工姓名顺序，建立了包含工号、姓名、部门、工资等字段的 Excel 工资表，并输入了所有员工的相关信息；
   ② 选定相关的数据区；
   ③ 通过数据"分类汇总"出各部门的工资总额；
   ④ 按部门递减顺序排序；
   A. ①②③④　　　　　B. ②①③④　　　　　C. ①②④③　　　　　D. ③①②④

4. 在 Excel 2019 中，下面关于分类汇总的叙述错误的是（　　）。
   A. 分类汇总前必须按关键字段排序数据库
   B. 汇总方式只能是求和
   C. 分类汇总的关键字段只能是一个字段
   D. 分类汇总可以被删除，但删除汇总后排序操作不能撤销

二、操作题

1. 请读者自己建立一个学生成绩单，其中包括每个学生的学号、姓名、性别、语文成绩，数学成绩和英语成绩。运用本章学到的知识，对数据表按照成绩从高到低排序，在排序过程中，读者可以自己指定哪一门的成绩作为主要关键字。

2. 运用分类汇总功能，统计出所有学生各科成绩的总和。

第 11 章

使用数据透视表分析数据

本章导读

　　数据透视表和数据透视图是可以对大量数据进行快速汇总，并建立交叉分析表的数据分析技术工具。数据透视表是一种交互式的动态工作表，旋转行和列可以看到源数据的不同汇总，快速合并和比较大量数据，提供了一种以不同角度查看数据列表的简便方法。数据透视图以图像的形式表示数据透视表中的数据。

学习要点

❖ 数据透视表的组成
❖ 创建数据透视表
❖ 在数据透视表中汇总和计算数据
❖ 从数据透视表创建图表
❖ 删除数据透视表

11.1 数据透视表的组成

数据透视表由字段（页字段、数据字段、行字段、列字段）、项（页字段项、数据项）和数据区域组成。

1. 字段

字段是从源列表或数据库中的字段衍生的数据的分类。例如"科目名称"字段可能来自源列表中标记为"科目名称"且包含各种科目名称（管理费用、银行存款）列。源列表的该字段下包含金额。如图 11-1 所示，"科目编码""求和项：金额""内容"和"管理费用"都是字段。

1）行字段、列字段

图 11-1　字段示例

❖ 行字段：在数据透视表中指定为行方向的源数据清单或表单中的字段，如图 11-1 中的"内容"和"科目编码"。包含多个行字段的数据透视表具有一个内部行字段（图 11-1 中的"中行""建行"），它离数据区最近。任何其他行字段都是外部行字段（图 11-1 中的"科目编码"）。最外部行字段中的项仅显示一次，但其他行字段中的项按需重复显示。

❖ 列字段：在数据透视表中指定为列方向的源数据清单或表单中的字段，如图 11-1 中的"管理费用"。

2）页字段、数据字段

❖ 页字段：数据透视表中用于对整个数据透视表进行筛选的字段，以显示单个项或所有项的数据，如图 11-1 中的"科目编码"。

❖ 数据字段：含有数据的源数据清单或表单中的字段，如图 11-1 中的"求和项：金额"。数据字段提供要汇总的数据值。通常，数据字段包含数字，可用 Sum 汇总函数合并这些数据。但数据字段也可包含文本，此时数据透视表使用 Count 汇总函数。如果报表有多个数据字段，则报表中出现名为"数据"的字段按钮，用来访问所有数据字段。

2. 项

项是数据透视表中字段的子分类或成员。项表示源数据中字段的唯一条目。

❖ 页字段项：指源数据库或表格中的每个字段、列条目或者数值。

❖ 数据项：指数据透视表字段中的分类。

例如，项"中行"表示"内容"字段包含条目"中行"的源列表中的所有数据行，如图 11-1 中的"中行""建行""张三"和"（全部）"都是项。

3. 数据区域

数据区域是指包含行和列字段汇总数据的数据透视表部分。例如，图 11-2 中 B5:F18 为数据区域，其中单元格 B5 包含张三的所有管理费用的汇总值。

	A	B	C	D	E	F
1	科目编码	（全部）				
3	求和项：金额	科目名称				
4	内容	管理费用	银行存款	应收账款	预收账款	总计
5	中行		400			400
6	建行		400			400
7	张三	100				100
8	李四	100		100	100	300
9	王五			100	100	200
10	三部				100	100
11	四部				100	100
12	首都机场	100		100		200
13	岭上家园	100		100	100	300
14	果岭假日				100	100
15	安全部	200		100		300
16	采购部	200				200
17	财务部	100		100		200
18	总计	900	800	600	600	2900

图 11-2　数据区域

11.2 创建数据透视表

数据透视表结合了分类汇总和合并计算的优点，可以方便地调整分类汇总的依据，以多种不同的方式灵活地展示数据的特征。

11.2.1 创建空白数据透视表

（1）选中要创建数据透视表的单元格区域。

（2）在"插入"菜单选项卡的"表格"区域单击"数据透视表"按钮，弹出如图 11-3 所示的"创建数据透视表"对话框。

图 11-3 "创建数据透视表"对话框

（3）选择创建数据透视表的源数据。默认为选中的单元格区域，用户也可以自定义新的单元格区域，或使用外部数据源。

数据透视表的源数据，是指为数据透视表提供数据的基础行或数据库记录，至少应有两行。源数据的来源有：Excel 数据列表、外部数据源等。

注意

数据透视表的源数据应满足以下几项要求：

（1）源数据中工作表第一行上的各列都必须有标题。Excel 将把源数据中的列标题作为"字段"名使用。

（2）用于创建报表的数据区域内不应有任何空行或空列。

（3）每列应仅包含一种类型的数据。

（4）源数据中不能包含分类汇总和总计。

（4）选择放置数据透视表的位置。

❖ "新工作表"：将数据透视表插入到一张新的工作表中。

❖ "现有工作表"：将数据透视表插入到现存的工作表中。

（5）单击"确定"按钮，Excel 默认自动新建工作表，并在工作表中显示"数据透视表字段"面板，在菜单功能区显示"数据透视表工具"选项卡，如图 11-4 所示。

图 11-4　创建空白数据透视表

至此，创建了一个空白的数据透视表。

11.2.2　生成数据透视表

创建空白数据透视表之后，在"数据透视表字段"面板中选中需要的字段，即可将选中的字段自动添加到报表中，自动生成数据透视表。数据透视表默认起始位置为 A3 单元格，如图 11-5 所示。

图 11-5　创建完成后的数据透视表

如果默认的数据透视表布局不符合要求，可以自定义数据透视表的布局。在"数据透视表字段"面板的字段列表中选择一个字段，然后按下鼠标左键拖动到"数据透视表字段"面板下方的"筛选器"、"列"、"行"或"值"区域，释放鼠标，即可调整布局。例如，将图 11-5 所示的"科目名称"拖放到"列"区域后的效果如图 11-6 所示。

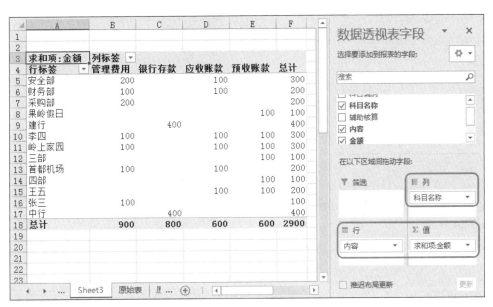

图 11-6　将"数值"拖放到"行"区域

上机练习——创建成本费用透视表

　　本节练习利用透视表在"成本费用表"众多的数据中分别查看各个产品的费用。通过对操作步骤的详细讲解，读者应能掌握创建透视表的常用方法。

11-1　上机练习——创建成本费用透视表

　　首先选中要创建数据透视表的数据区域，并打开"创建数据透视表"对话框，设置数据透视表的存放位置，然后在"数据透视表字段"面板中设置区域节的行标签、列标签、筛选字段和汇总项，最后修改行标签和列标签的名称，并筛选数据。结果如图 11-7 所示。

操作步骤

（1）创建一个成本费用表，并格式化表格，如图 11-8 所示。

	A	B	C
1	月份	(全部)	
2			
3	求和项:总费用	产品名	
4	负责人	A	总计
5	苏羽	21895	21895
6	总计	21895	21895

图 11-7　查看 A 产品的费用

	A	B	C	D	E	F
1	成本费用表					
2	月份	负责人	产品名	单件费用	数量	总费用
3	1月	苏羽	A	245	15	3675
4	1月	李耀辉	B	58	20	1160
5	1月	张歌千	C	89	18	1602
6	2月	李耀辉	B	310	20	6200
7	2月	苏羽	A	870	18	15660
8	2月	李耀辉	B	78	60	4680
9	3月	张歌千	C	160	16	2560
10	4月	苏羽	A	80	32	2560
11	4月	张歌千	C	760	45	34200

图 11-8　成本费用表

　　（2）选中要创建数据透视表的单元格区域 A2:F11。在"插入"菜单选项卡的"表格"区域单击"数据透视表"按钮，打开"创建数据透视表"对话框。

　　（3）选择创建数据透视表的源数据，默认为选中的单元格区域。本例保留默认设置，如图 11-9 所示。单击"确定"按钮，将新建一个工作表放置空白的数据透视表，并打开"数据透视表字段"面板。

（4）在字段区选中"月份"字段，按下鼠标左键拖到区域节的"筛选"区域；同样的方法，把"负责人"字段拖至"行"区域；把"产品名"字段拖至"列"区域；把"总费用"字段拖至"值"区域，如图 11-10 所示。

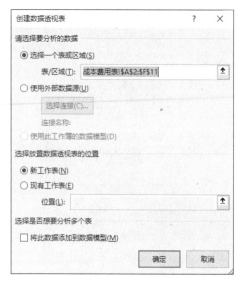

图 11-9　设置数据表源数据

图 11-10　设置图表布局

此时，工作区中的数据透视表将实时更新，反映最终布局，如图 11-11 所示。

使用默认的行标签和列标签查看数据并不直观，接下来修改行标签和列标签的名称。

（5）双击行标签所在的单元格，单元格内容变为可编辑状态时，输入"负责人"；按照同样的方法，修改列标签的名称为"产品名"，如图 11-12 所示。

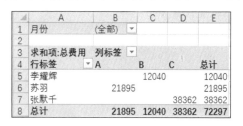

图 11-11　数据透视表

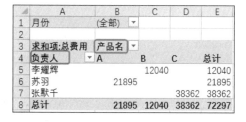

图 11-12　修改行列标签的名称

透视表创建完成后，就可以分别查看各个月和各种产品的费用汇总了。

（6）单击"列标签"右侧的下拉按钮，在弹出的列表中取消选中"全选"复选框，并选中"A"选项，如图 11-13 所示，然后单击"确定"按钮，即可查看产品 A 的费用汇总，如图 11-7 所示。

图 11-13　设置筛选条件

11.3　编辑数据透视表

选中数据透视表的任一单元格，在标题栏上可以看到"数据透视表工具"菜单选项卡，包括"分析"和"设计"两个选项卡。使用这两个选项卡可以编辑数据透视表的数据项、布局或格式化数据透视表。

11.3.1　选择数据透视表

1. 选择整个数据透视表

单击数据透视表中的任一单元格，在菜单功能区显示"数据透视表工具"功能选项卡。在"分析"选项卡的"操作"区域单击"选择"按钮，在下拉菜单中选择"整个数据透视表"命令，如图 11-14 所示。

图 11-14　选择"整个数据透视表"命令

整个数据透视表被选中的效果如图 11-15 所示。此时，"选择"下拉菜单中的所有命令变为可用状态。

2. 选择标签

在"选择"下拉菜单中选择"标签"命令，可选中透视表中的所有标签，如图 11-16 所示。

3. 选择值

单击"操作"区域的"选择"按钮，在弹出的下拉菜单中选择"值"命令，可选中数据透视表中的所有值，效果如图 11-17 所示。

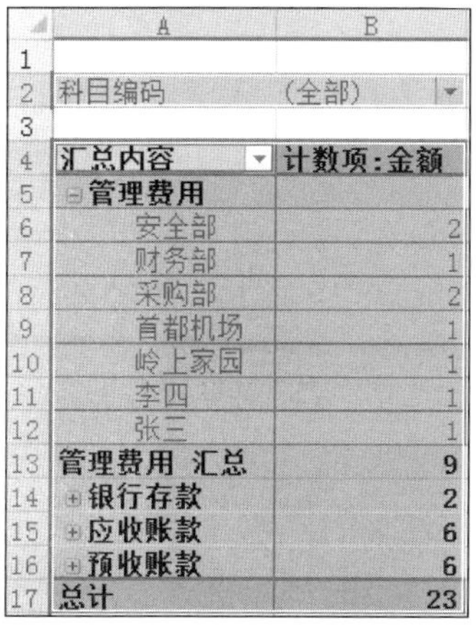

图 11-15　选中整个数据透视表 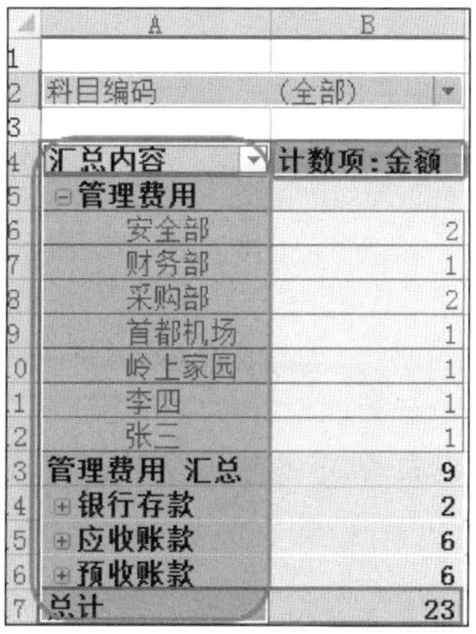　　图 11-16　选中数据透视表中的标签 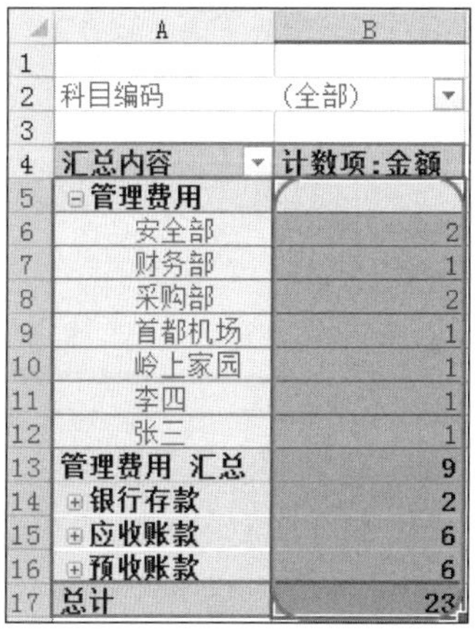　　图 11-17　选中数据透视表中的值

11.3.2　移动数据透视表

（1）单击数据透视表的任一单元格，在菜单功能区显示"数据透视表工具"菜单选项卡。在"分析"选项卡的"操作"区域单击"移动数据透视表"按钮，如图 11-18 所示。

（2）在打开的"移动数据透视表"对话框中，选择放置数据透视表的位置，如图 11-19 所示。

❖ "新工作表"：新建一个工作表，并把当前数据透视表移到新工作表中。

❖ "现有工作表"：在"位置"文本框中输入单元格引用，或单击文本框右侧的选择按钮 ⬆，在工作表中选择放置数据透视表的起始位置。

图 11-18　单击"移动数据透视表"按钮　　　　图 11-19　"移动数据透视表"对话框

（3）单击"确定"按钮关闭对话框。数据透视表即可移动到指定位置。

11.3.3　设置透视表选项

1. 修改透视表名称

选中数据透视表中的任意单元格，在"分析"菜单选项卡"数据透视表"区域的"数据透视表名称"文本框中直接输入名称，如图 11-20 所示。

图 11-20　设置数据透视表名称

2. 设置透视表选项

选中数据透视表中的任意单元格，在"分析"菜单选项卡的"数据透视表"区域单击"选项"按钮，弹出如图 11-21 所示的"数据透视表选项"对话框。

其中各个选项卡的功能简要说明如下：

❖ "布局和格式"选项卡：设置透视表的布局和错误值的格式，通常选中"合并且居中排列带标签的单元格"复选框。

❖ "汇总和筛选"选项卡：设置透视表中数据的排序、筛选和分类汇总方式。

❖ "显示"选项卡：设置是否在透视表中显示筛选下拉列表框、网格、上下文工具提示、展开 / 折叠按钮，以及字段列表的排序方式。

❖ "打印"选项卡：设置打印透视表时包含的页面内容。

❖ "数据"选项卡：设置数据透视表数据的刷新及显示方式。

❖ "可选文字"选项卡：提供透视表中包含的信息的说明文字。

图 11-21 "数据透视表选项"对话框

11.4 使用数据透视表分析数据

数据透视表可以对大量数据进行快速汇总，并进行数据分析。

11.4.1 添加筛选条件查看数据

（1）打开如图 11-22 所示的原始数据表，按 11.2.1 节介绍的方法创建一个空白数据透视表。

	A	B	C	D	E
1	某公司财务记账凭证辅助核算业务				
2	科目编码	科目名称	辅助核算	内容	金额
3	100101	银行存款	账户	建行	400
4	100102	银行存款	账户	中行	400
5	100201	应收账款	项目	岭上家园	100
6	100203	应收账款	项目	首都机场	100
7	100206	应收账款	个人	李四	100
8	100207	应收账款	个人	王五	100
9	100209	应收账款	部门	财务部	100
10	100211	应收账款	部门	安全部	100
11	100301	预收账款	项目	岭上家园	100
12	100302	预收账款	项目	果岭假日	100
13	100306	预收账款	个人	李四	100
14	100307	预收账款	个人	王五	100
15	100315	预收账款	往来	三部	100
16	100316	预收账款	往来	四部	100

图 11-22 原始数据表

（2）添加字段和筛选条件。在"数据透视表字段"面板中，将字段"科目名称"拖放到"筛选"区域；同样的方法，将字段"辅助核算""内容"和"金额"分别拖放到"列""行"和"值"区域，结果如图 11-23 所示。

（3）修改数据透视表筛选字段名称。双击单元格 A5，将行标签设置为"汇总内容"；双击单元格 B4，将列标签设置为"辅助核算"，如图 11-24 所示。

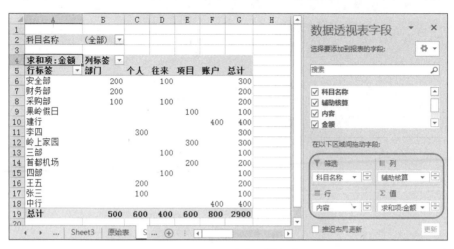

图 11-23　添加字段到数据表

（4）排序行标签、列标签。选中行标签 A6:A18 中的任意一个单元格，单击"数据"菜单选项卡中的"排序"按钮，弹出如图 11-25 所示的"排序"对话框。本例按部门名称、项目名称、个人、银行类别进行排序，因此选择"手动（可以拖动项目以重新编排）"单选按钮。排序结果如图 11-26 所示。

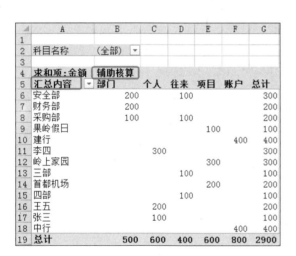

图 11-24　修改筛选字段名称

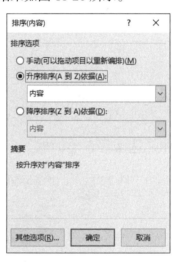

图 11-25　"排序"对话框

（5）设置数据透视表选项。在数据透视表的任意位置单击鼠标右键，在弹出的快捷菜单中选择"数据透视表选项"命令，打开如图 11-27 所示的"数据透视表选项"对话框。

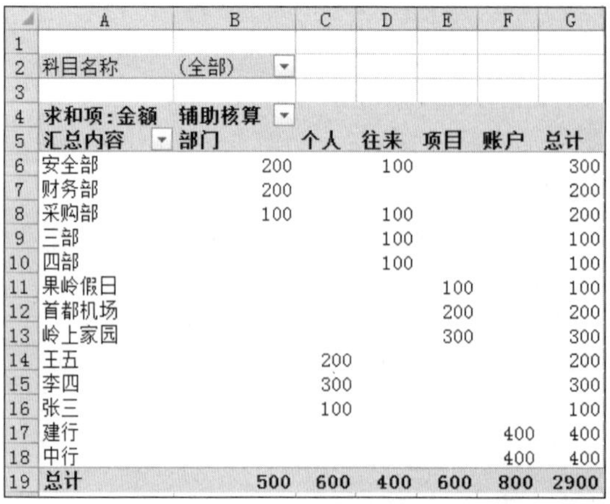

图 11-26　排序结果

在该对话框中可以设置数据透视表的名称、布局和格式、汇总和筛选、显示、打印、数据更新及可选文字。

例如，在"汇总和筛选"选项卡的"总计"区域取消选中"显示行总计"复选框，单击"确定"按钮之后的数据透视表如图11-28所示。

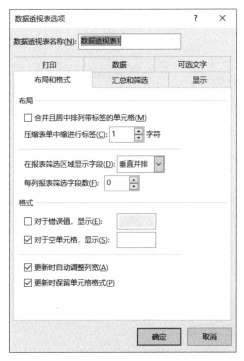

图11-27 "数据透视表选项"对话框

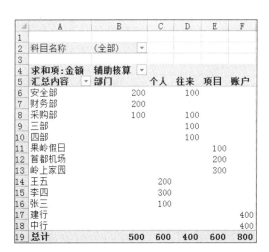

图11-28 数据透视表

（6）设置值字段。在数据透视表数值区域（例如B5：F18）的任意单元格上单击鼠标右键，在弹出的快捷菜单中选择"值字段设置"命令，打开如图11-29所示的"值字段设置"对话框，设置值汇总方法和值显示方式。

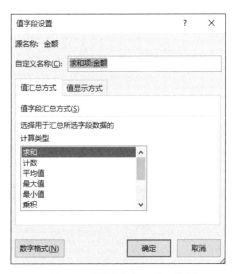

图11-29 "值字段设置"对话框

例如，修改值汇总方式的"计算类型"为"计数"，"值显示方式"为"无计算"。格式化后的数据透视表如图11-30所示。

图 11-30 格式化之后的数据透视表

（7）筛选数据。例如，单击 A2 单元格右侧的下拉箭头，在如图 11-31 所示的下拉列表框中可以选择要查看的科目名称。如果要同时查看多项，选中"选择多项"复选框。单击"确定"按钮，即可在数据透视表中显示筛选结果。

同样的方法，可以筛选列标题和行标题，如图 11-32 所示。

图 11-31 科目编码下拉列表框

图 11-32 辅助核算为"项目"的筛选结果

11.4.2 修改透视表的布局

在"数据透视表字段"面板中，通过鼠标拖动的方式可以设置显示字段，以及字段的显示位置。

例如，将列区域的"科目名称"拖放到"行区域"的"内容"标签之上，以"科目名称"和"内容"作为行标签，如图 11-33 所示。

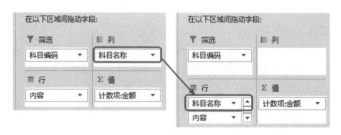

图 11-33 修改数据透视表布局

修改布局前、后的数据透视表如图11-34所示。

(a)　　　　　　　　　　　(b)

图11-34　修改布局前、后的数据透视表

11.4.3　显示、隐藏明细数据

对于创建的数据透视表，可以只显示需要的数据，隐藏暂时不需要的数据。执行以下操作之一显示或隐藏明细数据。

❖ 单击数据透视表中数据项左侧的折叠按钮⊟，可以隐藏对应数据项的明细数据。此时折叠按钮变为展开按钮⊞，如图11-35所示。再次单击该按钮，显示明细数据。

❖ 在数据透视表中，将光标停放在任意数据项的上方，将显示该项的详细内容，如图11-36所示。当数据较多时，此项功能使查看数据更加方便、快捷。

图11-35　隐藏明细数据

图11-36　查看数据详细信息

❖ 在数据透视表中双击要显示明细的数据项，弹出如图 11-37 所示的"显示明细数据"对话框，选择要显示的明细数据所在的字段后，单击"确定"按钮，即可显示指定字段的明细数据，如图 11-38 所示。

图 11-37 "显示明细数据"对话框

图 11-38 显示指定的明细数据

11.4.4 显示报表筛选页

（1）选中数据透视表中的任意单元格，在"分析"菜单选项卡的"数据透视表"区域单击"选项"按钮右侧的下拉按钮，在弹出的下拉菜单中选择"显示报表筛选页"命令，如图 11-39 所示，打开"显示报表筛选页"对话框。

图 11-39 "显示报表筛选页"命令

（2）在"选定要显示的报表筛选页字段"列表框中，选择要显示的筛选页使用的字段，如图 11-40 所示。

（3）单击"确定"按钮，数据透视表所在的工作表左侧将增加多个工作表。工作表的具体数目取决于筛选字段包含的项数。

（4）切换到一个以数据项命名的工作表（例如，"100402"工作表），在工作表中显示科目编码为 100402 的数据透视表，如图 11-41 所示。

图 11-40 "显示报表筛选页"对话框

图 11-41 "100402"工作表

上机练习——编辑成本费用透视表

练习目标　　本节练习按月份分页显示数据，并查看相关数据的详细信息。通过对操作步骤的讲解，读者可掌握显示报表筛选页和相关详细数据的方法，以及修改透视表布局的方法。

11-2　上机练习——编辑
成本费用透视表

设计思路　　首先显示报表筛选页，然后使用"数据透视表字段"面板修改透视表的布局，最后修改值汇总方式和行列标签的名称，结果如图 11-42 所示。

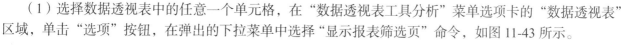
操作步骤

（1）选择数据透视表中的任意一个单元格，在"数据透视表工具分析"菜单选项卡的"数据透视表"区域，单击"选项"按钮，在弹出的下拉菜单中选择"显示报表筛选页"命令，如图 11-43 所示。

图 11-42　透视表修改结果

图 11-43　设置分页显示

（2）在"选定要显示的报表筛选页字段"列表框中，选择"月份"，如图 11-44 所示。

（3）单击"确定"按钮，即可完成分页显示的设置。此时，在 Excel 工作表中将自动插入 4 个工作表，分别是"1 月""2 月""3 月"和"4 月"，如图 11-45 所示。

图 11-44　选择要显示的报表筛选页字段

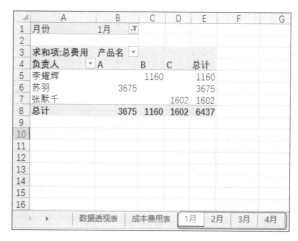

图 11-45　分页显示

使用分页显示可以很方便地查看某个单元格中的数据由哪些详细数据汇总而来。

（4）在"1 月"工作表中双击 E8 单元格，将自动插入一个工作表，显示该单元格的详细数据，如图 11-46 所示。

接下来修改数据透视表。

（5）选中数据透视表中的任意一个单元格，打开"数据透视表字段"面板。将列字段"产品名"拖至"行"字段处，将行字段"负责人"拖至"列"字段处。数据透视表的布局也随之进行修改，如图 11-47

所示。

图 11-46　查看详细数据

图 11-47　修改透视表布局

注意　在数据透视表中，Excel 会自动创建总计和分类汇总。如果作为源的数据区域已经包含了总计和分类汇总，应在创建数据透视表之前将它们删除。

（6）在"数据透视表字段"面板的区域节单击"求和项：总费用"字段，在弹出的下拉菜单中选择"值字段设置"命令，打开"值字段设置"对话框。在"计算类型"列表框中选择"最大值"选项，如图 11-48 所示。

（7）单击"确定"按钮，完成汇总项的修改，如图 11-49 所示。

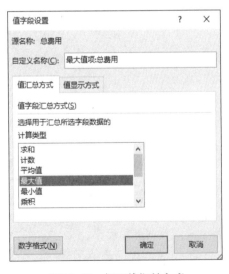

图 11-48　设置值汇总方式

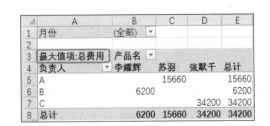

图 11-49　修改汇总项的结果

（8）在数据透视表中双击行标签所在的单元格，当单元格内容变为可编辑状态时，输入名称"产品名"；同样的方法，修改列标签的名称为"负责人"，结果如图 11-42 所示。

11.5 删除数据透视表

使用数据透视表查看、分析数据时，可以根据需要删除数据透视表中的某些字段。如果不再使用数据透视表，可以删除整个数据透视表。

11.5.1 删除数据透视表中的字段

（1）打开数据透视表。右击数据透视表中的任一单元格，在弹出的快捷菜单中选择"显示字段列表"命令，打开"数据透视表字段"面板。

（2）执行以下操作之一删除指定的字段：

❖ 在透视表字段列表中取消选中要删除的字段前面的复选框，如图 11-50 所示。

❖ 在"数据透视表字段"面板底部的区域间选中要删除的字段标签，单击鼠标右键，在弹出的快捷菜单中选择"删除字段"命令，如图 11-51 所示。

图 11-50 取消选中字段

图 11-51 选择"删除字段"命令

11.5.2 删除整个数据透视表

（1）选中数据透视表中的任一单元格，在菜单功能区显示"数据透视表工具"菜单选项卡。

（2）单击"分析"选项卡"操作"区域的"清除"按钮，在弹出的下拉菜单中选择"全部清除"命令，如图 11-52 所示。

图 11-52 清除所有数据透视

注意　　　删除数据透视表之后，与之关联的数据透视图将被冻结，不可再对其进行更改。

11.6　使用数据透视图分析数据

数据透视图是数据透视表与图表的结合，不仅保留了数据透视表的方便和灵活，而且与其他图表一样，能以一种更加可视化和易于理解的方式展示数据之间的关系。

数据透视图具有丰富的标准图表类型，几乎可以满足所有类型数据的图像表示要求。对于常规图表，用户要为查看的每张数据视图创建一张图表；而对于数据透视图，只要创建单张图表就可以通过更改报表布局或明细数据，以不同的方式查看数据。

11.6.1　创建数据透视图

创建数据透视图有两种方法：一种是直接利用数据源创建数据透视图；另一种是在数据透视表的基础上创建数据透视图。

1. 利用数据源创建数据透视图

（1）打开要创建数据透视图的工作表，如图 11-53 所示。

（2）创建空白数据透视图。选中数据表中的任意一个单元格，在"插入"菜单选项卡的"图表"区域单击"数据透视图"按钮，弹出如图 11-54 所示的"创建数据透视图"对话框，Excel 默认选中整个数据表区域。

项目	第一季度	第二季度	第三季度	第四季度
销售收入	350000	400000	340000	520000
成本支出	150000	130000	180000	190000
工资费用	50000	90000	60000	75000
房屋费用	20000	36000	25000	39000
广告费用	7000	15000	7500	10000

图 11-53　创建工作表

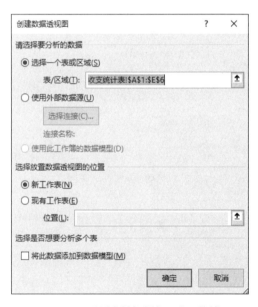

图 11-54　"创建数据透视图"对话框

（3）选择放置透视图的位置。在"选择放置数据透视图的位置"区域选择"新工作表"单选按钮，然后单击"确定"按钮，创建如图 11-55 所示的空白数据透视表和数据透视图，且在菜单功能区显示"数据透视图工具"选项卡。

（4）设置数据透视图的显示字段。在"数据透视表字段"面板中将需要的字段分别拖放到各个区域。在各个区域间拖动字段时，数据透视表和透视图将相应地进行变化。

例如，将"项目"字段拖至"图例"区域，将"第一季度""第二季度""第三季度""第四季度"字段拖至"值"区域，然后在"图例"列表中将"数值"字段拖至"轴"区域，如图 11-56 所示。

此时，在工作表中可以看到创建的数据透视表和数据透视图，如图 11-57 所示。

图 11-55　创建空白数据透视表和透视图

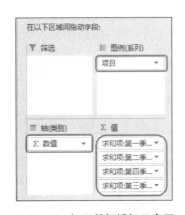

图 11-56　设置数据透视图布局

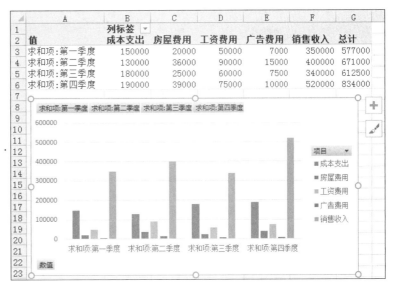

图 11-57　数据透视表与数据透视图

2. 利用数据透视表创建数据透视图

对于已经创建了数据透视表的数据，可以直接使用已有的数据透视表创建数据透视图。

（1）选中如图 11-58 所示的数据透视表中的任意单元格，在"数据透视表工具分析"菜单选项卡的"工具"区域单击"数据透视图"按钮，弹出如图 11-59 所示的"插入图表"对话框。

（2）选择图表类型。在对话框左侧的"所有图表"分类中选择需要的图表类型，然后在对话框右侧选择具体的图表形式。例如，选择"带标记的堆积折线图"，对话框底部会显示该类型图表的预览图，如图 11-60 所示。

（3）单击"确定"按钮，即可在工作表中插入数据透视图，如图 11-61 所示。

	管理费用	银行存款	应收账款	预收账款
求和项:金额	**会计科目**			
汇总内容	管理费用	银行存款	应收账款	预收账款
安全部	200		100	
财务部	100		100	
采购部	200			
三部				100
四部				100
果岭假日				100
首都机场	100		100	
岭上家园	100		100	100
王五			100	100
李四	100		100	100
张三	100			
建行		400		
中行		400		
总计	**900**	**800**	**600**	**600**

图 11-58　数据透视表　　　　　　　　　　　　　　图 11-59　"插入图表"对话框

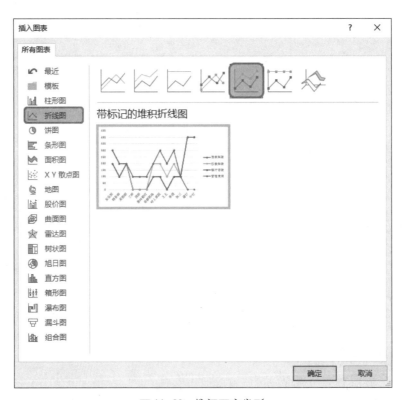

图 11-60　选择图表类型

（4）插入数据透视图之后，可以使用"数据透视图工具"的"设计"选项卡和"格式"选项卡对图表进行格式化，效果如图 11-62 所示，具体操作可参阅第 8 章的介绍。

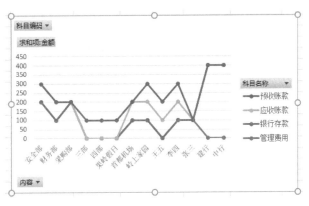

图 11-61   插入数据透视图

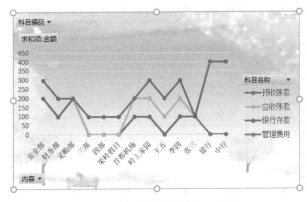

图 11-62   格式化数据透视图的效果

11.6.2   在数据透视图中筛选数据

数据透视图与普通图表最大的区别是：数据透视图可以通过单击图表旁边的字段名称，选择需要在图表上显示的数据项，从而筛选数据。

（1）在数据透视图上单击要筛选的字段名称，在弹出的下拉列表中选择要筛选的内容。例如，在"内容"下拉列表框中取消选中"全选"，然后选中需要显示的部门，如图 11-63 所示。

（2）单击"确定"按钮，即可在数据透视图中仅显示指定内容的相关信息，且筛选的字段名称右侧显示筛选图标，如图 11-64 所示。

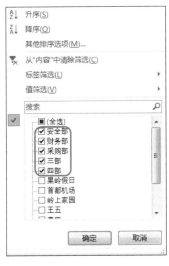

图 11-63   选中部门

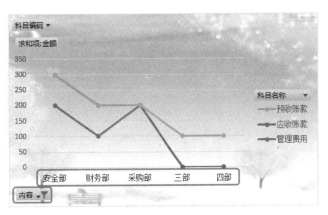

图 11-64   筛选结果

此时的数据透视表也随之更新，如图 11-65 所示。

如果要取消筛选，单击要清除筛选的字段下拉按钮，在弹出的下拉列表中选择"清除筛选"命令，如图 11-66 所示。

图 11-65　筛选内容之后的数据透视表

图 11-66　清除筛选

上机练习——制作员工医疗费用统计表

本节练习使用数据透视图对 2016 年某公司职员的医疗费用进行数据分析。通过对操作步骤的详细讲解，读者应能掌握建立数据透视图、编辑透视图图表元素的方法。

11-3　上机练习——制作员工医疗费用统计表

首先创建空白的数据透视图，通过添加"值"字段和"轴（类别）"字段在数据透视图中显示指定的数据；然后修改图表类型，设置图表样式，添加数据标注，隐藏图表中的字段按钮；最后设置图表的标题和背景。结果如图 11-67 所示。

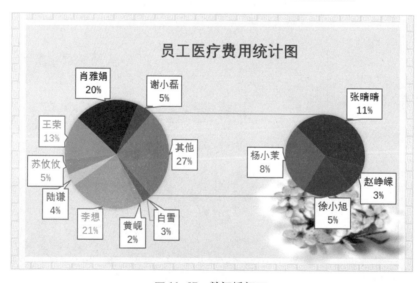

图 11-67　数据透视图

操作步骤

（1）创建"员工医疗费用统计表"工作簿，并格式化数据表，如图 11-68 所示。

	A	B	C	D	E	F	G	H
1			2016年员工医疗费用统计表					
2	编号	日期	员工姓名	性别	所属部门	医疗种类	医疗费用	报销金额
3	1	2月6日	李想	男	研发部	手术费	1500	1050
4	2	3月5日	陆谦	男	销售部	药品费	250	200
5	3	5月8日	苏攸攸	女	人资部	输液费	320	256
6	4	6月4日	王荣	女	广告部	住院费	900	675
7	5	6月15日	谢小磊	男	研发部	药品费	330	264
8	6	7月12日	白雪	女	人资部	药品费	200	160
9	7	8月10日	肖雅娟	女	财务部	输血费	1400	980
10	8	9月18日	张晴晴	女	广告部	住院费	800	600
11	9	10月14日	徐小旭	男	销售部	针灸费	380	304
12	10	11月15日	赵峥嵘	男	研发部	理疗费	180	144
13	11	11月22日	杨小茉	女	财务部	药品费	550	440
14	12	12月11日	黄岘	男	研发部	体检费	150	120

图 11-68 员工医疗费用统计表

（2）选中数据表中的任意一个单元格，在"插入"菜单选项卡的"图表"区域单击"数据透视图"按钮，弹出"创建数据透视图"对话框。

（3）在"表/区域"文本框中输入数据源区域，Excel 默认选中整个数据表区域，本例修改为 B2:H14；在"选择放置数据透视图的位置"区域选中"新工作表"单选按钮，如图 11-69 所示。

图 11-69 设置"创建数据透视图"对话框

（4）单击"确定"按钮，自动新建一个工作表，显示空白的数据透视表和数据透视图，以及"数据透视图字段"面板，如图 11-70 所示。

（5）在"数据透视图字段"面板的字段节中选中"医疗费用"和"报销金额"复选框，选中的字段自动添加到"值"列表框中，且显示在数据透视表和数据透视图中，如图 11-71 所示。

（6）将"员工姓名"字段拖放到"轴（类别）"列表中，数据透视表和数据透视图也随之自动更新，如图 11-72 所示。

接下来设置数据透视图的显示数据项。

（7）单击数据透视图左下角"员工姓名"右侧的下拉按钮，在弹出的下拉菜单中取消选中"全选"复选框，然后选中"白雪""苏攸攸"和"肖雅娟"，单击"确定"按钮，数据透视表和数据透视图只显示选中姓名的数据行，如图 11-73 所示。

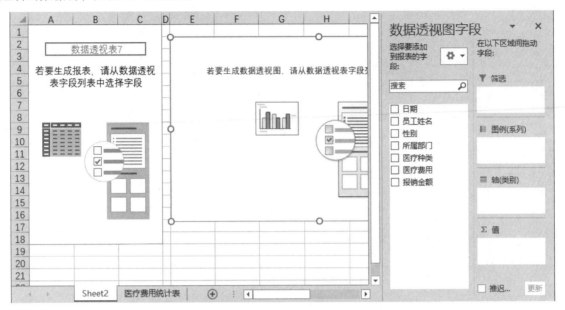

图 11-70　创建空白的数据透视表和数据透视图

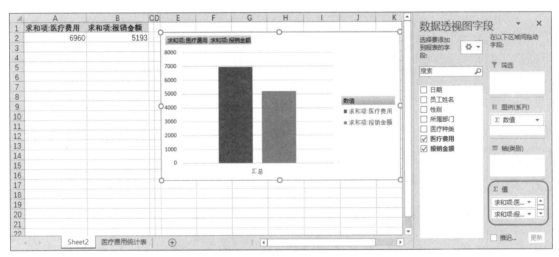

图 11-71　添加字段

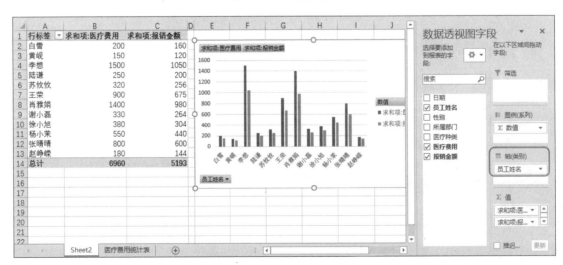

图 11-72　创建数据透视图

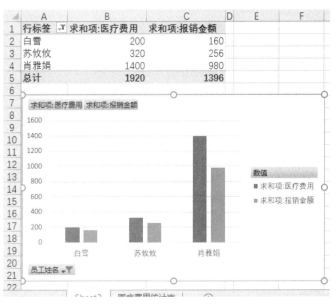

图 11-73　显示筛选结果

选中数据透视图后，菜单功能区显示"数据透视图工具"的"设计"和"分析"选项卡。利用这些选项卡可以对数据透视图进行各种编辑。

（8）在数据透视图左下角的"员工姓名"下拉列表框中选中"全选"复选框，取消筛选数据。

（9）选中数据透视图，在"数据透视图工具设计"菜单选项卡的"类型"区域，单击"更改图表类型"按钮，弹出"更改图表类型"对话框。

（10）在"所有图表"列表中选择"饼图"，然后在右侧的图示区域选中"子母饼图"，如图 11-74 所示。

（11）单击"确定"按钮，即可将数据透视图由默认的柱形图转换为子母饼图，如图 11-75 所示。

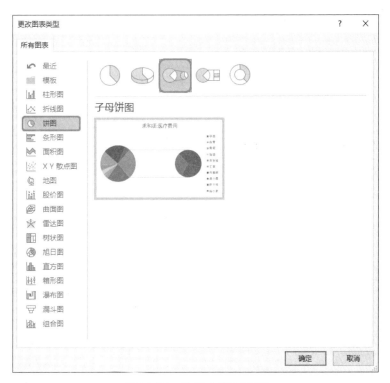

图 11-74　选择"子母饼图"

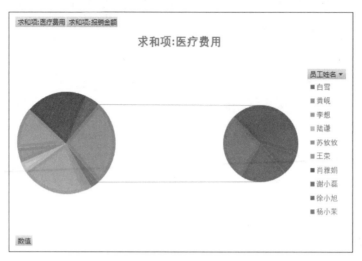

图 11-75　子母饼图

（12）选中数据透视图，单击"数据透视图工具设计"菜单选项卡的"图表样式"下拉按钮，在弹出的下拉列表框中选择"样式 9"，结果如图 11-76 所示。

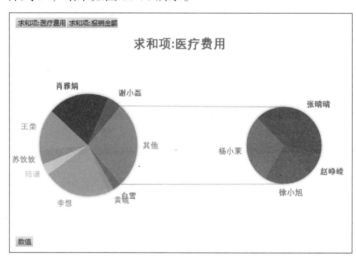

图 11-76　设置图表样式

（13）单击图表右侧的"图表元素"按钮，在弹出的下拉列表框中单击"数据标签"右侧的级联按钮，在弹出的级联菜单中单击"数据标注"命令，为图表中的数据点添加数据标注，如图 11-77 所示。

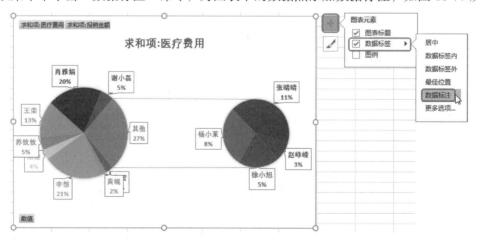

图 11-77　添加数据标注

教你一招

如果有些数据标注重叠，可以双击要移动的数据标注，当鼠标指针变为 时，拖动数据标注，移动位置。

接下来隐藏图表上的所有字段按钮。

（14）右击数据透视图，在弹出的快捷菜单中选择"显示字段列表"命令，打开"数据透视图字段"面板。

（15）在区域节的"值"列表框中选中任意一项，单击右侧的下拉按钮，在弹出的下拉菜单中选择"隐藏图表上的所有字段按钮"命令，如图 11-78 所示。

此时，图表上的所有字段按钮隐藏，如图 11-79 所示。

图 11-78　选择"隐藏图表上的所有字
　　　　　段按钮"命令

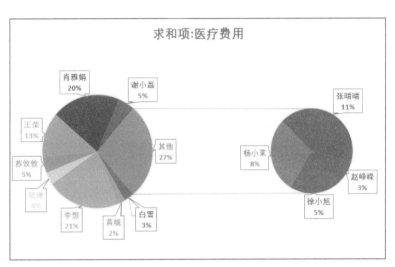

图 11-79　隐藏所有字段按钮的效果

（16）选中图表标题，修改标题文本为"员工医疗费用统计图"，如图 11-80 所示。

（17）双击图表的边框打开"设置绘图区格式"面板，设置填充方式为"图片或纹理填充"，然后单击"文件"按钮，如图 11-81 所示。在弹出的"插入图片"对话框中选择背景图，单击"插入"按钮，设置图表的背景图像，结果如图 11-67 所示。

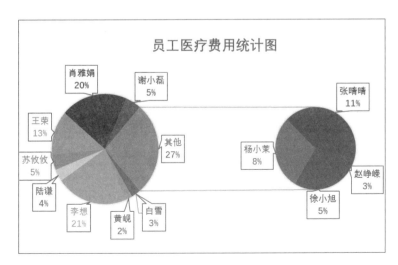

图 11-80　修改图表标题

图 11-81　设置图表的填充方式

11.7 实例精讲——分析订单统计表

本节练习通过建立数据透视表和数据透视图，对某销售公司2016年12月的所有订单进行分析，以快速查看订单的相关信息。通过对操作步骤的详细讲解，读者应能掌握创建、编辑数据透视表的操作，熟悉使用透视图分析数据的方法。

首先建立数据透视表查看订单信息，然后根据实际情况更新数据表和数据透视表，最后创建数据透视图，按日期和客户分析订单，结果如图11-82所示。

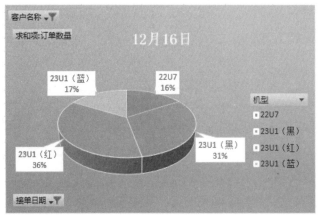

图 11-82 按日期和客户分析订单

操作步骤

11.7.1 建立数据透视表

（1）打开"订单统计表"工作表，如图11-83所示。

11-4 建立数据透视表

图 11-83 订单统计表

（2）在"插入"菜单选项卡的"表格"区域单击"数据透视表"按钮，弹出"创建数据透视表"对话框。

（3）单击"表/区域"文本框右侧的"选择"按钮，选择"订单统计表"中的数据区域 A2:G20，单击按钮还原对话框。选择放置数据透视表的位置为"新工作表"，如图 11-84 所示。

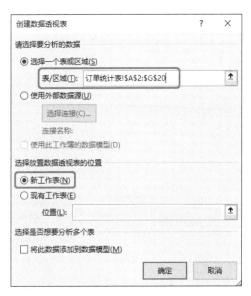

图 11-84   "创建数据透视表"对话框

（4）单击"确定"按钮，在"订单统计表"工作表之前插入一个新的工作表，显示空白的"数据透视表 1"，并且在工作表的右侧显示"数据透视表字段"面板，如图 11-85 所示。

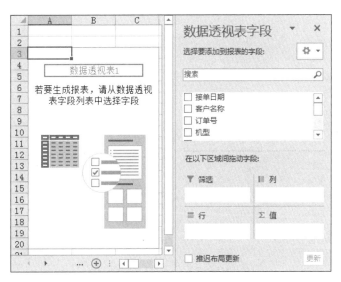

图 11-85   插入数据透视表

（5）单击"数据透视表字段"面板右上角的"面板选项"按钮，在弹出的下拉列表框中选择"字段节和区域节并排"选项，如图 11-86 所示。数据透视表字段面板中字段节与区域节将并排排列，如图 11-87 所示。

（6）在"选择要添加到报表的字段"列表中选中"接单日期"复选框，则在工作表中显示日期的汇总，表示行标签，如图 11-88 所示。

（7）选中"客户名称""机型"和"订单数量"复选框，默认将最后选中的"订单数量"作为求和项，如图 11-89 所示。

图 11-86　设置面板布局方式

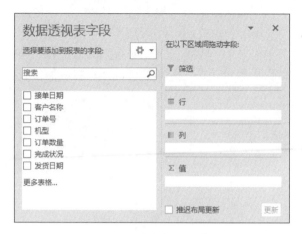

图 11-87　字段节和区域节并排

图 11-88　添加"接单日期"字段

从图 11-89 可以看出，在数据透视表中，首先按"接单日期"分类，然后按"客户名称"分类，显示机型分类，最后按订单数量汇总。

图 11-89　选中多个字段

（8）在区域节的"行"列表框中单击"客户名称"右侧的下拉按钮，在弹出的快捷菜单中选择"移动到报表筛选"命令，如图 11-90 所示。

图 11-90　选择"移动到报表筛选"命令

移动之后的数据透视表如图 11-91 所示，数据透视表以"客户名称"作为总的大分类，分类汇总数据。

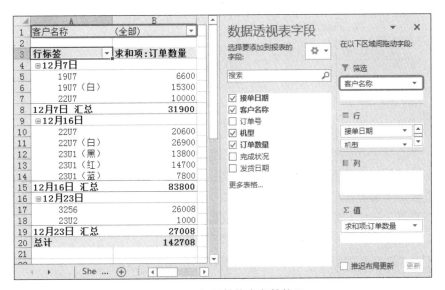

图 11-91　设置筛选字段的结果

提示：　　选中"数据透视表字段"面板底部的"推迟布局更新"复选框，则修改数据透视表之后，数据透视表的布局不会改变。单击"更新"按钮，可更新数据透视表布局。

（9）在区域节的"行"列表框中单击选中"接单日期"标签，按下鼠标左键拖动到"列标签"列表框中。松开鼠标，结果如图 11-92 所示，以"机型"为行，"接单日期"为列，创建数据透视表。

至此，数据透视表创建完毕，单击 B1 单元格中的下拉按钮，在弹出的下拉列表框中筛选需要查看的数据，如图 11-93 所示。

图 11-92 将"接单日期"标签拖动到"列标签"列表框中

例如，选择"长沙思创"，将在数据透视表中显示该客户相关的订单信息，如图 11-94 所示。

图 11-93 筛选客户名称

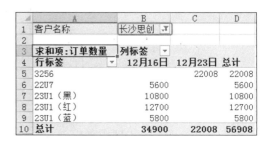

图 11-94 显示筛选结果

11.7.2 更新数据

在实际应用中，有时会在创建数据透视表之后，需要根据实际情况更新数据，或在数据源中添加或删除部分数据。但更改数据源中的数据之后，数据透视表中并不能自动随之改变，需要进行一定的操作。

11-5 更新数据

（1）选中数据透视表中的任意一个单元格，在功能区将显示"数据透视表工具"菜单，包含"分析"和"设计"两个选项卡，如图 11-95 所示。

图 11-95 "数据透视表工具"菜单选项卡

（2）打开"数据透视表工具分析"菜单选项卡，单击"数据"区域的"更改数据源"按钮，在弹出的下拉菜单中选择"更改数据源"命令，如图 11-96 所示。

（3）Excel 自动切换到"订单统计表"工作表中，选中数据源区域，并打开"更改数据透视表数据源"对话框，如图 11-97 所示。

图 11-96　选择"更改数据源"命令

	A	B	C	D	E	F	G	H
2	接单日期	客户名称	订单号	机型	订单数量	完成状况	发货日期	备注
3	12月7日	安阳华川	ST1012A023/4501113	22U7	8000	已完成	12月14日	
4	12月7日	武汉思文				已完成	12月14日	
5	12月7日	安阳华川				已完成	12月14日	
6	12月7日	武汉思文				已完成	12月28日	
7	12月7日	安阳华川				已完成	1月4日	
8	12月16日	武汉思文				已完成	12月24日	
9	12月16日	安阳华川				已完成	1月4日	
10	12月16日	长沙思创				已完成	1月12日	
11	12月16日	安阳华川				已完成	12月29日	
12	12月16日	安阳华川	ST1012A068/4501121	23U1（黑）	3000	未完成		

更改数据透视表数据源
请选择要分析的数据
◉ 选择一个表或区域(S)
表/区域(T): 订单统计表!$A$2:$G$17
◯ 使用外部数据源(U)
选择连接(C)...
连接名称:
确定　取消

图 11-97　打开"更改数据透视表数据源"对话框

（4）单击"表/区域"文本框右侧的"选择"按钮⬆，在工作表中重新选择数据区域（例如 A2:G17，也就是 12 月 23 日之前的订单信息）。选择完成后单击▦按钮，返回"更改数据透视表数据源"对话框。

（5）单击"确定"按钮，将以新的数据源显示数据透视表，如图 11-98 所示。

注意

如果修改了数据源中的数据，在"数据透视表工具分析"菜单选项卡的"数据"区域单击"刷新"按钮，也可以更新数据。但是这种方法只能改变当前数据透视表中的数据，其他透视表中的数据并没有更新。单击"全部刷新"命令，可以更改工作簿中所有引用该数据源的透视表中的相应内容。

图 11-98　更新数据结果

11.7.3　创建数据透视图

（1）取消筛选数据。单击数据透视表 B1 单元格右侧的下拉按钮，在弹出的下拉列表框中选中"全部"选项，然后单击"确定"按钮，查看所有数据。

（2）选中数据透视表中的任意一个单元格，打开"数据透视表工具分析"菜单选项卡，单击"工具"区域的"数据透视图"按钮，如图 11-99 所示，弹出"插入图表"对话框。

（3）在"所有图表"分类中选择"饼图"，然后在右侧的分类中单击选择"三维饼图"，如图 11-100 所示。

（4）单击"确定"按钮，在工作表中插入数据透视图，如图 11-101 所示。

11-6　创建数据透视图

图 11-99　选择"数据透视图"命令

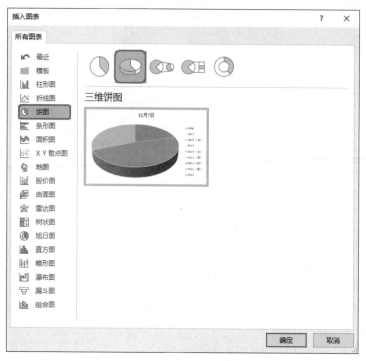

图 11-100　选择图表类型

　　为了使数据透视图更加美观，接下来对图表进行格式化。

　　（5）在图表区双击鼠标左键，打开"设置图表区格式"面板。展开"填充"选项，选中"渐变填充"单选按钮，然后选中第一个渐变光圈，单击"颜色"下拉按钮，在弹出的颜色列表中选择浅紫色；选中最后一个渐变光圈，在"颜色"下拉列表框中选择蓝色；分别选中第二个和第三个渐变光圈，单击"删除渐变光圈"按钮，如图 11-102 所示。

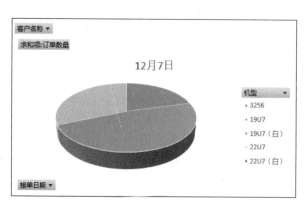

图 11-101　插入数据透视图　　　　　　　　　　　　　图 11-102　设置图表填充格式

填充后的图表如图 11-103 所示。

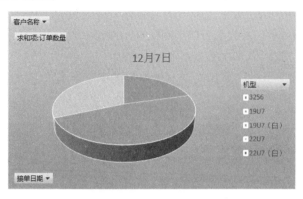

图 11-103　设置格式之后的图表

（6）单击饼图上的灰色区域选中一个数据点，在如图 11-104 所示的"设置数据点格式"面板中设置数据点的填充颜色为蓝色。填充后的效果如图 11-105 所示。

图 11-104　设置数据点格式

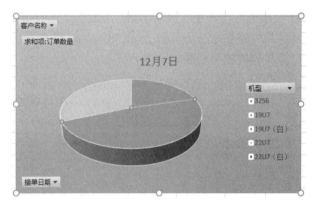

图 11-105　数据点填充效果

修改数据点的边框和填充格式时，图表右侧的图例样式也会随之改变。对照图例查看饼图还不能直观地查看各种机型对应的扇形区域，接下来添加数据标注。

（7）选中图表，单击图表右侧的"图表元素"按钮，在弹出的下拉列表框中选中"数据标签"。然后单击右侧的级联按钮，在弹出的级联菜单中选择"数据标注"命令，如图 11-106 所示。此时，在图表中将显示数据标注。

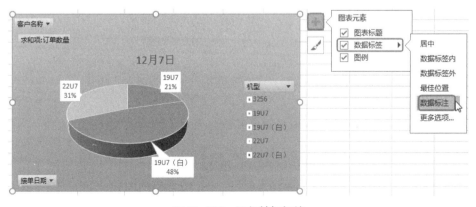

图 11-106　添加数据标注

接下来修改图例和图表标题的文本格式，使文本更醒目。

（8）选中图表标题，在"开始"菜单选项卡的"字体"区域设置字体为"仿宋"，颜色为黄色；同样的方法选中图例项，设置文本颜色为黑色，结果如图 11-107 所示。

数据透视图创建好以后，就可以利用它查看和分析数据了。

（9）在图表左下角的"接单日期"下拉列表框中取消选中"全选"，然后选中"12 月 16 日"，单击"确定"按钮，图表效果如图 11-108 所示。

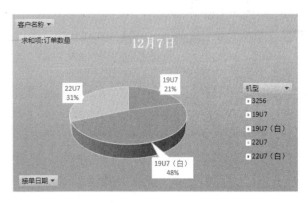

图 11-107　修改图表标题和图例项的文本颜色

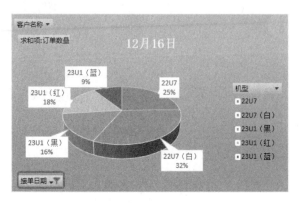

图 11-108　筛选接单日期

（10）在图表左上角的"客户名称"下拉列表框中选择要显示的客户名称，例如"长沙思创"，单击"确定"按钮，图表效果如图 11-109 所示，仅显示客户"长沙思创"12 月 16 日的订单情况。

此时的数据透视表如图 11-110 所示。

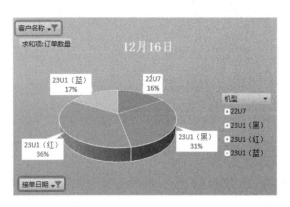

图 11-109　筛选客户名称

图 11-110　显示筛选结果

从图 11-110 可以看出，在数据透视图中筛选数据时，数据透视表也随之更新。

答 疑 解 惑

1. 什么时候可以使用数据透视表？

答：当要分析数据表中数据的相关汇总值，尤其是要合计较大的数据表时，可以使用数据透视表。

2. 什么是数据透视表的数据源？

答：所谓数据源，就是为数据透视表提供数据的基础行或数据库记录。数据源的来源有：Excel 数据表、外部数据源等。

3. 在 Excel 中，设计数据透视表的基础数据表有哪些注意事项？

答：（1）数据透视表原始数据表应该是标准的二维表，要有明确的列标题，每个列标题下面顺序存储原始数据，且每一列下的数据应该是同类型数据。

（2）列标题行中不能有空白的标题。

（3）如果有多个同类型数据，列标题最好不要重复。

（4）原始数据内容不能有合并单元格。

（5）如果数据透视表有日期字段，需要保证是 Excel 可识别的日期格式。

4. 将数据透视表字段拖至工作表上时，没有按顺序显示，该怎样处理？

答： 在数据字段上单击鼠标右键，在弹出的快捷菜单中选择"顺序"命令，然后使用"顺序"子菜单上的命令将字段移动到所需位置。

学习效果自测

一、选择题

1. 为了实现多字段的分类汇总，Excel 提供的工具是（　　）。

　　A. 数据地图　　　　　B. 数据列表　　　　　C. 数据分析　　　　　D. 数据透视表

2. 在 Excel 数据透视表的数据区域默认的字段汇总方式是（　　）。

　　A. 平均值　　　　　B. 乘积　　　　　C. 求和　　　　　D. 最大值

3. 下列关于数据透视表的说法正确的是（　　）。

　　A. 对于创建好的数据透视表，只显示需要的数据，删除暂时不需要的数据

　　B. 数据透视表的源数据中可以包含分类汇总和总计

　　C. 数据透视表默认起始位置为 A1 单元格

　　D. 删除数据透视表之后，与之关联的数据透视图将被冻结，不可再对其进行更改

4. 创建的数据透视表可以放在（　　）。

　　A. 新工作表中　　　　　　　　　　　B. 现有工作表中

　　C. A 和 B 都可　　　　　　　　　　 D. 新工作簿中

5. 下列关于数据透视图的说法错误的是（　　）。

　　A. 可以直接使用已有的数据透视表创建数据透视图

　　B. 可以直接利用数据源创建数据透视图

　　C. 数据透视图与普通图表相同，可以直观显示数据，不能筛选数据

　　D. 在数据透视图中筛选数据时，数据透视表也随之更新

二、操作题

1. 请读者自己创建一个数据表创建数据透视表。

2. 利用上一步创建的数据透视表建立一张数据透视图。

3. 完成后建立一个数据透视图副本，然后尝试删除源数据透视表。

第 12 章

打印和输出

本章导读

在工作表的管理流程中，通常要将制作好的工作表打印出来，分发给其他用户查看或签字。本章介绍 Excel 2019 工作表页面设置和打印的方法，包括页面布局设置、打印预览、打印设置和打印输出等。

学习要点

- ❖ 查看工作簿的几种视图
- ❖ 设置页面边距和页眉页脚
- ❖ 设置打印区域
- ❖ 设置分页符
- ❖ 打印标题

12.1　查看工作簿视图

Excel 在状态栏上提供了 3 种查看和调整工作表外观的视图，如图 12-1（a）所示。在"视图"菜单选项卡的"工作簿视图"区域也可以看到这 3 个命令按钮，如图 12-1（b）所示。

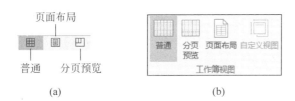

(a)   (b)

图 12-1　工作簿视图

（1）普通：适用于屏幕预览和处理，如图 12-2 所示。

（2）分页预览：显示每一页包含的数据，以便快速调整打印区域和分页，如图 12-3 所示。

（3）页面布局：不仅可以快速查看打印页的效果，还可以调整页边距、页眉页脚等，以达到理想的打印效果，如图 12-4 所示。

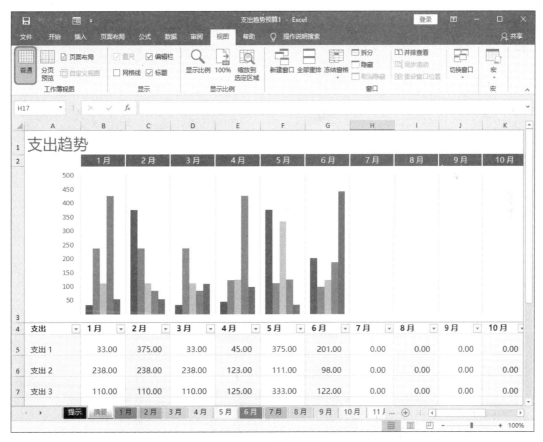

图 12-2　"普通"视图

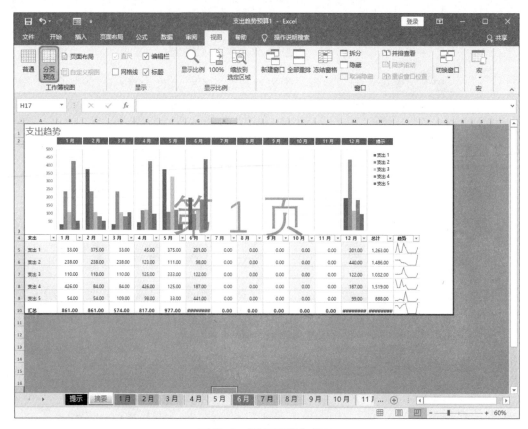

图 12-3 "分页预览"视图

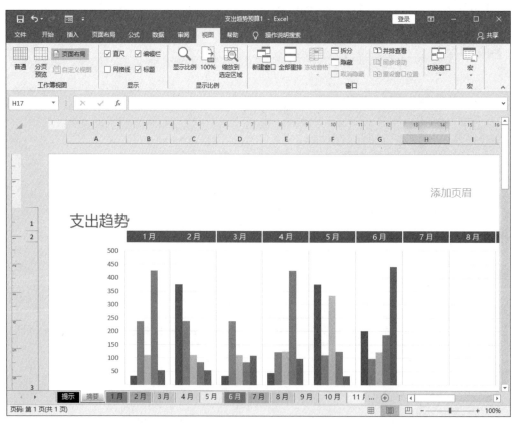

图 12-4 "页面布局"视图

12.2 页 面 设 置

在"页面布局"菜单选项卡的"页面设置"区域，可以快捷地设置页边距、纸张大小和方向、打印区域等页面属性，如图 12-5 所示。

图 12-5 页面设置工具栏

12.2.1 设置纸张方向和大小

（1）在"页面布局"菜单选项卡的"页面设置"区域，单击"纸张方向"按钮，在如图 12-6 所示的下拉菜单中可以设置纸张方向。

纸张方向就是设置页面是横向打印还是纵向打印。若文件的行较多而列较少，可以使用纵向打印；若文件的列较多而行较少，通常使用横向打印。纵向和横向是相对于纸张而言的，并非针对打印内容。

（2）单击"纸张大小"按钮，在如图 12-7 所示的下拉菜单中选择纸张大小。

图 12-6 设置纸张方向

图 12-7 预置的纸张大小

 注意　选择的纸张大小并非实际打印用纸的尺寸，选择的纸张大小不同，打印的大小和位置也不同。

如果预置的纸张大小不符合打印需要，还可以自定义纸张大小。

（1）在如图 12-7 所示的预置纸张大小列表中选择"其他纸张大小"命令，弹出"页面设置"对话框。在如图 12-8 所示的"页面"选项卡中，可以设置页面方向、纸张大小、打印质量和起始页码。

图 12-8　"页面"选项卡

（2）在"缩放"区域设置页面显示大小。

（3）在"纸张大小"下拉菜单中设置打印的尺寸。

（4）在"打印质量"下拉菜单中指定打印分辨率。

（5）在"起始页码"文本框中指定从哪一页开始打印。默认为"自动"，用户可以直接输入页码。

（6）设置完成，单击"打印预览"按钮，预览页面效果。

12.2.2　设置页边距

（1）在图 12-5 所示的"页面布局"菜单选项卡的"页面设置"区域，单击"页边距"按钮，弹出如图 12-9 所示的预置页边距列表。

（2）单击需要的页边距样式，即可应用指定的页边距。

此外，用户还可以自定义页边距。

（1）在如图 12-9 所示的下拉菜单中选择"自定义边距"命令，打开"页面设置"对话框，选择"页边距"，如图 12-10 所示。

（2）在"上""下""左""右"微调框中输入页边距数据。设置页边距时，可以在对话框中间的预览图中查看设置效果。

（3）在"页眉""页脚"微调框中设置页眉和页脚高度。

（4）在"居中方式"复选框组中指定要打印的内容在页面中的显示位置。

（5）设置完成，单击"打印预览"按钮，预览页面效果。

图 12-9 预置的页边距列表

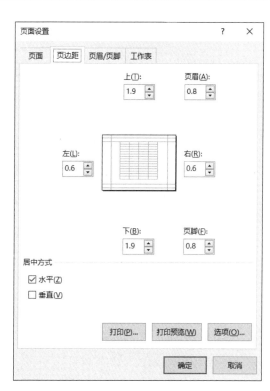

图 12-10 "页边距"选项卡

12.2.3 设置页面背景

设置页面背景,可以使工作表更美观和个性化。

(1)在"页面布局"菜单选项卡的"页面设置"区域,单击"背景"按钮,弹出如图 12-11 所示的"插入图片"对话框。

图 12-11 "插入图片"对话框

(2)选择图片的来源。用户可以在本地计算机或本地网络上浏览图片文件,也可以输入图片关键字,在 Bing 上搜索,如图 12-12 所示。

(3)选中需要的图片后,单击"插入"按钮,即可将指定的图片设置为工作表的背景图像,如图 12-13 所示。

图 12-12　在 Bing 上搜索图片

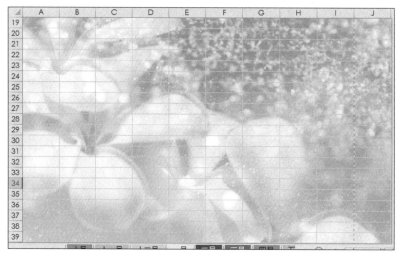

图 12-13　设置页面背景

　　如果对设置的背景图像不满意,或者不再需要背景图像,可以在"页面布局"菜单选项卡的"页面设置"区域,单击"删除背景"按钮。

 打印工作表时,不会打印设置的背景图像。

12.2.4　设置页眉和页脚

　　页眉是在文档顶端添加的附加信息,页脚则是在文档底部添加的附加信息。

　　(1)单击"页面布局"菜单选项卡"页面设置"区域右下角的扩展按钮 ，在弹出的"页面设置"对话框中单击"页眉 / 页脚"选项卡,切换到如图 12-14 所示的对话框。

　　(2)在"页眉"和"页脚"下拉列表框中可以选择预置的页眉和页脚,如图 12-15 所示。

　　(3)单击"打印预览"按钮,预览页面效果。

　　此外,用户还可以自定义页眉和页脚。

图 12-14　设置页眉 / 页脚

图 12-15　选择预置的页眉和页脚

（1）单击"自定义页眉"按钮，弹出"页眉"对话框。

（2）分别在"左""中""右"3 个文本框中输入需要的内容。

例如，在"左部"文本框中单击，然后单击"插入日期"按钮，删除"中部"文本框中的占位文本，然后单击文本框顶部的"插入数据表名称"按钮，在"右部"文本框中单击，输入文本"制作：Excel 2019"，如图 12-16 所示。

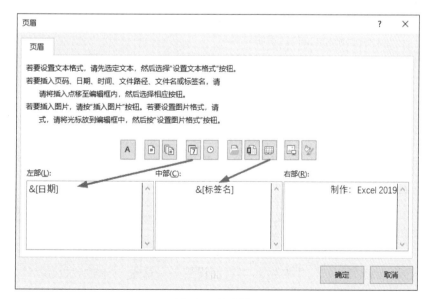

图 12-16　自定义页眉

（3）单击"确定"按钮关闭对话框，此时"页眉"下拉列表框中显示自定义的页眉，页眉预览区显示页眉的效果，如图 12-17 所示。

图 12-17　显示自定义页眉

（4）单击"自定义页脚"按钮，在弹出的"页脚"对话框中按同样的方法进行设置，如图 12-18 所示。

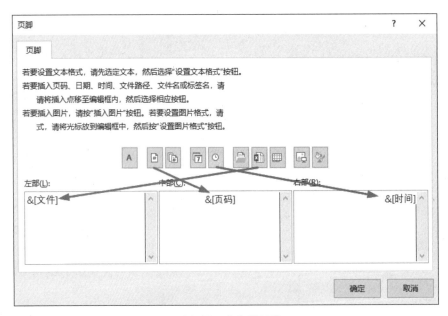

图 12-18　自定义页脚

（5）单击"确定"按钮关闭对话框，返回"页面设置"对话框。此时"页脚"下拉列表框中将显示自定义的页脚，页脚预览区显示页脚的效果。

（6）根据需要设置奇偶页和首页的页眉页脚、页眉页脚是否随文档自动缩放，以及是否与页边距对齐。

（7）设置完毕，单击"页面设置"对话框底部的"打印预览"按钮，预览页面效果，如图 12-19 所示。

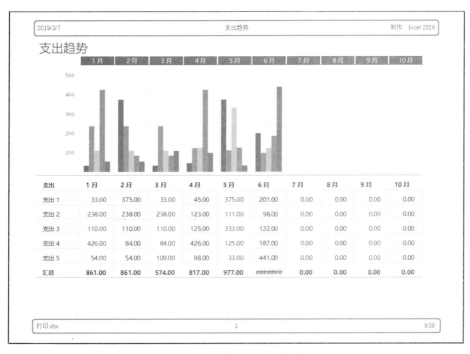

图 12-19　预览页眉页脚的效果

12.3　打印预览和输出

　　设置页面布局之后，可以预览页面的打印效果是否符合要求。单击"文件"菜单选项卡中的"打印"命令，即可切换到如图12-20所示的打印预览窗口。在这里，可以较直观地查看页面布局，并快捷地设置打印机属性、打印份数、打印范围、纸张大小和边距。

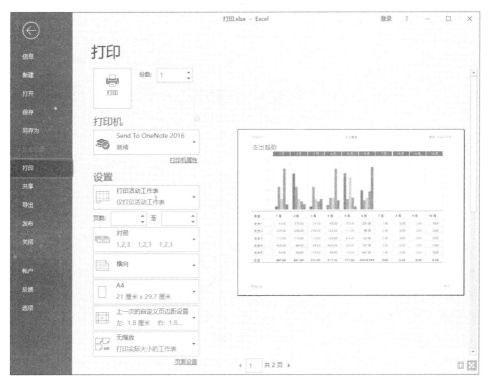

图 12-20　打印预览

12.3.1 设置显示边距

单击如图 12-20 所示的"打印"窗口右下角的"显示边距"按钮⊞，可在预览窗口中通过参考线显示页边距。将鼠标指针移到参考线上时，鼠标指针变为双向箭头╋或╈，如图 12-21 所示。按下鼠标左键拖动，可调整页边距。

单击"打印"窗口底部的"页面设置"按钮，弹出"页面设置"对话框，在"页边距"选项卡中也可以设置边距，具体操作请参见 12.2.2 节的介绍。

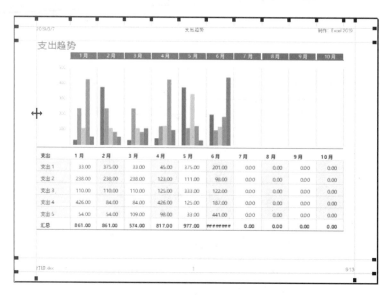

图 12-21　调整页边距

12.3.2 设置显示比例

在如图 12-20 所示的"打印"窗口左侧的"设置"列表中，单击最后一个下拉列表框，显示如图 12-22 所示的下拉菜单。在这里，可以设置工作表的显示比例。

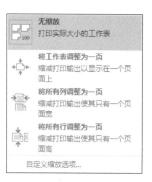

图 12-22　设置显示比例

❖ 无缩放：打印实际大小的工作表。

❖ 将工作表调整为一页：此选项将工作表缩减打印输出，以显示在一个页面上。

❖ 将所有列调整为一页：此选项将工作表缩减打印输出，使工作表只有一个页面宽。

❖ 将所有行调整为一页：此选项将工作表缩减打印输出，使工作表只有一个页面高。

如果单击"自定义缩放选项"命令，打开"页面设置"对话框。在"缩放"区域可以指定将工作表缩放到正常尺寸的百分比，或将工作表调整为一个页宽或一个页高，如图 12-23 所示。

图 12-23　"页面设置"对话框

此外，单击"打印"窗口右下角的"缩放到页面"按钮 ，可以将工作表在页面实际大小和预览大小之间进行切换。

12.3.3　设置打印区域

默认情况下，打印工作表时，会打印整张工作表。如果只要打印工作表的一部分数据，就需要设置打印区域。

（1）在工作表中选定要打印的单元格或单元格区域。

（2）在"页面布局"菜单选项卡的"页面设置"区域，单击"打印区域"按钮，在弹出的下拉菜单中选择"设置打印区域"命令，如图 12-24 所示。

（3）如果要添加工作表的其他的区域，选中单元格或区域，再次单击"打印区域"按钮，在弹出的下拉菜单中选择"添加到打印区域"命令，如图 12-25 所示。

图 12-24　设置打印区域　　　　　　　　　　图 12-25　添加到打印区域

（4）如果要取消打印选中的区域，单击"打印区域"按钮，在弹出的下拉菜单中选择"取消打印区域"命令。

此外，还可以打开"页面设置"对话框设置打印区域，或进一步设置打印选项。

（1）单击"页面布局"菜单选项卡"页面设置"区域右下角的扩展按钮 ，弹出"页面设置"对话框。单击"工作表"选项卡，切换到如图 12-26 所示的对话框。

图 12-26 "工作表"选项卡

（2）单击"打印区域"文本框右侧的"选择"按钮 ，在工作表中选取要设置为打印区域的单元格区域。

在"打印区域"文本框中直接输入单元格区域引用，各个单元格区域引用以逗号分隔，可以设置多个打印区域。在选择打印区域时，按下 Ctrl 键，也可选择多个区域，但每个区域都是单独打印的。若要将多个打印区域打印在一张纸上，可以先将这几个区域复制到同一个工作表中，然后再打印。

（3）在"打印标题"区域设置顶端标题行和左端标题列。
（4）根据需要设置打印属性和打印顺序。
（5）单击"打印预览"按钮，预览页面效果。

12.3.4 设置分页打印

如果表格中的数据超出了打印区域，必须进行分页打印。Excel 默认对表格进行自动分页，将第一页不能显示的数据分割到后续的页面中进行显示，如图 12-27 所示。

	A	B	C	D	E	F	G	H	I	J	K
1	某班考试成绩表										
2	姓名	语文	数学	化学	物理	英语	历史	地理	政治	生物	总分
3	王彦	83	95	99	75	93	87	88	87	78	785
4	马涛	78	100	79	90	68	94	94	88	98	789
5	郑义	89	92	99	90	87	67	92	84	92	792
6	王乾	97	87	88	91	94	76	87	75	87	782
7	李二	87	94	94	89	67	84	93	79	94	781
8	孙思	95	67	95	85	67	67	90	80	67	737
9	刘夏	90	76	94	72	75	76	90	94	94	758
10	夏雨	69	84	93	85	98	79	94	46	92	740
11	白葡	81	67	90	91	94	80	100	90	87	780
12	张虎	73	93	87	82	88	90	66	82	93	754
13	马一	88	58	88	86	86	100	68	90	90	754
14	赵望	98	96	84	57	81	69	84	93	87	749
15	刘留	76	76	75	76	67	81	67	90	91	699
16	乾红	100	57	79	94	46	73	93	87	82	711
17	王虎	98	89	80	100	90	88	58	88	86	777

图 12-27 自动分页效果

这种分页效果往往不能完整地显示数据记录，是制表者不愿看到的。因此，用户通常需要自定义分页位置。

（1）选中要放置分页符的单元格，在"页面布局"菜单选项卡的"页面设置"区域，单击"分隔符"按钮，弹出如图 12-28 所示的下拉菜单。

（2）选择"插入分页符"命令，即可在指定的单元格左上角显示两条互相垂直的灰色直线。也就是说，同时在单元格左上方创建水平和竖直分页符。如图 12-29 所示，在 F9 单元格中插入分页符后，将把工作表分为 4 页。

图 12-28 分隔符下拉菜单

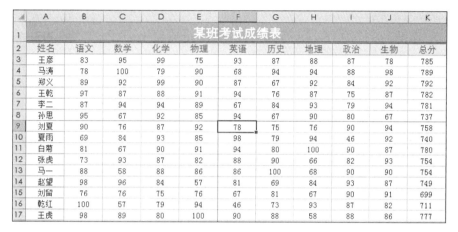

图 12-29 插入分页符的效果

（3）在"视图"菜单选项卡的"工作簿视图"区域单击"分页预览"按钮，以分页预览形式显示工作表，且以蓝色粗实线表示分页符，显示效果如图 12-30 所示。

（4）将鼠标指针移到分页符上方，当指针变为双向箭头↔或↕时，按下鼠标左键拖动，可改变分页符的位置。

（5）在"视图"菜单选项卡的"工作簿视图"区域单击"普通"按钮，退出分页预览视图。

如果要删除分页符，在"页面布局"菜单选项卡的"页面设置"区域，单击"分隔符"按钮，在弹出的下拉菜单中选择"删除分页符"命令，如图 12-31 所示；选择"重设所有分页符"命令，将删除当前工作表中的所有分页符。

图 12-30 分页预览

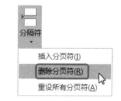

图 12-31 删除分页符

12.3.5 打印标题

如果工作表内容不能在一页中完全显示，Excel 将对表格进行自动分页，将第一页不能显示的数据分割到后面的页中进行显示，如图 12-32 所示。

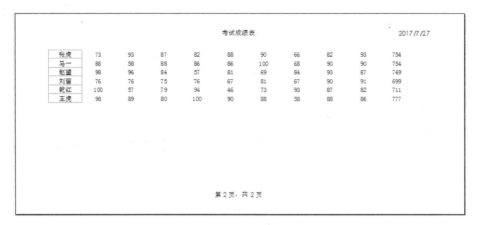

图 12-32 页面预览

在图 12-32 中可以看到，此页中显示的只是数据行，单独查看此页并不能了解各个数据项的意义。通过设置打印标题可以解决这个问题。

（1）在"页面布局"菜单选项卡的"页面设置"区域，单击"打印标题"按钮，弹出"页面设置"对话框。

（2）在"打印标题"区域，单击"顶端标题行"文本框右侧的"选择"按钮，在工作表中选择标题行区域，如图 12-33 所示。

图 12-33 "页面设置"对话框

（3）单击"文件"菜单选项卡中的"打印"命令切换到"打印"窗口，在预览区域显示表格的第 2 页，可以看到在第 2 页显示设置的标题，效果如图 12-34 所示。

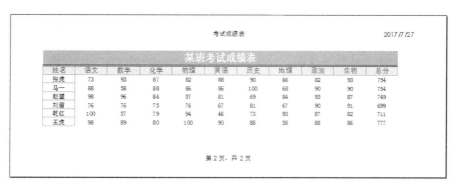

图 12-34　打印标题效果

上机练习——打印商品订购单

 本节练习打印商品订购单，通过对操作步骤的详细讲解，使读者加深对打印预览、设置页面布局和打印页面标题等知识点的理解。

12-1　上机练习——打印商品订购单

 首先预览打印效果是否符合要求，然后设置页边距，使打印内容在页面上水平居中，最后设置打印标题。

操作步骤

（1）打印之前可以预览打印效果。打开要打印的工作表，单击"文件"菜单选项卡中的"打印"命令，在弹出的预览效果中可以查看打印效果，如图 12-35 所示。由于页面内容超过一页，因此 Excel 对数据表自动进行分页。

（2）单击"下一页"按钮▶，显示第 2 页的打印效果，可以查看第 2 页的打印效果，如图 12-36 所示。

图 12-35　预览打印效果　　　　　　　　图 12-36　预览第 2 页的打印效果

从图 12-36 可以看出，要打印的数据表不在页面上居中。

（3）在"打印"窗口单击"页面设置"，在打开的"页面设置"对话框中切换到"页边距"选项卡，在"居中方式"区域选中"水平"复选框，如图 12-37 所示。单击"确定"按钮关闭对话框。

此时，切换到"打印"窗口，可以查看页面内容水平居中，效果如图 12-38 所示。

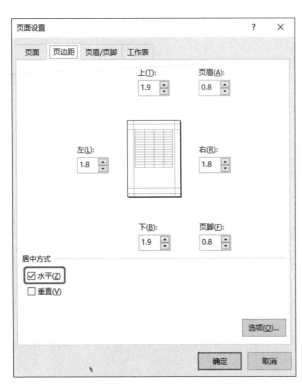

图 12-37　设置页面内容水平居中　　　　图 12-38　页面内容水平居中的效果

接下来在第 2 页显示表格标题。

（4）在"页面布局"菜单选项卡的"页面设置"区域单击"打印标题"按钮，弹出"页面设置"对话框。单击"顶端标题行"文本框右侧的"选择"按钮，在工作表中选择标题行区域 $1:$2。

（5）单击"确定"按钮关闭对话框。

12.3.6　设置打印属性

单击"文件"菜单选项卡中的"打印"命令，打开"打印"窗口。该对话框左侧显示打印属性，如图 12-39 所示。在该面板中，可以设置以下打印属性：

❖ 份数：设置要打印的份数。

❖ 打印机：该下拉列表中列出了当前可使用的打印机的名称、状态、类型及位置等信息，如图 12-40 所示。单击"打印机属性"，将弹出打印机的属性设置对话框，从中可以改变打印机的属性。选择"打印到文件"命令，则将当前文档打印到文件而不是打印机中。

❖ 打印区域：指定仅打印活动工作表、打印整个工作簿，或是打印选定区域，如图 12-41 所示。选择"忽略打印区域"命令，将取消指定的打印区域，打印整个工作表。

❖ 打印范围：在"页数："右侧设置要打印的起始页码和终止页码。

❖ 打印顺序：设置打印多份时，是否逐份打印。

❖ 打印方向、纸张大小、显示边距和工作表缩放选项：在本章前面几节中已介绍过，在此不再赘述。

设置完毕，单击左上角的"打印"按钮，即可开始打印。

图 12-39　设置打印属性

图 12-40　打印机列表

图 12-41　打印区域

12.4　实例精讲——设置并打印差旅费报销单

公司财务部职员设计了一份差旅费报销单，因为需要员工填写，部门经理签字，所以必须将它打印出来。通过对操作步骤的详细讲解，读者可掌握设置页面纸张和页边距，以及自定义页眉页脚的方法，并加深对各项打印属性的理解。

12-2　实例精讲——设置并打印差旅费报销单

首先预览要打印的工作表，然后设置页面属性，在页面布局视图中自定义页眉和页脚，最后设置打印属性，输出工作表。

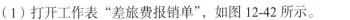

（1）打开工作表"差旅费报销单"，如图 12-42 所示。

在进行打印之前，应首先预览一下打印效果，以免打印出来的文件因不符合要求而作废。

（2）在"文件"菜单选项卡中单击"打印"命令，切换到如图 12-43 所示的"打印"窗口。

由于 Excel 默认的页面方向为纵向，而本例设计的差旅费报销单宽度超出了页面宽度，因此被自动分为了两页。

单击对话框框底部的"下一页"按钮 ▶，可以查看后面的页，如图 12-44 所示。

（3）设置纸张方向。在"打印"窗口左侧的"设置"列表中，设置页面方向为"横向"。此时，窗口右侧显示数据表横向打印的效果，如图 12-45 所示。

图 12-42　差旅费报销单

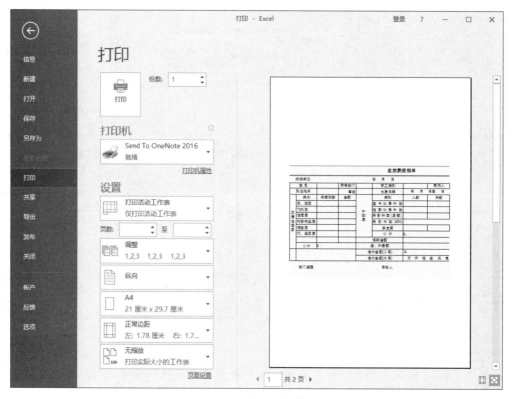

图 12-43　打印预览效果

（4）设置纸张大小。在"打印"窗口左侧的"设置"列表中，将纸张大小设置为"Executive"，如图 12-46 所示。

（5）显示边距。单击"打印"窗口右下角的"显示边距"按钮囲，查看页边距，如图 12-47 所示。

在这里，可以通过拖动边距参考线调整页面边距，或者在"页面设置"对话框中精确地调整页面边距。

（6）设置页边距。单击"页面设置"按钮，在弹出的"页面设置"对话框中切换到"页边距"选项卡，设置上、下、左、右的页边距。然后在"居中方式"区域选中"水平"复选框和"垂直"复选框，如图 12-48 所示，单击"确定"按钮关闭对话框。

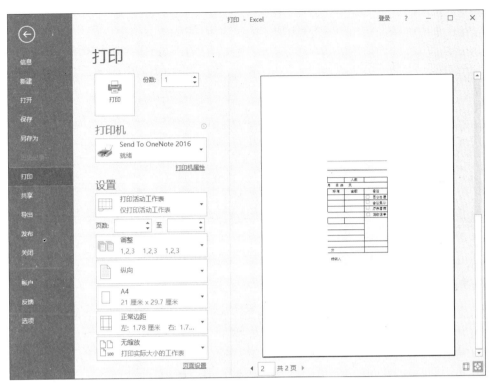

图 12-44 第 2 页的预览效果

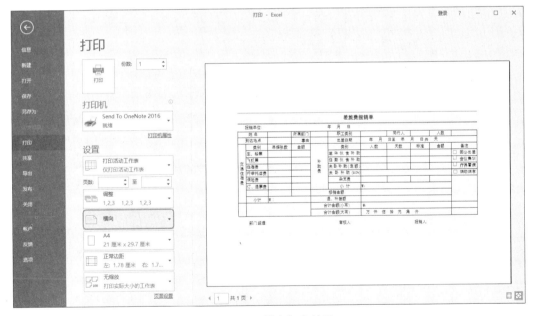

图 12-45 横向打印效果

此时的打印预览效果如图 12-49 所示。

在"视图"菜单选项卡的"工作簿视图"区域单击"页面布局"按钮,可以更直观地看到页边距和页眉、页脚的位置,如图 12-50 所示。

接下来设置页眉、页脚。可以按照 12.2.4 节介绍的方法在"页面设置"对话框中自定义页眉、页脚,本节将介绍另一种方法,在页面布局视图中设置页眉、页脚。

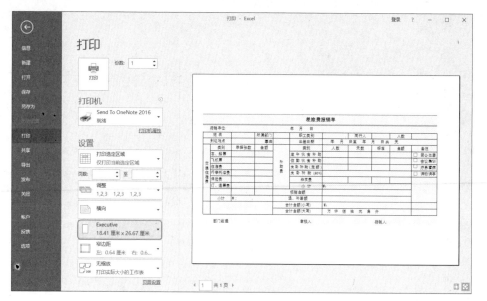

图 12-46　设置纸张效果

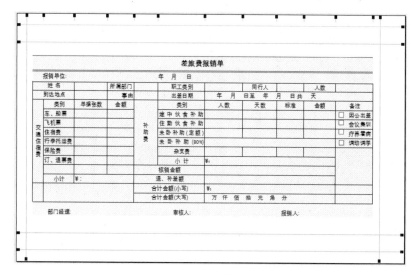

图 12-47　显示打印边框

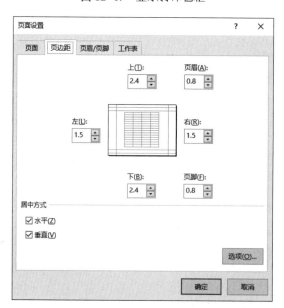

图 12-48　设置页边距和居中方式

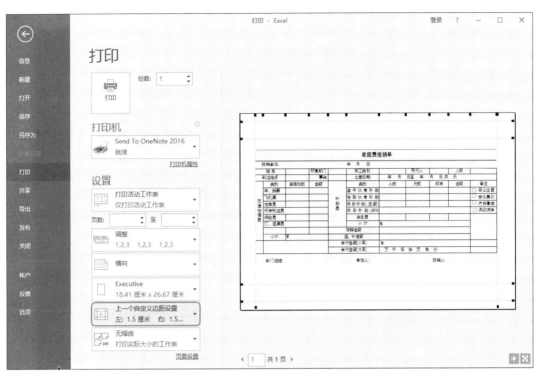

图 12-49　设置页边距后的预览效果

图 12-50　页面布局视图

（7）设置页眉、页脚。打开如图 12-50 所示的页面布局视图，在页眉区域的"左"文本框中输入文本，然后在"开始"菜单选项卡的"字体"区域设置文本字体、字号和显示颜色，效果如图 12-51 所示。同样的方法，设置页脚文本，如图 12-52 所示。

此时，切换到"打印"窗口，可以预览打印效果，如图 12-53 所示。文件设置符合要求之后，就可以进行打印了。

（8）设置打印机。在"打印"窗口的"打印机"下拉列表框中选择打印机。如果还未安装打印机，单击"添加打印机"按钮，在弹出的对话框中查找、添加打印机。

（9）设置打印数量和打印区域。在"份数"微调框中输入工作表要打印的份数；然后设置打印的内容为"打印活动工作表"。

（10）单击"打印"按钮 ，即可从打印机上输出打印文件。

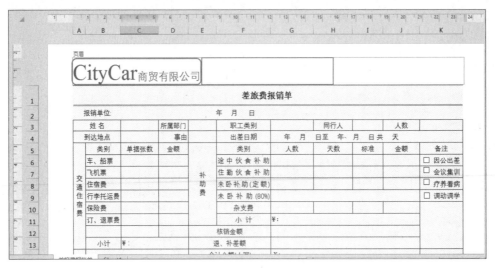

图 12-51 设置页眉

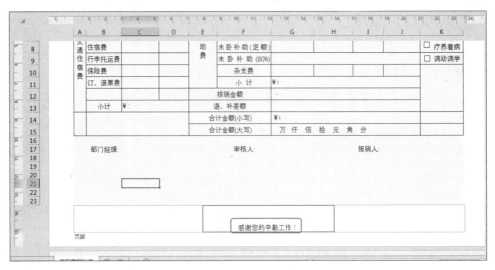

图 12-52 设置页脚

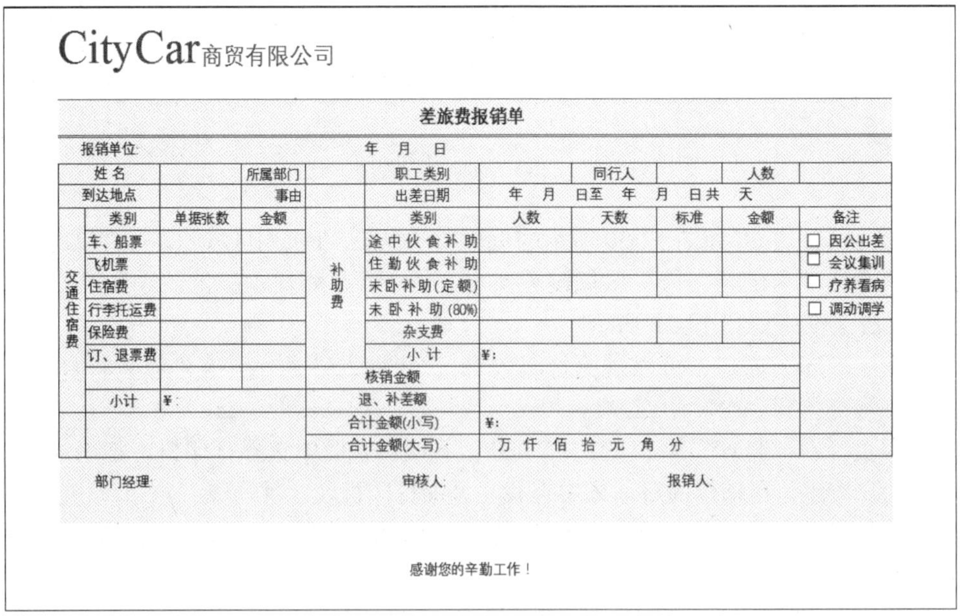

图 12-53 打印预览

答 疑 解 惑

1. 如何在工作表中插入一张图片作为底纹样式并打印输出?

答: 工作表的背景图像不能被打印出来,要想将图片以工作表底纹的形式打印输出,需要将图片以页眉的形式插入到工作表中。

2. 默认情况下,在工作表中放置的各种对象,例如图形、图片等所有对象在打印工作表时都会打印出来。不想将工作表中的图片或者形状在打印时输出,该怎么办?

答: 在工作表中选中不需要打印的对象,例如某个形状,单击鼠标右键,在弹出的快捷菜单中选择"大小和属性"命令,弹出"设置形状格式"面板。在"属性"区域,取消选中"打印对象"复选框,如图 12-54 所示。此时,执行打印操作,该形状不会被打印输出。

3. 在设置打印区域时,有什么技巧?

答:(1)在用鼠标选择打印区域时,按下 Ctrl 键,可选择多个区域,但每个区域都是单独打印的。

(2)在"打印区域"文本框中直接输入单元格区域引用,用逗号将每个单元格区域引用分开,可以设置多个打印区域。

(3)如果要将多个打印区域打印在一张纸上,可以先将这几个区域复制到同一个工作表中,然后打印工作表。

4. 如何自动显示分页符?

答: 打开"Excel 选项"对话框,单击"高级"分类,在"此工作表显示选项"区域选中"显示分页符"复选框。

5. 如何删除分页符?

答: 将光标移动到分页符上,当光标变成双箭头状时,按下鼠标左键将分页符拖出打印区域即可。

图 12-54 取消选中"打印对象"复选框

6. 某些行或列打印到了错误的页面上,该如何处理?

答:(1)缩小页边距;(2)调整分页符;(3)设置工作表按一页宽度打印;(4)更改纸张方向。

7. 如何打印超宽工作表?

答: 打开"页面设置"对话框,切换至"工作表"选项卡下,单击选中"先行后列"单选按钮,单击"确定"按钮即可。

8. 如何只打印偶数行?

答: 在打印工作表之前,先隐藏奇数行。

学习效果自测

一、选择题

1. 在 Excel 2019 中,在( )菜单选项卡中可进行工作簿视图方式的切换。

    A. 开始   B. 页面布局   C. 审阅   D. 视图

2. 下列( )选项可以将工作表页面的打印方向指定为横向。

    A. 在"页面设置"对话框的"页面"选项卡,选中"方向"选区的"横向"单选按钮

    B. 在"打印"任务窗格中,选中"方向"选区的"横向"单选按钮

    C. 在"页面设置"对话框的"工作表"选项卡,选中"方向"选区的"横向"单选按钮

    D. 单击快速访问工具栏上的"打印预览和打印"按钮

3. "页面设置"对话框的"页面"选项卡中，页面方向有（　　　）。

    A. 纵向和垂直　　　　　　B. 纵向和横向　　　　　　C. 横向和垂直　　　　　　D. 垂直和平行

4. "页面设置"对话框中有（　　　）四个选项卡。

    A. 页面、页边距、页眉 / 页脚、打印

    B. 页边距、页眉 / 页脚、打印、工作表

    C. 页面、页边距、页眉 / 页脚、工作表

    D. 页面、页边距、页眉 / 页脚、打印预览

5. 在 Excel 中，打印工作表之前就能看到实际打印效果的操作是（　　　）。

    A. 仔细观察工作表　　　　　　　　　　　　B. 打印预览

    C. 分页预览　　　　　　　　　　　　　　　D. 按 F8 键

6. 如果想插入一条水平分页符，活动单元格应（　　　）。

    A. 放在任何区域均可

    B. 放在第一行，A1 单元格除外

    C. 放在第一列，A1 单元格除外

    D. 无法插入

7. 在"页面设置"对话框的"页边距"选项卡中，可以设置（　　　）工作表与各纸边的距离。

    A. 2 个　　　　　　　　B. 3 个　　　　　　　　C. 4 个　　　　　　　　D. 5 个

8. 有关 Excel 2019 打印，以下说法错误的是（　　　）。

    A. 可以打印工作表　　　　　　　　　　　　B. 可以打印图表

    C. 可以打印图形　　　　　　　　　　　　　D. 不可以进行任何打印

9. 如果要打印行号和列标，应该通过"页面设置"对话框中的（　　　）选项卡进行设置。

    A. 页面　　　　　　　　B. 页边距　　　　　　　　C. 页眉 / 页脚　　　　　　D. 工作表

10. 在 Excel 中，打印工作簿时下面的（　　　）表述是错误的。

    A. 一次可以打印整个工作簿

    B. 一次可以打印一个工作簿中的一个或多个工作表

    C. 在一个工作表中可以只打印某一页

    D. 不能只打印一个工作表中的一个区域位置

学习效果自测答案

第1章

一、选择题

1. D 2. ABCD 3. C

第2章

一、选择题

1. C 2. A 3. B 4. A 5. D

第3章

一、选择题

1. B 2. B 3. B 4. D 5. B
6. C 7. C 8. C 9. B 10. B
11. A

二、判断题

1. √ 2. √ 3. √ 4. √ 5. ×

三、填空题

1. 工作簿 .xlsx 工作表
2. 1
3. 工作表
4. 单元格
5. 字母 数字
6. 复制
7. 复制 移动
8. 隐藏
9. 视图 冻结窗格

第4章

一、选择题

1. D 2. B 3. D 4. D 5. C
6. C 7. A 8. A

二、判断题

1. √ 2. × 3. ×

三、填空题

1. 填充手柄

2. 1900/1/10

3. 左键双击单元格

4. 斜杠（/）或 连接符（-）

5. 文本型

6. ' 1/2

第5章

一、选择题

| 1. A | 2. C | 3. C | 4. A | 5. D | 6. C |

二、判断题

| 1. × | 2. × | 3. × | 4. √ | 5. × |

三、填空题

1. 数字

2. 水平对齐

3. 对齐方式　合并单元格

第6章

一、选择题

| 1. A | 2. C | 3. D | 4. A | 5. B |

第7章

一、选择题

1. B	2. D	3. B	4. A	5. A
6. A	7. A	8. D	9. A	10. D
11. B	12. D	13. B	14. D	15. C
16. A	17. C	18. D	19. C	20. C
21. B	22. B			

二、填空题

1. 算术运算符　　比较运算符　　字符串连接运算符　　引用运算符

2. =

3. =5/7

4. 相对引用　　绝对引用　　混合引用

5. B:B10

6. 求 B2:B10 单元格区域的和

7. FALSE

8. 40　　　60

第8章

一、选择题

| 1. A | 2. B | 3. D | 4. A | 5. D |
| 6. A | 7. B | 8. C | 9. B | 10. C |

第 9 章

一、选择题

1. B	2. B	3. A	4. D	5. B
6. D	7. D	8. B	9. B	

第 10 章

一、选择题

1. A	2. B	3. A	4. B

第 11 章

一、选择题

1. D	2. C	3. D	4. C	5. C

第 12 章

一、选择题

1. D	2. A	3. B	4. C	5. B
6. C	7. C	8. D	9. D	10. A